中国与海上丝绸之路沿线国家海洋产业合作共赢的实证研究

周昌仕 侯晓梅 等著

THE EMPIRICAL STUDY ON ALL-WIN COOPERATION IN THE MARINE INDUSTRY BETWEEN CHINA AND COUNTRIES ALONG THE 21ST CENTURY MARITIME SILK ROAD

中国财经出版传媒集团
经济科学出版社
Economic Science Press
·北 京·

图书在版编目（CIP）数据

中国与海上丝绸之路沿线国家海洋产业合作共赢的实证研究／周昌仕等著．--北京：经济科学出版社，2024.2

ISBN 978-7-5218-5587-6

Ⅰ.①中… Ⅱ.①周… Ⅲ.①海洋经济-产业合作-国际合作-研究-中国 Ⅳ.①P74

中国国家版本馆CIP数据核字（2024）第038752号

责任编辑：张　燕
责任校对：王苗苗　靳玉环
责任印制：张佳裕

中国与海上丝绸之路沿线国家海洋产业合作共赢的实证研究
ZHONGGUO YU HAISHANG SICHOU ZHILU YANXIAN GUOJIA HAIYANG
CHANYE HEZUO GONGYING DE SHIZHENG YANJIU

周昌仕　侯晓梅　等著
经济科学出版社出版、发行　新华书店经销
社址：北京市海淀区阜成路甲28号　邮编：100142
编辑部电话：010-88191441　发行部电话：010-88191522
网址：www.esp.com.cn
电子邮箱：esp_bj@163.com
天猫网店：经济科学出版社旗舰店
网址：http://jjkxcbs.tmall.com
固安华明印业有限公司印装
710×1000　16开　21印张　330000字
2024年2月第1版　2024年2月第1次印刷
ISBN 978-7-5218-5587-6　定价：99.00元
（图书出现印装问题，本社负责调换。电话：010-88191545）

本书是以下项目资助的研究成果：

广东省哲学社会科学“十三五”规划项目“中国与海上丝绸之路沿线国家的海洋产业合作研究”（GD17XYJ34）

广东海洋大学2018年“创新强校工程”省财政资金支持重点项目“中国与海上丝绸之路沿线国家海洋产业合作共赢的实证研究”（Q18308）、工商管理重点学科项目、研究生示范课程建设项目

前　言

当前，世界之变、时代之变、历史之变正以前所未有的方式展开，世界正处于发展新的十字路口，“世界向何处去”的问题困扰着我们并考验着我们的智慧，构建人类命运共同体理念无疑已成为解决这一核心问题的指向灯和金钥匙，而21世纪海上丝绸之路倡议正是践行人类命运共同体理念的重要路径。以海洋为媒介，通过串联、扩展和谋求中国与海上丝绸之路沿线国家（以下简称沿线国家）间的利益共同点，可以激发各方的发展潜力和活力，也有助于加快我国的对外开放步伐，完善多元平衡的开放性经济体系。加强中国与沿线国家的海洋产业合作，是促进中国与这些国家经济实现协同共赢的重要路径，是21世纪海上丝绸之路倡议的重要合作领域，顺应了国民经济发展规划中积极开展海洋国际合作的战略规划，对推动“一带一路”倡议实施具有重要意义。

在广东省哲学社会科学规划项目和“创新强校工程”省财政资金支持重点项目阶段性成果的基础上，立足于海洋产业这个21世纪海上丝绸之路倡议的重要合作领域和载体，本书实证分析中国与沿线国家海洋产业合作共赢效果并探索进一步合作的模式和措施，主要内容包括合作现状分析、合作效应及其影响因素分析、典型国家分析、合作模式探索、合作措施分析（海洋渔业合作、对外直接投资合作、港口合作、税收合作、海事合作、其他合作），力图为推动21世纪海上丝绸之路倡议实施提供实证数据支持和参考。

海上丝绸之路沿线国家海洋产业的发展水平参差不齐，中国在与其进行合作时秉持因地制宜、实事求是的原则，取得了丰富的成果。本书在海洋经济理论、区域经济合作理论、包容性增长理论等理论的指导下，把海上丝绸之路沿线划分为东南亚、南亚、西亚、非洲等地区，并介绍各地区海洋产业发展情况，通过对相关海洋产业数据的收集和整理，较为系统地分析各个地区海洋渔业、海洋交通运输业、海洋油气业、滨海旅游业等主要海洋产业的合作情况。结果发现，我国与东南亚地区的合作项目最多，合作进展也最为顺利；与西亚地区的合作主要集中在海洋油气业，其他产业涉及较少；与南亚、非洲地区在港口投资建设项目上合作较多，但大多是以投资、技术支持等形式展开；与沿线国家的合作主要是在已有的经贸合作机制的基础上进行的，缺乏在海洋领域的多边合作机制。

以海洋渔业为例，通过双重差分法探究中国与沿线国家水产品贸易合作所带来的经济效益，结果表明，21 世纪海上丝绸之路倡议的实施对中国与沿线国家的出口贸易有正向拉动作用，即使在添加了国家宏观层面的控制变量后，结果依然稳定。通过构建三维引力模型，对影响中国与沿线国家水产品贸易的现实影响因素及其作用机理进行了探讨，结果表明，贸易国双方 GDP、外商直接投资净流入、人民币兑美元汇率、21 世纪海上丝绸之路倡议提出与出口水平显著正相关，距离和贸易国 WTO/TBT-SPS 通报数与出口水平则显著负相关。

以中国与泰国海洋经济合作为国与国海洋产业合作的典型案例，采用联合国统计署等数据，分析中泰海洋产业发展概况、对比主要海洋产业发展态势，并以水产品贸易为例，分析中泰水产品贸易互通的特征。结果表明，滨海旅游业和海洋交通运输业所占海洋产业比重较大，是泰国主要创收海洋产业，近年来产业发展除受金融危机影响产生较大的变动外，发展趋势呈现稳中有升状态，发展潜力较大；海洋渔业受限于渔业资源枯竭和主要出口市场产品安全标准提高等双重困境，发展乏力；海洋油气业发展受限于极为有限的油气资源和勘探开采技术，产业优势不显著，随着工业化建设进程加快，石油能源需求提升与油气资源勘探开发匮乏现状的矛盾日益突出，油气资源进口贸易日益扩大，提升本国勘探开发技术是解决这一问题的关键。中泰水产品贸易互通具有双边贸易互补关系突出，在世界市场竞争关系明显的特征。

利用 BCG Matrix—AHP 分析方法，建立中国同沿线国家海洋产业合作的理论框架，对应提出中国不同类型海洋产业和沿线国家的产业合作模式，具体为：滨海旅游业和海洋化工业等强势型产业适用探索发展型合作模式；海洋渔业和海洋交通业等平稳型产业适用完善型合作模式，包括兴办合资企业和许可协议等方式；海洋船舶业、海洋生物医药、海洋电力业等挑战型产业应引入优势项目，整合资源，实现联合发展；海洋工程建筑业和海洋油气业等弱势型产业应采取资源重整型合作模式，可对该产业弱势国通过技术输出实现产业顺势转移。

以事实和数据为依据，分别就中国与沿线国家海洋渔业合作（以东盟为例）、对外直接投资合作、港口合作、税收合作、海事合作（以东盟为例）进行实证分析，并针对性地提出加强合作的建议。

最后，基于上述研究，针对海洋产业合作上存在的问题，提出积极促进中国与沿线国家海洋产业合作共赢的保障措施建议，打造与沿线国家的利益共同体、建立海洋领域的多边合作机制、建立统一的法律规范和管理体制、引导和规范国内涉海企业的发展、构建海洋产业信息共享平台、建立起有效的海洋金融保险制度。

以事实为依据，以数据为中心，以结果为导向，本书多渠道广泛收集客观数据和案例，运用双重差分模型、三维贸易引力模型、差分 GMM 面板数据、贸易互补指数（TCI）、BCG Matrix—AHP 分析方法等多种实证方法分析中国与沿线国家海洋产业合作情况，突出实证特性，期望探索海洋产业合作的内在规律和机理，此乃本书的主要特点和可能的主要贡献。

周昌仕

2023 年 12 月于湛江

目　录

第 1 章　绪论 …… 1
1.1　研究背景与意义 …… 1
1.2　研究思路、内容与方法 …… 3
1.3　创新之处 …… 7
第 2 章　文献综述 …… 9
2.1　国外研究 …… 9
2.2　国内研究 …… 12
第 3 章　概念界定与理论基础 …… 18
3.1　概念界定 …… 18
3.2　理论基础 …… 22
第 4 章　中国与海上丝绸之路沿线国家海洋产业发展与合作现状 …… 26
4.1　中国海洋产业发展现状 …… 26
4.2　海上丝绸之路沿线国家海洋产业发展现状 …… 27
4.3　中国与海上丝绸之路沿线国家海洋产业合作现状 …… 36
第 5 章　中国与海上丝绸之路沿线国家海洋产业合作经济增长效应 …… 49
5.1　研究方法及模型设定 …… 49
5.2　数据来源及说明 …… 52
5.3　模型检验及结果分析 …… 53

第6章 中国与海上丝绸之路沿线国家海洋产业合作的影响因素 …… 55

6.1 研究方法与模型设定 …… 55

6.2 数据来源及说明 …… 56

6.3 模型检验及结果分析 …… 58

第7章 中国与海上丝绸之路沿线国家海洋产业合作典型：以泰国为例 …… 62

7.1 中泰海洋产业发展概况 …… 62

7.2 中泰主要海洋产业发展态势 …… 64

7.3 中泰水产品贸易互通的特征 …… 73

7.4 主要结论 …… 77

第8章 中国与海上丝绸之路沿线国家海洋产业共赢性合作模式探索 …… 80

8.1 海洋产业合作的理论框架 …… 81

8.2 海洋产业发展特征分析 …… 85

8.3 中国与沿线国家海洋产业合作模式选择 …… 93

第9章 中国与海上丝绸之路沿线国家海洋渔业合作：以东盟为例 …… 96

9.1 中国海洋渔业发展现状 …… 96

9.2 东盟海洋渔业发展现状 …… 100

9.3 中国与东盟海洋渔业合作现状 …… 104

9.4 中国与东盟海洋渔业合作的影响因素分析 …… 119

9.5 中国与东盟海洋渔业合作经验借鉴 …… 127

9.6 中国与东盟海洋渔业合作相关建议 …… 131

第10章 中国涉海企业对海上丝绸之路沿线国家对外直接投资合作 …… 136

10.1 对外直接投资现状分析 …… 136

10.2　对外直接投资的特征分析 …… 141
10.3　涉海企业对外直接投资影响因素分析 …… 156
10.4　涉海企业对海上丝绸之路沿线国家直接投资的政策建议 …… 162

第11章　中国与海上丝绸之路沿线国家港口合作 …… 169
11.1　海上丝绸之路沿线部分国家港口现状分析 …… 170
11.2　中国与海上丝绸之路沿线部分国家港口综合竞争力分析 …… 205
11.3　基于港口综合竞争力的贸易效应 …… 224
11.4　结论及启示 …… 229

第12章　中国与海上丝绸之路沿线国家税收合作 …… 233
12.1　中国与海上丝绸之路沿线国家税收合作的领域 …… 234
12.2　中国与海上丝绸之路沿线国家税收征管合作机制 …… 242
12.3　中国与海上丝绸之路沿线国家税收征管合作存在的问题 …… 244
12.4　加强中国与海上丝绸之路沿线国家税收合作的建议 …… 248

第13章　中国与海上丝绸之路沿线国家海事合作：以东盟为例 …… 251
13.1　中国与东盟的海事管理现状与合作必要性 …… 251
13.2　中国与东盟的海事合作现状 …… 258
13.3　中国与东盟海事合作存在的问题 …… 265
13.4　加强中国—东盟海事管理合作政策与建议 …… 267

第14章　深化中国与海上丝绸之路沿线国家海洋产业合作的其他保障措施 …… 273
14.1　打造与沿线国家的利益共同体 …… 274
14.2　建立海洋领域的多边合作机制 …… 274
14.3　建立统一的法律规范和管理体制 …… 275
14.4　引导和规范国内涉海企业的发展 …… 276

14.5 构建海洋产业信息共享平台 …… 276
14.6 建立起有效的海洋金融保险制度 …… 277
第15章 结论与展望 …… 279

附录1 2018年港口综合竞争力评价指标标准化数据 …… 285
附录2 36国2006~2018年税收征管能力与各分项指标得分 …… 287
参考文献 …… 303
后记 …… 323

第1章 绪　论

1.1 研究背景与意义

1.1.1 研究背景

“海上丝绸之路”早在秦汉时期就已出现，自它开通以来，一直在中国与世界其他国家和地区的政治、经济、文化交流中发挥着重要作用，它见证了中国与沿线国家经贸往来的繁荣历史。2013年10月，习近平总书记访问印度尼西亚时提出建设21世纪海上丝绸之路（以下简称海上丝绸之路）的倡议，使这条古老的海上通道重新焕发了生机和活力。

当前世界政治经济形势复杂多变，国际金融危机影响深远，“逆全球化”思潮甚嚣尘上，国际贸易壁垒阻碍各国经济合作，国际政治冲突不断，地区间战争时有发生，各国和地区都面临着异常巨大的挑战。中国政府“一带一路”倡议的提出顺应了经济全球化、世界多极化的发展趋势，是解决世界经济发展难题的一剂良方（国家发展改革委、外交部、商务部，2015）。“一带一路”倡议旨在通过与沿线各国的区域经济合作，构建利益共同体，促进沿线国家乃至世界各国经济发展、文化繁荣和社会进步，是全球治理的一种新模式。

党的十九大报告和二十大报告都特别强调要加快建设海洋强国，“一带一路”倡议是我国实现海洋强国建设目标、实现中华民族伟大复兴中国梦的重要途径，具有前瞻性和长远性，是中国深化对外开放和践行双边与多边外交战略的重要策略（吴迎新，2016）。积极寻求对外合作、互利共赢是大国的发展之道，通过海洋产业合作促进交流，化解冲突，进而实现全方位多领域的合作，是实现“一带一路”倡议的必由之路。“海洋强，则国家强；海业兴，则民族兴”，21 世纪是海洋的世纪。海上丝绸之路的建设中心在“海”，海洋是中国与海上丝绸之路沿线国家（以下简称沿线国家）进行产业合作的桥梁。因此，中国与沿线国家加强海洋产业的合作是大势所趋，现实需要。

《推动丝绸之路经济带和 21 世纪海上丝绸之路能源合作愿景与行动》为“一带一路”建设提供了总体目标和发展方向，中国—东盟自贸区的成立，有利于加强中国与东盟的经济合作，中巴经济走廊、孟中印缅经济走廊等六大经济走廊的建设构想，为海上丝绸之路的建设铺平了道路，“两行一金”（亚洲基础设施投资银行、金砖国家新开发银行、丝路基金）的设立为海上丝绸之路建设提供了强大的资金支撑。海上丝绸之路建设的方向是把中国与沿线国家和区域的沿海港口城市联系起来，通过沿线港口城市之间的相互合作以及沿线国家之间海洋经济合作，实现海上的互联互通（吕余生，2014），形成覆盖沿线国家区域乃至全球的大市场，与沿线国家构建利益共同体和命运共同体，促进各地区间人文交流和经济发展，实现互利共赢。

总之，加强中国与沿线国家的海洋产业合作，顺应了中国国民经济发展规划中积极开展海洋国际合作的战略规划，能够推动“一带一路”倡议实施和高质量发展，促进海洋产业发展，实现建设海洋强国的战略目标等，在此背景下，有必要实证分析中国与沿线国家海洋产业合作共赢效果并探索进一步合作的模式和措施，为推动 21 世纪海上丝绸之路倡议实施提供经验数据支持。

1.1.2 研究意义

建设海上丝绸之路的着眼点在“海”，海洋是连接沿线国家产业合作的纽带。党的十九大报告指出，过去的五年中，我国经济建设取得重大成就，区域发展协调性不断增强，“一带一路”建设发展成效显著。党的二十大报告更是指出，我们实行更加积极主动的开放战略，构建面向全球的高标准自由贸易区网络，加快推进自由贸易试验区、海南自由贸易港建设，共建“一带一路”成为深受欢迎的国际公共产品和国际合作平台。海上丝绸之路建设情况如何，中国与沿线国家海洋产业合作共赢效果如何，如何进一步深化沿线国家海洋产业合作，这是本书的研究重点。本书实证分析中国与沿线国家海洋产业合作共赢效果并探索进一步合作的模式和措施，为推动21世纪海上丝绸之路倡议实施提供实证数据支持和决策参考，具有重要的学术价值和实践意义。

第一，为中国与沿线国家的海洋产业合作提供理论指导。以现有的国内外海洋产业合作等相关研究成果为理论支撑，以中国与沿线国家合作的主要海洋产业现实状况为基础，针对性地对沿线各国海洋产业进行深入分析，创新提出合作模式，并制定切实可行的合作保障措施。

第二，研究海洋产业合作促进中国与沿线国家的经济增长效应，可提升沿线国家共同参与建设海上丝绸之路的积极性。利用定性分析与定量分析相结合的方法，佐证了海洋产业合作对促进中国和沿线各国经济增长的作用，充分凸显海洋产业合作互利共赢特征，提高沿线国家参与海上丝绸之路建设的热情。

第三，通过创新海洋产业合作模式，力争有效推进中国与沿线国家海洋产业合作，加快我国建设海洋强国的进程。与沿线国家海洋产业的合作，有利于促进我国海洋产业结构的优化升级，促进海洋产业模式的不断创新，促进中国海洋经济对外合作的新局面，进而有助于中国成为海洋强国，实现中华民族伟大复兴的中国梦。

1.2 研究思路、内容与方法

1.2.1 研究思路

基于海洋经济理论、区域经济合作理论、包容性增长理论、国际贸易理论、协同治理理论等理论，分析中国与沿线国家海洋产业发展与合作现状，研究其增长效应和影响因素，进一步探析中国与沿线国家海洋产业合作存在的问题，发现中国与沿线国家海洋产业合作存在的问题与挑战，运用双重差分、BCG Matrix—AHP 等方法研究海洋产业合作的典型案例并探究可行的合作模式，进而提出促进中国与沿线国家海洋产业合作的政策建议（见图 1－1）。

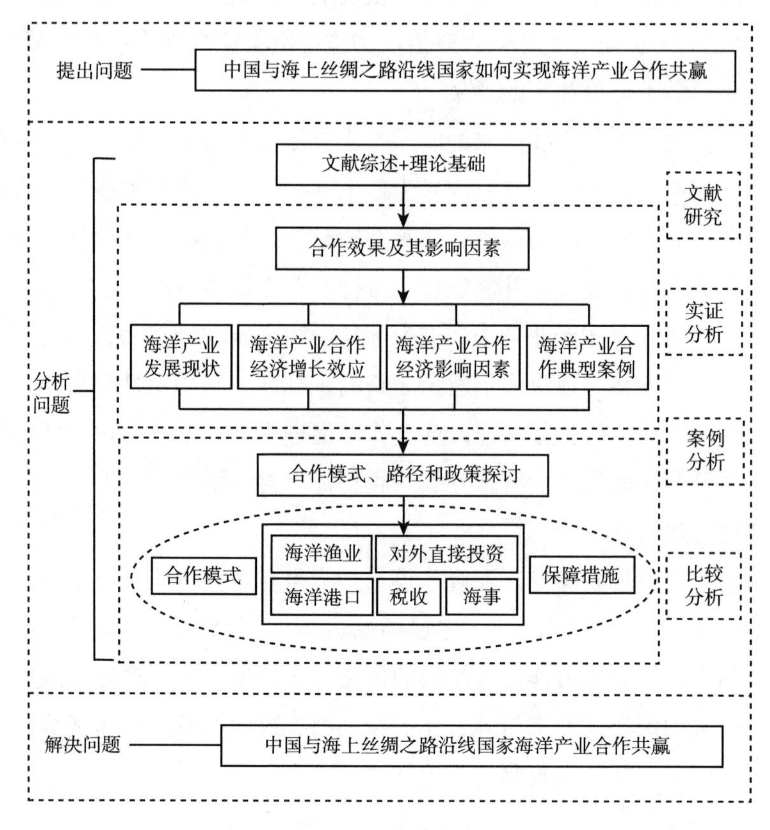

图 1－1　研究框架

1.2.2　研究内容

本书主要内容包括合作现状分析、合作效应及其影响因素分析、典型国家分析、合作模式探索、合作措施分析（海洋渔业合作、对外直接投资合作、港口合作、税收合作、海事合作、其他合作），分为15章，其中第4～第7章主要为合作效果及其影响因素的实证分析，第8～第14章主要为合作模式、路径和政策探讨。各章的主要内容如下所述。

第1章为绪论，主要介绍本书研究背景与意义、研究综述、研究思路、内容与方法、创新点等。

第2章为文献综述，系统梳理国内外研究成果，并提出本书研究的主要问题。

第3章为概念界定与理论基础，主要对海洋产业与海上丝绸之路的概念进行界定，对与研究相关的新经济增长理论、区域经济合作理论与包容性增长理论等进行解释。

第4章为中国与海上丝绸之路沿线国家海洋产业发展与合作现状，主要把沿线国家分为东南亚、南亚、西亚和非洲四个地区，从总体上把握中国与沿线各国的海洋经济发展态势，再分别针对各地区主要海洋产业研究其发展特征及其与中国的合作现状。

第5章为中国与海上丝绸之路沿线国家海洋产业合作经济增长效应，以水产品贸易为例，将中国对沿线国家的水产品出口额作为被解释变量，将研究对象是否为沿线国家、是否处在政策冲击年份为核心解释变量，同时引入人口、GDP、汇率等其他可能的控制变量，采用双重差分法分析水产品贸易促进中国与沿线国家的经济增长效应。

第6章为中国与海上丝绸之路沿线国家海洋产业合作的影响因素，通过构建三维贸易引力模型对影响中国对沿线国家水产品出口贸易的因素进行了探究，并从进口国效应和时间效应两个维度对中国与沿线国家的水产品贸易活动进行了研究。

第7章为中国与海上丝绸之路沿线国家海洋产业合作典型：以泰国为例，对中泰两国海洋产业发展概况进行介绍，对比分析两国主要海洋产业发展态势，研究两国水产品贸易互通情况。

第8章为中国与海上丝绸之路沿线国家海洋产业共赢性合作模式探索，综合利用BCG Matrix—AHP分析方法，建立我国同沿线国家海洋产业合作的理论框架，对应提出我国不同类型的海洋产业和沿线国家的海洋产业合作模式。

第 9 章为中国与海上丝绸之路沿线国家海洋渔业合作：以东盟为例，研究中国与沿线国家的海洋渔业合作情况，对双方渔业发展现状、合作现状进行介绍，分析影响双方海洋渔业合作的影响因素，借鉴相关经验，提出加强双方海洋渔业合作的相关建议。

第 10 章为中国涉海企业对海上丝绸之路沿线国家对外直接投资合作，分析对外直接投资现状及特征，挖掘涉海企业对外直接投资影响因素，进而给出涉海企业对沿线国家直接投资的政策建议。

第 11 章为中国与海上丝绸之路沿线国家港口合作，对沿线部分国家港口现状进行介绍，分析中国与沿线部分国家港口的综合竞争力，在此基础上分析贸易效应并得出启示。

第 12 章为中国与海上丝绸之路沿线国家税收合作，归纳总结中国与沿线国家税收合作领域，分析其税收征管合作机制，并剖析其问题，进而提出加强中国与沿线国家税收合作的建议。

第 13 章为中国与海上丝绸之路沿线国家海事合作：以东盟为例，研究中国与沿线国家海事合作情况，介绍中国与东盟海事管理现状与合作必要性，分析双方海事合作现状及存在的主要问题，并提出加强双方海事管理合作的政策建议。

第 14 章为深化中国与海上丝绸之路沿线国家海洋产业合作的其他保障措施，针对中国与沿线国家海洋产业发展的实际情况，以相关因素实证分析结果为主要依据，从多角度提出保障措施，以促进中国与沿线国家海洋产业合作共赢。

第 15 章为结论与展望。

1.2.3 研究方法

（1）文献资料法。

通过图书、数据库等检索工具，了解国内外学者对海上丝绸之路建设的研究现状和已取得的成果，并进行整理和总结，归纳出本书研究所需的理论基础以及中国与沿线国家海洋产业合作的相关资料。

（2）实证分析法。

运用多种实证方法分析中国与沿线国家海洋产业合作情况，具体来讲，第5章以水产品为例，通过构建双重差分模型来分析中国与沿线国家海洋产业合作的经济效应；第6章通过构建三维贸易引力模型对影响中国对沿线国家水产品出口贸易的因素进行了探究；第7、第9、第10、第11、第12、第13章利用贸易互补指数（TCI）衡量中国与东盟双边贸易互补关系，运用贸易指数和随机前沿引力模型，系统分析了中泰水产品贸易发展状况，利用海洋产业产值比重、产业增长率和需求收入弹性等指标对比分析中泰主要海洋产业发展特征，构建税收征管能力评价指数，进行差分GMM面板数据分析，以获知税收征管能力、税收协定对中国对外直接投资的影响，在沿线46个主要国家港口综合竞争力基础上，构建双边贸易引力模型，探讨沿线国家港口综合竞争力高低对双边贸易的影响效应。第8章综合利用BCG Matrix—AHP分析方法，建立中国同沿线国家海洋产业合作的理论框架，对应提出中国不同类型海洋产业和沿线国家的产业合作模式。

（3）案例分析法。

通过分析中国与东盟海洋渔业合作、中国与东盟海事合作、中国与沿线国家税收合作、港口合作等典型案例，进一步说明中国与沿线国家海洋产业合作的现状及问题，为海洋产业合作提供借鉴。

（4）比较分析法。

在研究中国与沿线国家海洋产业合作过程中，分析不同国家海洋产业发展的状况及中国与不同国家海洋产业合作的现状差异。

1.3 创新之处

研究视角新颖，从推进海洋产业合作带动中国与沿线国家多领域合作这一出发点进行研究，坚持互利共赢的合作原则，将提升沿线国家共同参与建设21世纪海上丝绸之路倡议的积极性。

研究方法方面，注重文献研究，典型个案研究、实证分析和调查研究相结合，重要的是通过文献归纳、数据库查询、调查访谈相结合的方法获取数据，采用定性分析和定量研究相结合的方法，系统分析中国与沿线国家海洋产业合作现状和影响因素，结果更为量化与具体。

研究观念方面，立足于《推动共建丝绸之路经济带和21世纪海上丝绸之路的愿景与行动》、党的十九大报告中关于“一带一路”倡议的实施框架和思路，党的二十大报告中提出推动共建“一带一路”高质量发展，依据沿线国家自身海洋产业发展特点，提出与之相匹配的海洋产业合作共赢模式，并给出推动共赢性海洋产业合作的政策建议。

第2章　文献综述

2.1　国外研究

2.1.1　区域经济合作研究

区域经济合作是国际区域一体化发展的重要内容，对我国与沿线国家的合作具有重要的借鉴作用。乔瓦尼和川井正弘（Giovanni and Masahiro Kawai，2014）强调区域经济合作的重要性，陈向明（Xiangming Chen，1995）认为，需要通过基础设施建设、扩大开放和优惠政策等途径支持区域发展。从区域合作的角度分析主要包括贸易集团（Paul and Masahisa Fujita，2003）、区域金融（Akira，2004）、环境和安全（Douglas，2007）等。也有学者对区域经济合作的影响因素（Yi-Ru Regina Chen，2004）、聚集经济的区域分工（Chyau Tuan，2003）、地方经济合作问题（小川雄平，1998）展开研究。具体的区域经济合作研究主要涉及东盟（Hidetaka Yoshimatsu，2002；Sanjaya，2003）、东南欧（Milica，2006）、中东（Raphael and Dafna，2011）、东北亚（Youqi Shi，2009）以及中美洲（Niels and Roberto，2015）等地区。

2.1.2　区域海洋经济合作研究

国外学者对海洋经济的关注始于20世纪40年代，多位学者对海洋经济定义进行探讨和对海洋与经济的关系进行研究（Rorholmd，1963；Pontecorvo，Wilkinson and Anderson，et al；Kildow and McIlgorm，2009）；定量评估各海洋产业对国民经济的贡献度并深入分析一国经济发展与海洋产业的密切关联（Viotolovsky，1977）；阿姆斯特朗和赖纳（1986）对海洋经济的前景进行预测，日本的清光照夫（1987）重点研究海洋水产、造船、海上油气和海底矿物开采与海洋能发电等海洋产业发展。随着海洋开发的日益深入，海洋资源和环境保护问题引起关注，海洋经济可持续发展理论的研究逐步兴起，海洋资源可持续利用的基础是海洋生态环境的良好特征，罗曼（Roman，2012）建立实证模型针对养殖环境对海水养殖业的影响进行分析，埃尔菲尔德（Airfield，2001）提出海洋和陆地具有同等地位，海洋领域也应该坚持可持续发展战略，关于海洋经济可持续发展的理论研究和实践研究逐步成为研究热点，提出可持续发展的重要性。加快区域海洋经济合作取得了研究共识。赛德和乔维特（Side and Jowitt，2000）对中国与“一带一路”沿线国家实现区域经济合作构想的必要性和可操作性进行探讨，分析中国—东盟自由贸易区成立的战略意义并定量评估其经济效益。布利斯（Bliss，2000）提出，随着区域分工理论的发展，面对区域间增产的不平衡性，包括海洋经济在内的区域经济合作成为实现资源有效配置和优势互补的重要方式，并成为区域竞争力的重点研究领域。马斯库斯（Maskus，1985）认为，中国与相关国家的区域海洋经济合作也引起了关注。奥尔森和埃拉姆（Olsen and Ellram，1997）、利莫尔（Leamer，1980）围绕着区域海洋经济合作效应、影响因素等方面研究取得丰富成果，旨在促进各国之间的海洋合作。

面对区域间经济发展的不平衡性，包括海洋经济在内的区域经济合作成为实现资源有效配置和优势互补的重要方式，并成为提高区域竞争力的重点研究领域（Jerry，1996），中国与相关国家的区域海洋经济合作也引起了学者的广泛关注（John and Terence，2005；Angus，2006）。围绕区域海洋经济合作效应（Karyn and Cathal，2011）、影响因素（Maurice，2002）、政府合作（海伦，1995）等方面取得了丰富的研究成果，还有学者对如何促进各国之间的海洋合作问题进行了研究（Marianna，

Michael and Julia，2016）。

2.1.3　海上丝绸之路沿线国家海洋合作研究

国外学者关于沿线国家海洋合作的研究主要集中在以下两个方面：一是对中国与沿线国家合作的现实条件进行分析，莫赫德（Mohd，2015）通过分析孟加拉湾地区在中国提出21世纪海上丝绸之路倡议后所面临的机遇与挑战，并基于此提出加强双方海洋合作，建设命运共同体的建议；古佩特（Gurpreet，2015）通过分析中国和印度两国在21世纪海上丝绸之路倡议背景下的趋同和分歧，提出两国间加强合作的对策建议；叶子良和凯利（Tsz Leung Yip and Kelly，2014）通过分析斯里兰卡自身的条件，认为斯里兰卡在海上丝绸之路上有着重要的地理位置，斯里兰卡与中国一直保持着良好的互动与联系，应进一步加深两国政府在海洋产业上的合作。二是对现有的中国与沿线国家开展的合作进行研究，阿萨德（Asad，2015）通过关注在海上丝绸之路背景下中国的港口运营商在巴基斯坦等海外的港口建设情况，为中国与沿线国家共同推动海上丝绸之路发展提出具体的建议。

2.1.4　产业合作对经济增长效应研究

国外学者对经济增长效应的研究主要集中在三个方面：一是投资与经济增长的关系；二是产业集群对经济增长效应的研究；三是贸易对经济增长的拉动效应。1664年，英国经济学家托马斯·孟出版著作《英国得自对外贸易的财富》，主要思想为转口贸易能为商人带来可观的利益，鼓励商人从事对外贸易。法国经济学家佩鲁（Francois Perroux）在20世纪50年代提出其增长极理论，他认为，增长极对于一个地区经济增长产生的作用通常是不平衡的，它是从一个或多个“推进性单元”逐渐向其他部门或地区推进，在推动的过程中，这些增长极所在地区或城市则像磁场一样产生离心力和向心力吸引着生产要素的聚集、互利，通过关联效应和乘数效应最终推动和引领一个地区的经济发展。安迪和约翰（Andy and John，1991）通过收集1952～1985年中国的出口和国民收入数据，使用Granger因果关系检验法检验两者之间的关系，结论为出口与国民收入之间互为因果关系。发展中国家在经济起步时，通过增加对机器设备的投资占一国GDP的比重有利于促进国家经济增长率的提升（De Long and Summers，1990）。伍尔格勒和杰弗里（Wurgler and Jeffiey，2000）给出如何判定一个国家的投资是否具有经济效益的方法，即看这个国家是否从相对衰退的行业撤走资金转而将资金投向高成长的行业，如果是这样则认定这个国家的投资具有经济效益。有学者利用误差修正模型和协整检验法对坦桑尼亚20世纪80年代末以来投资、出口和援助对该国市场经济增长的影响效应采取了实证分析，分析结论认为，出口扩张对经济增长有促进作用，但经济增长并不会导致出口的扩张（Jai S. Mah，2015）。

2.2 国内研究

2.2.1 关于海上丝绸之路倡议的研究

21世纪海上丝绸之路是以沿线国家的港口为战略支撑点的全球经贸合作大通道（张广威和刘曙光，2017），需要官方外交、商业合作、民间交流等方面体制机制上的改革与创新（周方冶，2015）等一系列措施来保障21世纪海上丝绸之路建设（鞠华莹，2014）。有学者通过分析亚洲国家政治、经济、历史、文化的差异性对海上丝绸之路的多元化合作机制进行了构想并落实到具体区域（李向阳，2014；陈伟光，2015）。也有学者根据矛盾性质的不同，提出建设海上丝绸之路的策略与节奏（张文木，2015）。同时，部分学者采用ISM模型（张丽丽等，2014）、AHP、VAR模型（姜宝和李剑，2015）和随机前沿引力模型（谭秀杰和周茂荣，2015）等方法定量分析海上丝绸之路建设的主要影响因素和潜力。

2.2.2 中国与海上丝绸之路沿线国家的合作实践研究

中国与沿线国家的合作实践涉及经济贸易、法律机制和文化交流等方面。经贸方面，21世纪海上丝绸之路可以促进沿线国家之间相互了解，增强经贸领域的广泛合作（陈万灵，2014），应基于贸易大数据，对沿线国家贸易便利化水平进行评估（毛艳华和杨思维，2015），对贸易合作情况进行详细分析（童友俊，2015），另外还有对中国与沿线国家贸易的商品结构演化历程（公丕萍等，2015），以及沿线国家与中国国际金融合作、农产品贸易方面的研究（赵青松，2016）。法律机制方面，围绕21世纪海上丝绸之路建设，应在金融合作方面努力建立稳定高效的法律机制（罗传钰，2016），建立一个多层级、多主体参与的、国际法与国内法相衔接、正式机制与非正式机制相结合的海上丝绸之路法律保障机制（韩永红等，2015）。文化交流方面，朱锦程（2017）从二元维度探索东南亚地区海上丝绸之路文化传播的影响，研究如何在新的海上丝绸之路背景下通过文化传播促进文化交流。

2.2.3 中国与海上丝绸之路沿线国家的海洋产业合作研究

现有研究主要集中于中国与东盟各国海洋产业的合作（王勤，2016），如杨程玲（2016）从海上交通运输领域分析中国与东盟实现海上互联互通时面临的问题以及相应的解决对策。另外，李锋和徐兆梨（2015）应用因子分析法对环南海五国三省区海洋经济竞争力进行评价，提出海洋经济发展的合作策略；吴迎新（2016）通过构建海洋产业梯度系数联合矩阵揭示沿线国家及地区主要海洋产业的比较优势，总体而言，基于如何实现互利共赢的海洋产业合作方面的研究较为缺乏。

2.2.4 “一带一路”经济效果研究

国内现有对“一带一路”经济效果的研究大抵分为贸易总体状况、对我国产业与进出口贸易的影响、实施效果评价、中国同某一国或某一区域贸易分析四个方面。其一，对“一带一路”总体状况的研究，如陈高和胡迎东（2019）认为，“一带一路”倡议促进了中国与沿线国家的经济融合，对外投资、劳务交流、高层交往都不断增长；朱红涛（2019）发现，国际贸易呈现出保护主义抬头、传统贸易中心东移与新兴市场贸易自由化等新动态；黄琳娜（2019）研究发现，贸易市场集中度偏高、服务贸易逆差规模大、沿线国家的全面参与不足正限制中国与沿线国家贸易的增长与扩大，现阶段欧洲商品大多占据产业链中高端，与“一带一路”国家存在结构代差，我国要不断促进各国贸易结构优化和整个贸易体系的产业融合并抓住机会推动外贸从粗放式向内涵式增长转变，提升产品附加值和产品竞争力。其二，对“一带一路”倡议对我国产业与进出口贸易的影响研究，如李惠茹和蒋俊（2019）认为，“一带一路”确实提振了我国沿线地区的出口贸易，但促进效应并不具有稳定而持续的动态效应且短期内对东南沿线地区出口贸易带动性较强而对西部和东北沿线地区尚未发挥显著作用；刘威和丁一兵（2019）提出，中国可在“一带一路”沿线国家范围内扮演高端制造业和创新以及标准设定者角色，大力发展高端产业技术水平及其科研队伍，减少进口复杂度高的能源产品，提高国内能源产品的提炼加工和利用效率，促进高新技术发展；李秋梅等（2019）研究认为，“一带一路”倡议提出初期我国企业忙于开发海外市场致使参与企业创新水平下降，由于存在融资约束，非国有企业下降更为显著，需要加大对参与“一带一路”建设的非国有企业的关注，降低其融资约束。其三，对实施效果的研究，如李振福等（2019）通过 DEA-Malmquist 分析认为，中国与“一带一路”沿线国家间的经济贸易效率的提高更多地依赖要素的投入，但对资源的合理配置利用效率较低且经济贸易的效率与各国家投入的资源呈负相关，资源优化配置的上升空间还很大。其四，对中国与个别国家或地区贸易状况的研究，如宋周莺和韩梦瑶（2019）通过对中印贸易关系的分析认为，运输成本与空间距离依然是国际贸易的重要因素，我国东部沿海省份与印度的贸易联系较为紧密、贸易额较大而西部大部分省份与印度的贸易联系较弱。

2.2.5 关于海洋经济与合作问题的研究

近年来，国内关于海洋经济与合作问题的研究成为热点。一是针对中国和沿海各省份海洋经济效率和综合竞争力评价方面的研究，例如赵林等（2016）通过 SBM 模型和 Malmquist 生产率指数模型，对 2001 ~ 2012 年中国沿海 11 个省份的海洋经济效率进行了测度，得出自 2001 年以来，中国海洋经济效率稳步上升，中国整体海洋经济效率呈现出南北高、中间低的布局特征，且各省份的海洋经济效率差距呈现先缩小后扩大的趋势。刘明（2017）通过创新建立评价指标体系，对中国沿海各省份海洋经济发展竞争力进行综合评价，并针对性地提出各省份发展海洋经济应重视的因素。伍业峰（2014）根据海洋产业发展基础、发展环境和绩效评价等指标构建海洋经济衡量评价指标体系，并对中国各省份海洋经济综合竞争力进行评价。二是针对中国海洋经济发展的相关因素分析，包括王艾敏（2016）先对高新技术对海洋经济发展的作用机理进行理论阐述，再通过对我国沿海省份海洋经济发展情况的回归分析，实证检验高新技术和海洋经济的相互关系，发现我国海洋高新技术对海洋经济发展的贡献率较低，同时，依据两者存在一定的相互关联的论断，可进一步重视海洋高新科技在海洋经济发展中的重要作用。李华等（2017）提出，由于海洋科技的不断发展应用，环渤海地区海洋经济发展势头良好，但其海洋产业结构不合理等问题成为阻碍其海洋经济发展的重要因素，而且，生态环境压力的增大是导致其整体水平呈下滑态势的重要原因，同时也成为制约环渤海地区海洋经济发展的主要障碍性因素。三是区域海洋产业差异和空间布局、海陆统筹、海洋产业集聚发展、可持续发展等方面成为国内学者海洋经济研究的重要领域（刘彦军，2016；刚晓丹等，2016；纪玉俊和李振洋，2016）。

四是海洋经济合作问题研究，张耀光等（2012）通过对比中美海洋经济生产总值（海洋 GDP）发现，中国的海洋经济增加值从 2011 年已开始高于美国，中国虽然海洋 GDP 总量大于美国，但人均海洋 GDP 远低于美国，应通过国家间海洋资源与海洋经济的对比，找出差距，从而提高中国海洋经济发展水平，同时选取了中国、美国、加拿大、英国、法国、澳大利亚、新西兰、日本、韩国、泰国、印度尼西亚、越南等 12 个国家，运用变差系数等指标反映其海洋经济发展状况，利用主成分分析法分析各国海洋经济与产业综合实力水平，还包括中国与沿线部分国家在海洋科技合作、海洋文化合作、海洋物流合作等方面开展的专门性研究。

综上所述，国内外学者关于中国与沿线国家经贸合作的研究已经积累了一定的成果，其主要观点认为，中国与沿线国家不管是出于促进本国经济发展还是获得政治利益、提升国际话语权等方面的考虑，都必须牢牢把握这一难得的发展机遇，充分发挥自身的优势，深入开展中国与沿线国家海洋产业的合作。现有研究热点主要包括：中国与沿线国家海洋产业合作推进情况及存在的问题；如何发挥优势、消除障碍，更好地构建并推进中国与沿线国家经济合作关系，将其提升到一个新的高度；完善中国与东盟、非洲等其他地区现有的合作机制，探索新的合作方式、合作领域，推动中国与沿线国家合作，互利共赢。

当然，现有研究也存在以下不足：第一，在研究对象上，沿线国家较多，所涉范围较广，包含亚洲、非洲、大洋洲的 30 多个国家，但现在学者们研究较多的为印度尼西亚、菲律宾、越南等“新钻”国家或将东盟国家作为研究对象，对内则更多研究的是福建、广东、广西、山东等 21 世纪海上丝绸之路倡议核心省份对接 21 世纪海上丝绸之路倡议的情况，对其他国家和地区的研究较少。第二，在研究内容上，主要集中在中国与沿线国家合作的宏观政策或具体合作领域方面，提出了一些可供参考的政策选择，具体涉及海洋产业合作带来的经济增长效应、产业转型升级、企业对外投资路径等方面的研究却不多。第三，在研究方法上，学者们的研究大部分属于描述和案例分析，以定性研究为主，更多解决的是“为什么”的问题，对于深层次的调查、实验，解决“怎么办”的定量研究则较少。21 世纪海上丝绸之路倡议实施涉及经贸合作、外交与安全合作、港口城市合作、旅游服务等多个行业和领域，对中国的政府、涉外企业以及相关行业的发展提供了前所未有的机遇和挑战，通过对国内外研究文献的梳理，找到研究的成果与不足以及未来研究的方向所在。

为此，本书研究立足 21 世纪海上丝绸之路倡议实施和发展的需要，深入探讨 21 世纪海上丝绸之路倡议下中国与沿线国家海洋产业合作的现状、经济增长效应、存在的问题，以期通过定性研究与定量研究相结合，为中国与沿线国家海洋产业合作提出有效建议。

第3章　概念界定与理论基础

3.1　概念界定

3.1.1　海上丝绸之路

海上丝绸之路自古就是联通中国和外国交通、贸易和文化交往的重要海上通道，对于推动中国与沿线国家的经济发展和文化交流做出了重要贡献（韦红和尹楠楠，2017）。2013 年 10 月习近平出席在印度尼西亚举办的亚太经济合作组织（APEC）领导人非正式会议期间，提出中国愿同东盟国家加强海上合作，共同建设 21 世纪海上丝绸之路的倡议（国家发改委、外交部、商务部，2015）。这与 2013 年 9 月习近平访问哈萨克斯坦时提出的“丝绸之路经济带”一脉相承，使这条古老的道路焕发出新的生机和活力。

21 世纪海上丝绸之路以古海上丝绸之路的地理区域位置和概念为驱动，注入新的时代背景、思路定位和规划建设内容。它一方面符合国家战略安全、区域经济合作一体化和贸易政治关系的时代背景要求，另一方面也是发挥海洋经济价值、促进经济结构调整、互利合作的需要，是“一带一路”建设中重要的“海上之翼”（贾益民和许培源，2018）。

从地理范围来看，21 世纪海上丝绸之路倡议重点打造的方向分为两条线：一是从中国沿海港口过南海到印度洋，延伸至欧洲；二是从中国沿海港口过南海到南太平洋。这两条路线主要覆盖了东南亚（包括越南、菲律宾、马来西亚、文莱、印度尼西亚、泰国、新加坡、柬埔寨、缅甸和老挝，简称东盟10国)、南亚（孟加拉国、斯里兰卡、印度、巴基斯坦、马尔代夫等国)、西亚（也门、以色列、伊朗、伊拉克、科威特、沙特阿拉伯、卡塔尔、巴林、阿拉伯联合酋长国、阿曼、约旦等国)、非洲（埃及、苏丹、厄立特里亚、吉布提、索马里、肯尼亚、坦桑尼亚、莫桑比克、利比亚、阿尔及利亚、突尼斯、摩洛哥、尼日利亚、科特迪瓦、多哥、几内亚、埃塞俄比亚、塞舌尔、津巴布韦、马达加斯加、南非等国）等（广东海洋大学东盟研究院，2015；赵江林，2014)。此外，广义上，还涉及大洋洲（澳大利亚、新西兰等国)、欧洲（乌克兰、波兰、罗马尼亚、保加利亚、立陶宛、斯洛文尼亚、马耳他、西班牙、法国、德国、英国、意大利、希腊、荷兰、比利时、阿尔及利亚、葡萄牙、阿尔巴尼亚、克罗地亚等国)，以及横跨亚欧大陆的土耳其、北美洲的巴拿马、南美洲的巴西等国。本书中的沿线国家为这些国家和地区中与中国海洋产业合作密切的主要国家[①]。

3.1.2 海洋产业

海洋产业作为海洋经济的表现形式，是海洋经济存在和发展的先决条件，构成了海洋经济的主体和基础。海洋产业的主要特性是涉海性，它决定了海洋产业的多样性。因此，将海洋产业定义为以海洋资源和海洋空间为对象进行开发、利用和保护以达到目的的产业部门，包括物质生产部门和非物质生产部门（朱坚真和吴壮，2009；宁凌，2015)。根据三次产业分类法，对现有的或未来可能出现的海洋产业按属性进行归类划分，分为第一产业、第二产业、第三产业、第四产业和第零产业。

海洋第一产业指海洋农业，是人们直接获取有经济价值的海洋生物

① 在考虑整体性不受大的影响的前提下，后面各部分的研究对象范围会根据数据可获得情况作适当选择。

或利用一些工具、手段将海洋环境中的资源转化为具有使用价值的物品的社会生产部门，包括海洋渔业、海水制盐业、海洋牧业和海水灌溉农业等。

海洋第二产业指人们对从海洋中获取的产品进行再一次加工生产的社会生产部门，包括海洋装备制造业、水产品加工业、海洋药物工业、海洋空间利用和工程建筑业等。

海洋第三产业是指人们在开发和利用海洋资源的活动过程中提供社会化服务的部门，包括海洋交通运输业、滨海旅游业和海洋服务业等。

海洋“第四产业”是指结合现代通信、网络、信息等技术的以高智力、软投入和高产出为特色的智力产业。它主要包括信息传播和社会心理沟通的部门，智力开发、信息咨询和公共策划的部门，提高公民科学文化素质服务的部门等。

海洋“第零产业”是对三次产业分类的向前延伸，即海洋资源产业。它是指随着人类认知和社会的进步，开始有意识地对海洋资源进行保护、修复、再生增殖的物资生产部门。海洋“第零产业”主要包括三类，分别是资源勘探业、资源养护业和资源再生产业。

“十二五”“十三五”期间，海洋经济始终作为国民经济发展的重要增长点，总量不断迈上新台阶，海洋新产业、新业态不断涌现。2006 年首次发布的国家标准《海洋及相关产业分类》（GB/T20794 – 2006）已经不能保证与国家数据的有效共享。2021 年 12 月 31 日，国家市场监督管理总局（国家标准化管理委员会）发布公告，由国家海洋信息中心负责起草的国家标准《海洋及相关产业分类》（GB/T20794 – 2021）正式发布。从中华人民共和国自然资源部网站获知，修订后的标准根据海洋经济活动的性质，将海洋经济分为海洋经济核心层、海洋经济支持层、海洋经济外围层。在产业分类层面新标准更加细化，将海洋经济划分为海洋产业、海洋科研教育、海洋公共管理服务、海洋上游相关产业、海洋下游相关产业等 5 个产业类别，下分 28 个产业大类、121 个产业中类、362 个产业小类，既全面反映了海洋经济活动的分类状况，又重点突出了海洋产业链结构关系，如表 3 – 1 所示。

表3-1 中国海洋及相关产业分类

海洋及相关产业	海洋经济核心层	海洋产业	01 海洋渔业
			02 沿海滩涂种植业
			03 海洋水产品加工业
			04 海洋油气业
			05 海洋矿业
			06 海洋盐业
			07 海洋船舶工业
			08 海洋工程装备制造业
			09 海洋化工业
			10 海洋药物和生物制品业
			11 海洋工程建筑业
			12 海洋电力业
			13 海水淡化与综合利用业
			14 海洋交通运输业
			15 海洋旅游业
	海洋经济支持层	海洋科研教育	16 海洋科学研究
			17 海洋教育
		海洋公共管理服务	18 海洋管理
			19 海洋社会团体、基金会与国际组织
			20 海洋技术服务
			21 海洋信息服务
			22 海洋生态环境保护修复
			23 海洋地质勘查
	海洋经济外围层	海洋上游相关产业	24 涉海设备制造
			25 涉海材料制造
		海洋下游相关产业	26 涉海产品再加工
			27 海洋产品批发与零售
			28 涉海经营服务

3.2 理论基础

3.2.1 海洋经济理论

“海洋经济”的定义最先是由我国经济学者于光远等在1970～1980年给出来的，随后，由各个专业领域的研究人员从研究思路等不同的方向，对该定义进行了更为详尽的描述和阐释，具体囊括以下内容：杨金森（1990）指出，海洋经济是借助于海洋资源获取利益的一种经济活动；2003年，我国政府机构出台的文件中对其概念进行了说明，指出其定义讲的是对海洋不同产业的开发及有关活动的总成；2005年，孙斌和徐质斌（2004）在其相关的著作中指出，“海洋经济讲的是借助于海洋中的各种资源及空间，来进行的各种生产、利用、保护活动的总称”。总的来讲，海洋经济这个概念在我国得到了很大的发展，其基本的变化过程呈现出由小到大，由窄到宽，由资源开发到产业化等变化的趋势，然而，与国外的海洋经济比较而言，我国的海洋经济发展还比较落后，并没有单独成为一个经济体系，所以将其作为一个独立的经济系统依然是当前我国海洋经济不断发展的方向（徐质斌，2000；朱坚真，2016）。

关于海洋经济及合作问题研究的理论主要包括产业选择与培育理论和资源配置效率理论等，本书运用理论分析的具体逻辑为：一是基于产业选择与培育理论的海洋产业合作研究，本书认为，海洋产业合作应以两国资源禀赋为前提，以海洋产业发展特征为依据，坚持资源和技术的互补性合作原则，发展优势互补的产业合作，所以基于产业关联度基准、经济贡献基准、收入弹性基准等海洋产业评价的指标体系在各国海洋产业评价及合作模式选择中有所运用。二是基于可持续发展理论的各国海洋经济合作研究，近年来，沿线国家大多面临渔业资源枯竭困境，如何实现海洋渔业可持续发展已经成为在海洋经济领域积极合作的关键内容。强化海洋渔业资源可持续发展及渔业技术提升的交流合作，同时建立双边或多边海洋渔业合作机制，加强建立远洋渔业资源开发的对话与合作机制具有重要的现实意义。三是以资源配置效率原理为根本并牵涉海洋公司合作金融保障方面的探究，资本市场的资源配置效率包括将资金配备给切实需要的企业和行业，使资金对企业和行业具有较大激励作用。海洋产业类企业大多从事的是风险高、资金需求量大的业务，更有很多涉及国家安全和国民经济命脉的行业，因此，我国涉海企业“走出去”与东道国实现互利共赢的顺利合作，对于我国资本市场的制度环境、涉海企业的融资效率都有较高要求，基于资源配置效率理论的涉海企业合作金融保障方面的研究极为必要。

3.2.2 区域经济合作理论

区域经济合作讲的是两个国家的经济主体，借助于在不同区域对生产要素进行重新整合，得到丰厚的经济效益，实现利益的最大化，通常的合作形式包括资金技术合作等方面。早期，要素禀赋理论提出，不同地区具有差异性资源禀赋，通过地区间的互补性合作产生要素流动，可共同提高生产效率。后经过理论的不断延伸发展，一些新的生产要素学说被提出，一是人力资本学说，其理论核心是劳动力应该被作为不同质的重要生产要素，通过将大量资金投资到劳动力，能够不断地提升劳动力的素质，产生人力资本这个关键性的生产要素；二是研究与开发理论，在1960年，国外著名的经济学者弗农等就提出了该理论，这个理论认为上述所讲的研究与开发应该被看作一种无形的生产要素，并在经济发展中起到非常关键的作用；三是创新理论，这个理论最先是由熊彼特提出来的，他认为，创新是某种非常关键的要素生产法，通常主要涵盖打造一个新途径、利用一种新方式、引进一种新材料、实施一种新体制等不同的类型，就创新主体而言，该理论认为企业家和企业是创新的主体和核心，但与此同时，创新应该在一个良好的社会背景下得以产生。总的来讲，经济一体化理论的提出与演化发展都是以生产要素为中心的创新引进等层面。中国与沿线国家海洋经济发展基本处于初级阶段，各国需要通过人才交流、共同研究与开发、国家创新倡议支持和技术外溢等方式共同发展海洋科技，推动海洋产业的转型，借助于科技与人才提高海洋产业附加值比率，推动海洋经济向集约化方向不断发展。

3.2.3 包容性增长理论

包容性增长最早是亚洲开发银行在2007年提出的，随后国家主席也多次在国际会议中提到此理念。它是在国际经济发展的高度不平衡、贫富差距不断加大以及不平等现象不断增多的现实背景下出现的。它被提出以来，学术界对其内涵的讨论从未间断，观点并不完全相同。综合学者们的观点，包容性增长的基本内涵是各国及地区机会平等、互利共赢，共享发展成果的增长，它是可持续的经济增长，是关注弱势群体和贫困人口、实现人的全面发展的增长，是确保社会公平与正义的增长（杜志雄等，2010）。包容性增长还强调经济增长的速度与方式，要以实现劳动力的充分就业为前提和基础，使广大人民从经济增长中获益。包容性增长的实现还要依靠世界各国之间的相互包容，各国之间和国际组织之间要加强在政治、经济、文化、科技等方面的合作和交流，特别是发达国家和发展中国家之间要加强对话（陈华和张梅玲，2011），相互扶持，相互帮助，互相借鉴对方的发展经验，在合作中积极努力寻找两国之间的利益共同点，构建利益共同体，以实现双方合作利益的最优化。由于沿线国家的政治体制、经济发展水平和人文风俗等都不一样，中国在与相关国家进行海洋产业合作时更应该尊重彼此的差异，加强在政治、经济、文化等方面的交流与合作，增加了解，努力找到双方的利益共同点，以此为基础，积极推动合作的有效进行。

3.2.4 国际贸易理论

3.2.4.1 比较优势理论

大卫·李嘉图在其代表作《政治经济学及赋税原理》中提出了比较优势理论。比较优势理论认为，国际贸易的基础是生产技术的相对差别（而非绝对差别），以及由此产生的相对成本的差别。每个国家都应根据“两利相权取其重，两弊相权取其轻”的原则，集中生产并出口其具有“比较优势”的产品，进口其具有“比较劣势”的产品。根据比较优势理论可知，各国在要素禀赋、技术水平、产业结构等方面存在较大差异，其差异决定各国产品参加国际贸易的比较优势，在两国都具有优势的方面进行相互合作能够实现两个国家的合作共赢。

3.2.4.2　产业内贸易理论

产业内贸易理论是用来诠释某个国家和地区某一种产品双向贸易的情况，用来诠释要素禀赋与比较优势理论为重点的过去全球贸易理论没有办法给出合理诠释的市场内贸易状况。首先对市场内贸易理论做出系统描述的是外国著名的经济学者加拿大的格鲁贝尔和澳大利亚的劳埃德等，他们在1975年出版的《产业内贸易：差别化产品国际贸易的理论与度量》中系统提出产业内贸易理论，提出两个国家进行的贸易存在不能用传统贸易理论解释的一国既出口又进口的现象，此后，更多的学者开始关注这一新型贸易现象并进行深入的研究探讨，逐步形成产业内贸易理论。产业内贸易理论打破传统国际贸易理论的基本假设——完全竞争市场、规模收益不变、各国需求偏好相同等，提出更为切合现实情形的假设条件——不完全竞争、产品异质、各国需求偏好多样化和存在规模经济等，基于以上假设，要素禀赋和比较优势不再是贸易产生的根本原因，通过降低生产成本形成规模经济也可以导致贸易产生。

3.2.5　协同治理理论

协同治理理论是在新公共管理运动与“第三方政府”厚植的多中心治理环境下发展起来的，强调各协同主体出于对公共利益的考量，在适宜的制度框架下为共同目标尊重彼此关切、共同学习成长并取得“最大公约数”的过程。有学者通过研究大量案例采用“逐渐逼近”（successive approximation）策略构建了一种协同治理框架，认为协同治理由启动条件、制度设计、协同过程与催化领导四大部分组成（Ansell and Alison，2007）。

第4章　中国与海上丝绸之路沿线国家海洋产业发展与合作现状

4.1　中国海洋产业发展现状

随着全国有关海洋经济发展规划的落实，在国家大力发展海洋经济，建设海洋强国的战略指导下，近年来我国海洋经济增速较快，海洋产业结构方面的转型升级也在稳步进行。据《2019 年中国海洋经济统计公报》统计，2019 年我国海洋生产总值超过 8.94 万亿元，同比增长 6.2%，占国内生产总值的 9.0%，海洋第一、第二、第三产业增加值分别是 0.37 万亿元、3.2 万亿元、5.37 万亿元，分别占海洋生产总值的 4.2%、35.8% 和 60.0%，产业结构不断优化，海洋第二、第三产业的发展速度远远超过第一产业。全国涉海就业人数不断攀升，据《2017 年中国海洋经济统计公报》和《2018 年中国海洋经济统计公报》统计，2018 年达到 3 684 万人，比 2017 年增加 27 万人，占全国就业人数的 4.7% 左右。总体来说，我国海洋经济的发展势头强劲，新产业和新业态快速成长，海洋经济的“引擎”作用持续发挥，推动国民经济高质量发展。

2019 年我国海洋产业保持稳步增长，主要海洋产业增加值达到 3.57 万亿元，同比增长 7.5%。如图 4－1 所示，海洋渔业全年增加值达到 0.47 万亿元，同比增长 4.4%，占主要海洋产业增加值的 13.2%，由于渔业生产结构调整速度加快，海洋捕捞量和海水养殖产量增量稳定；海洋油气业全年增加值为 0.15 万亿元，同比增长 4.7%，占主要增加值的 4.3%，海洋油气增储上产态势良好，海洋原油全年产量为 4 916 万吨，同比增长2.3%，海洋天然气产量持续增长，全年产量达162亿立方米，同比增长5.4%；海洋交通运输业运行平稳，全年增加值达0.64万亿元，同比增长5.8%，占主要增加值的18.0%，国内外的航运市场行情不断好转，沿海地区有一定规模的港口生产情况良好，货物吞吐量完成91.88亿吨，累计增长4.3%，集装箱吞吐量2.31亿标准箱（twenty-feet equivalent unit，TEU），同比增长3.9%；滨海旅游业全年增加值高达1.81万亿元，同比增长9.3%，占主要增加值的50.7%，在所有海洋产业增加值中占比最大，近年来，滨海旅游发展势头良好，发展潜力巨大，特别是邮轮旅游是滨海旅游业收入的主要来源。①

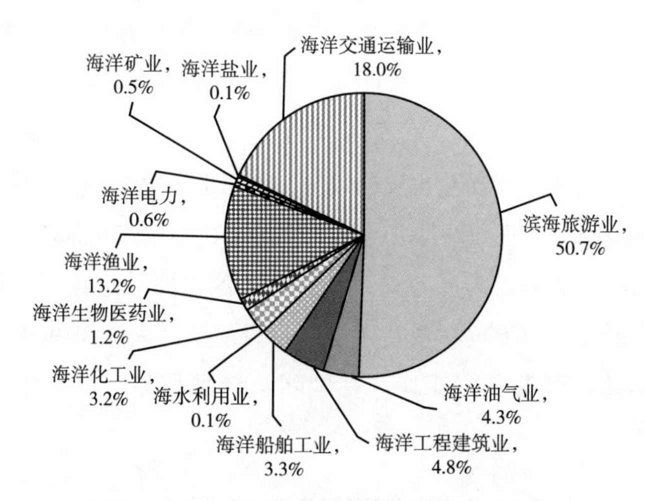

图4-1　2019年我国主要海洋产业增加值构成

资料来源：《2019年中国海洋经济统计公报》。

4.2　海上丝绸之路沿线国家海洋产业发展现状

4.2.1　东南亚

东南亚地区主要有越南、菲律宾、马来西亚、文莱、印度尼西亚、泰

① 资料来源：《2019年中国海洋经济统计公报》。

国、新加坡、柬埔寨、缅甸等沿海国家，是海上丝绸之路沿线的重点区域，毗邻中国，战略地位十分显著，海域面积广大，拥有丰富的渔业资源，海洋油气资源也异常丰富，自古以来港口体系也比较完备，港口物流发达，因为地处热带，岛屿众多，拥有多个全球知名的滨海旅游度假胜地。

东南亚地区拥有丰富的渔业资源，可捕捞鱼类众多，海洋渔业一直是多个国家的国民支柱产业，近年来，海洋渔业发展处于平稳增长状态（见表4-1）。据联合国粮农组织（FAO）统计，2015~2019年东南亚渔业捕捞总量不断增长，养殖总量有所下降，但仍高于捕捞总量。2019年，东南亚9国渔业捕捞总量和养殖总产量分别为1 627.6万吨、1 650.5万吨，同比增长1.73%、0.62%，其中印度尼西亚渔业捕捞和养殖产量分别高达700.3万吨、1 206.5万吨，位居东南亚地区第一，占整个地区总量的43%和73%；越南的捕捞量也发展较快，位居地区第二；由于国土面积和渔业资源的限制，文莱和新加坡的渔业捕捞量和养殖产量都不高，位居地区末尾。相比渔业捕捞与养殖量，东南亚地区水产品进出口额则不太稳定，但总体来说，处于贸易顺差地位，且顺差额巨大，2019年实现60.7亿美元的顺差，可见东南亚地区在国际水产品贸易上处于极为有利的地位。

表4-1　　2015~2019年东南亚地区海洋渔业发展情况统计

年份	渔业捕捞总量（万吨）	渔业养殖总量（万吨）	水产品出口总额（亿美元）	水产品进口总额（亿美元）
2015	1 497.1	1 682.5	109.6	55.0
2016	1 519.2	1 677.9	118.9	61.0
2017	1 542.4	1 644.1	135.1	71.2
2018	1 599.9	1 640.3	136.9	77.3
2019	1 627.6	1 650.5	134.0	73.3

资料来源：联合国粮农组织（FAO）的联合国商品贸易统计数据库（UN Comtrade Database）。

东南亚地区的海洋油气储量惊人①，开发前景甚好，2019 年该地区石油探明储量、日产量和日消费量分别为 111 亿桶、226.6 万桶和 640.4 万桶，石油探明储量与日产量比 2018 年略有下降，消费量略有增长，其中越南石油探明储量以 44 亿桶位居地区榜首，储产比高达 51，印度尼西亚、马来西亚石油产量较高，印度尼西亚、泰国、新加坡由于经济总量大，对能源需求大，石油消费量也位居地区前列，新加坡虽然油气储量匮乏，但凭借先进的炼油技术和油气勘探与开采技术，积极地与周边国家进行油气方面的合作。地区天然气探明总储量、总产量和总消费量分别为 4.5 万亿立方米、2 221 亿立方米和 1 636 亿立方米，基本与 2018 年持平，其中印度尼西亚天然气储量以 1.4 万亿立方米位居地区首位。②

2019 年东南亚地区班轮运输连接指数的平均值为 46.61，在沿线国家中表现最好，其中新加坡和马来西亚的指数分别为 107.1、95.49，远远高于其他国家。港口发展在海洋交通运输业中居于核心地位，2019 年该地区港口集装箱吞吐总量约为 1.29 亿 TEU，其中仅新加坡港的集装箱吞吐量就高达 3 719.6 万 TEU，占总量的 28.9%，2019 年东南亚有 6 个国家共 9 个港口位列全球集装箱吞吐量前 100 名，新加坡港是东南亚地区的核心港口，属于全球著名的中转型港口，全球超过 80% 的货物途经此地中转，其集装箱吞吐量在 2019 年位居全球第二。③

东南亚地区拥有丰富的旅游资源，由于岛屿星罗棋布，滨海旅游资源也很丰富，其中泰国的普吉岛、苏梅岛，印度尼西亚的巴厘岛，马来西亚的兰卡威等由于风景优美，旅游基础设施完善，娱乐项目精彩多样，都是世界知名的旅游景点，再加上当地政府相关政策的扶持，旅游产业大力有效地促进了人员就业和经济发展。如图 4－2 所示，近五年来东南亚各国接待入境游客数量不断攀升，2019 年地区共接待外国游客 1.39 亿人次，

① 由于国际上对油气业的统计数据与国内的许多研究并未详细区分陆上油气业和海上油气业，特别是油气的探明储量和产量等方面的数据，为了便于对海洋油气业进行分析，本书采用的海洋油气业数据也包括陆上油气业，后文涉及的海洋油气业的数据都是如此，不再一一赘述。

② 资料来源：2020 版《BP 世界能源统计年鉴》。

③ 资料来源：联合国贸易和发展数据库（UNCTAD Stat）。

同比增长 5.9%，其中泰国、马来西亚、新加坡、越南和印度尼西亚接待入境游客最多，均在千万人次以上，2019 年国际旅游收入达到 1 592 亿美元，同比增长 7.61%，其中泰国以 650.8 亿美元位居地区第一，远超其他国家。

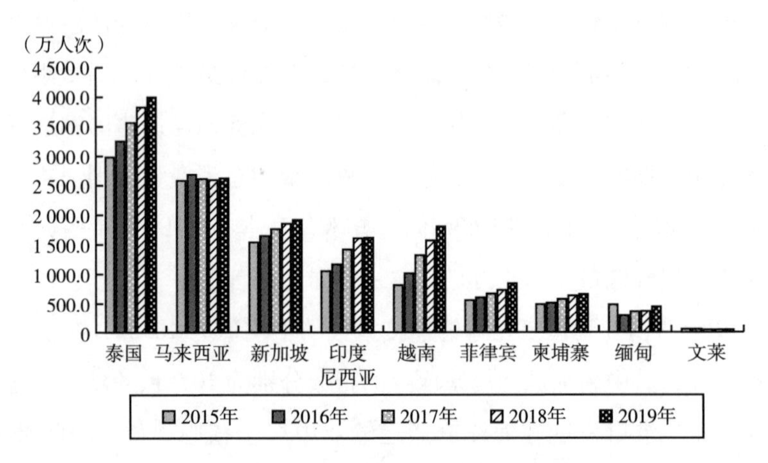

图 4-2　2015～2019 年东南亚各国接待入境游客人数*

注：* 由于国际上对旅游业的统计数据包括入境游客人数、旅游外汇收入等方面的数据并未详细区分内陆旅游业和滨海旅游业，特别对滨海国家来说。为了便于对滨海旅游业进行分析，也鉴于国内也有很多学者在进行滨海旅游业的研究时未对内陆旅游业和滨海旅游业的数据进行细分，本部分采用的滨海旅游业的数据也包括内陆旅游业，后文涉及的滨海旅游业的相关数据都是如此，不再一一赘述。

资料来源：世界银行（WB）。

4.2.2　南亚

南亚地区有印度、巴基斯坦、斯里兰卡和孟加拉国 4 个沿海国家，属于海上丝绸之路沿线的延伸区域，是海上交通的要道，由于地缘政治等的影响，海洋经济发展稍显落后，印度是该地区最大的经济体，海洋经济发展水平最高。

南亚地区渔业资源丰富，但由于技术落后，渔业产量总体不高，海洋渔业主要集中在海洋捕捞上，养殖业较为落后。如表 4-2 所示，南亚海洋渔业捕捞总量总体保持稳定，渔业养殖量较小，但近五年不断增长。

2019 年南亚 4 国渔业捕捞总量和养殖总产量分别是 511 万吨、112.8 万吨，其中印度渔业捕捞总量和养殖产量分别为 369 万吨、90.3 万吨，占地区总量的 72.2% 和 80.1%，占据绝对优势，巴基斯坦海洋渔业最不发达，位居地区末尾。南亚地区水产品进出口规模较小，发展也不稳定，进口额较小，2019 年仅为 2.6 亿美元，实现贸易顺差 67.9 亿美元，是进口总额的 26 倍，可见南亚水产品贸易对外依存度过高。

表 4-2　2015~2019 年南亚地区海洋渔业发展情况统计

年份	渔业捕捞总量（万吨）	渔业养殖总量（万吨）	水产品出口总额（亿美元）	水产品进口总额（亿美元）
2015	492.8	79.9	55.3	2.7
2016	518.8	83.8	57.3	2.5
2017	541.9	97.5	73.1	2.6
2018	507.7	103.4	68.1	1.1
2019	511.0	112.8	70.5	2.6

资料来源：联合国粮农组织（FAO），联合国商品贸易统计数据库（UN Comtrade Database）。

印度在南亚地区拥有最为丰富的油气资源，2019 年印度石油探明储量、日产量和日消费量分别为 47 亿桶、82.6 万桶和 527.1 万桶，储产比为 15.5，石油储量远远不能满足印度经济发展的需要，因此需要大量进口石油。2019 年印度、巴基斯坦、孟加拉国 3 国总的天然气储量、日产量和日消费量分别为 1.8 万亿立方米、895 亿立方米和 1 398 亿立方米，其中印度天然气日产量低于其他两国。[①]

2019 年南亚地区班轮运输连接指数的平均值为 40.97，航运能力表现良好，稍低于东南亚，其中斯里兰卡指数地区最高，为 62.73，表现优异。2019 年该地区港口集装箱吞吐总量约为 2 224.8 万 TEU，其中印度为近 1 000 万 TEU，占地区总量的 44.2%，2019 年南亚地区有 4 个国家共 5 个港口进入全球集装箱港口吞吐量前 100 名[②]，由于国际形势的好转和斯里兰卡政府对港口建设支持力度的加大，斯里兰卡最大的港口科伦坡港近年

① 资料来源：2020 版《BP 世界能源统计年鉴》。
② 资料来源：联合国贸易和发展数据库（UNCTAD Stat）。

来集装箱吞吐量不断增长，另外巴基斯坦的瓜达尔港和卡拉奇港，由于临近中国西部，是海上丝绸之路上的重要一环，近年来也取得了骄人的成绩。

2019 年南亚地区共接待外国游客 2 026.4 万人次（不包括巴基斯坦），比上年略有增长，其中印度入境游客为 1 791.4 万人次，占总量的 88.4%，为地区第一旅游大国，斯里兰卡近年来入境旅游人数也增长较快，2019 年接待外国游客 202.7 万人次，发展势头良好，同年南亚地区实现旅游外汇收入 376.6 亿美元，其中印度为 316.6 亿美元，占总量的 84.1%。[①]

4.2.3 西亚

西亚地区主要包括伊朗、阿联酋、科威特、沙特阿拉伯（以下简称沙特）、卡塔尔、阿曼、也门等沿海国家，西亚地区石油资源丰富，是全球最大的石油出产地，中国石油进口总量约一半都来自此地区。由于地处亚非欧三大洲的结合处，该地区是大国博弈的重要地区。

西亚地区海洋渔业发展落后，一直不是该地区的核心产业，2019 年地区渔业捕捞总量和养殖总产量分别为 154.9 万吨、14.7 万吨（不包括阿联酋、卡塔尔和也门），同比增长 -1.2%、9.5%，其中伊朗和沙特渔业产量最高，由于国土面积以及海域面积限制，卡塔尔和科威特渔业产量垫底。在国际水产品贸易方面，西亚地区近几年来一直处于贸易逆差。[②]

西亚波斯湾地区是全球最大的石油出产地，油气资源异常丰富，海洋油气产业是该地最大最盈利的产业，石油产品出口世界各地，油气勘探和生产技术也较为成熟。如表 4-3 所示，近 20 年来各国石油和天然气探明储量呈不断增加趋势，2019 年西亚 7 国石油、天然气探明总储量分别达

---

① 资料来源：世界银行（WB）。

② 资料来源：联合国粮农组织（FAO）和联合国商品贸易统计数据库（UN Comtrade Database）。

6 861 亿桶、71.3 万亿立方米，分别占全球比重的39.7%和35.8%，远远高于海上丝绸之路沿线其他地区。2019 年沙特和伊朗的石油探明储量地区最高，分别为2 976 亿桶和1 556 亿桶，两国占地区总量的66.1%，其中伊朗的石油储产比高达120.6，远远高于西亚地区其他国家，伊朗和卡塔尔在天然气探明储量上位居西亚地区前列，分别为32 万亿立方米和24.7 万亿立方米，占西亚地区总量的79.5%。如表4－4 所示，2019 年西亚地区石油和天然气产量分别为2 531.3 万桶/日和6 537 亿立方米，同比增长－13.1%和17.5%，分别占全球比重的26.5%和16.4%，其中沙特的石油产量在西亚地区最高，为1 183.2 万桶/日，同比下降3.5%，占全球比重的12.4%，伊朗的天然气产量在西亚地区最高，为2 442 亿立方米，同比增长2.4%，占全球比重的6.1%。西亚地区的石油出口到世界各地，主要出口国有美国、中国、日本和印度等，其中以沙特、阿联酋和科威特三国的原油出口最多，2019 年分别为35.84 亿吨、13.94 亿吨、9.92 亿吨，天然气出口以卡塔尔最多，2019 年卡塔尔一国的液化天然气出口量就达1 071 亿立方米，居全球首位。

表4－3　西亚各国石油天然气探明储量

国家	石油探明储量（十亿桶）			占全球比重（%）	储产比	天然气探明储量（万亿立方米）			占全球比重（%）	储产比
	1999 年	2009 年	2019 年			1999 年	2009 年	2019 年		
伊朗	93.1	137.0	155.6	9.0	120.6	23.6	28.0	32.0	16.1	131.1
科威特	96.5	101.5	101.5	5.9	92.8	1.4	1.4	1.7	0.9	92.1
阿曼	5.7	5.5	5.4	0.3	15.2	0.8	0.5	0.7	0.3	18.3
卡塔尔	13.1	25.9	25.2	1.5	36.7	11.5	26.2	24.7	12.4	138.6
沙特	262.8	264.6	297.6	17.2	68.9	5.8	7.4	6.0	3.0	52.7
阿联酋	97.8	97.8	97.8	5.6	67.0	5.8	5.9	5.9	3.0	95.0
也门	1.9	3.0	3.0	0.2	84.2	0.3	0.3	0.3	0.1	458.2
总计	570.9	635.3	686.1	39.7	—	49.2	69.7	71.3	35.8	—

资料来源：2020 版《BP 世界能源统计年鉴》。

表 4-4　　2019 年西亚各国石油天然气产量

国家	石油产量（万桶/日）		同比增长（%）	占全球比重（%）	天然气产量（十亿立方米）		同比增长（%）	占全球比重（%）
	2018 年	2019 年			2018 年	2019 年		
伊朗	480.1	353.5	-26.4	3.7	238.3	244.2	2.4	6.1
科威特	305.0	299.6	-1.8	3.1	16.9	18.4	9.2	0.5
阿曼	97.8	97.1	-0.8	1.0	36.0	36.3	0.9	0.9
卡塔尔	190.0	188.3	-0.9	2.0	176.5	178.1	0.9	4.5
沙特	1 226.1	1 183.2	-3.5	12.4	112.1	113.6	1.4	2.8
阿联酋	391.2	399.8	2.2	4.2	61.4	62.5	1.9	1.6
也门	8.3	9.8	18.1	0.1	0.6	0.6	0.8	—
总计	2 698.5	2 531.3	-13.1	26.5	641.8	653.7	17.5	16.4

资料来源：2020 版《BP 世界能源统计年鉴》。

2019 年西亚地区班轮运输连接指数的平均值为 36.87，有待提高，只有阿联酋和沙特的指数在 60 以上。2019 年该地区港口集装箱吞吐总量约为 2 927.7 万 TEU，其中阿联酋为 1 689.1 万 TEU，占总量的 57.7%，2019 年西亚地区有 3 个国家共 6 个港口进入全球集装箱港口吞吐量前 100 名，阿联酋的迪拜港是西亚地区最大的港口，地处东西方的要冲，主要运输石油，是海上丝绸之路沿线的重要节点港口，此外沙特的吉大港、阿曼的塞拉莱港、阿联酋的阿布扎比港也发展迅速，集装箱吞吐量在 2019 年均位居世界前 100 名。①

由于西亚地区局势不稳，该地区旅游业的发展也极不稳定，2019 年西亚地区共接待外国游客近 6 516 万人次（不包括也门），其中阿联酋和沙特入境游客分别为 2 155.3 万人次、2 029.2 万人次，分别占总量的 33.1%、31.1%，地区共实现旅游外汇收入 782.8 亿美元（不包括伊朗和也门），西亚旅游业发展较好的国家主要是阿联酋、沙特和卡塔尔②。

① 资料来源：联合国贸易和发展数据库（UNCTAD Stat）。

② 资料来源：世界银行（WB）。

4.2.4 非洲

非洲地区主要考虑埃及、吉布提、肯尼亚、坦桑尼亚4个沿海国家，它北临地中海，东依红海，是联通欧亚的枢纽，地理位置十分重要，但经济欠发达，是海上丝绸之路沿线最不发达的地区，除埃及外，海洋产业发展落后，但有巨大的发展前景。

2019年非洲4国渔业捕捞总量和养殖总产量分别为21.5万吨、27.4万吨（不包括吉布提），近五年来，均呈逐年增长趋势，其中埃及渔业捕捞总量和养殖总产量分别为9.9万吨、27.2万吨，分别占总量的45.9%、99.3%，[①] 埃及养殖业在该地区最为发达，除埃及外，由于技术条件的限制，该地区主要发展海洋捕捞业，渔业养殖业发展比较滞后，产量也较低。在国际水产品贸易方面，非洲地区和西亚地区一样，处于逆差地位，不过近年来逆差额在不断缩小。

非洲4国只有埃及油气产业较发达，2019年埃及的石油探明储量、日产量和日消费量分别为31亿桶、68.6万桶、74.3万桶，储产比为12.3，较往年均有所下降；天然气探明储量、产量和消费量分别为2.1万亿立方米、649亿立方米、589亿立方米，储产比为32.9。[②]

2019年非洲4国班轮运输连接指数的平均值为32.83，运输条件较差，远低于海上丝绸之路沿线其他地区，其中埃及的指数为62.31，条件较好。除埃及的塞得港外，大部分港口集装箱吞吐量均低于100万TEU，[③] 埃及的塞得港位于连通红海与地中海的枢纽位置，地理位置得天独厚，是当地最大的中转港，肯尼亚的蒙巴萨港、吉布提的吉布提港和坦桑尼亚的达累斯萨拉姆港正在加紧对外合作，加大港口投资和基础设施建设，发展迅速。

---

① 资料来源：联合国粮农组织（FAO）和联合国商品贸易统计数据库（UN Comtrade Database）。

② 资料来源：2020版《BP世界能源统计年鉴》。

③ 资料来源：联合国贸易和发展数据库（UNCTAD Stat）。

除埃及外，非洲其他国家旅游业基础设施较薄弱，发展水平不高。2019 年除吉布提外的其他 3 国共接待外国游客 1 660 万人次，其中埃及入境游客为 1 302. 6 万人次，占比 78. 5%；4 国实现外汇收入 187 亿美元，其中埃及为 142. 6 亿美元，占比约 76. 3%，埃及旅游业发展较好，是该地区最大的旅游目的地[①]。

4. 3 中国与海上丝绸之路沿线国家海洋产业合作现状

根据《中国海洋经济统计公报》数据，2015 ~ 2019 年，我国主要海洋产业中产值在 500 亿元以上的产业包括滨海旅游业、海洋交通运输业、海洋渔业、海洋工程建筑业、海洋船舶工业、海洋化工业和海洋油气业。上述产业每年占我国主要海洋产业总产值的比重均在 97% 以上，是我国主要海洋产业的主要构成部分。基于此，结合我国与沿线国家海洋产业合作实际情况及资料可获得性，本节选取海洋渔业、海洋油气业、海洋交通运输业和滨海旅游业为研究对象，分东南亚、南亚、西亚、非洲四个地区对中国与沿线国家海洋产业合作现状进行介绍。

4. 3. 1 东南亚

4. 3. 1. 1 海洋渔业

东南亚地区是中国海洋渔业合作的主要区域和重点区域，合作项目也最多，合作形式主要包括签署渔业合作协议、开展技术交流和人员培训、举办相关论坛和对话等。中国与东南亚地区的合作主要依据中国与东盟在 2002 年签署的关于农业合作的谅解备忘录。此外，中国也与各国签订了

---

① 资料来源：世界银行（WB）。

许多合作协议，如2000年中国与越南签署关于渔业合作的协定以及后续的补充协定，还成立了关于渔业合作的北部湾联合委员会，2001年中国和印度尼西亚两国政府签署了《渔业合作谅解备忘录》，同年12月双方又签订了关于渔业合作的双边安排，2004年中国与菲律宾签订渔业合作备忘录，并成立合作委员会（叶超，2016）。中国与马来西亚、文莱、菲律宾等国也签订了类似的协议，并通过举办渔业合作论坛等一系列途径来促进双边或多边的渔业合作。

中国与东南亚国家的海洋渔业合作主要集中在海洋渔业养殖、捕捞和水产品加工等方面，如中国渔业企业正大集团与泰国政府和当地企业密切合作，共同探讨养殖方式，扩大养殖范围，取得了良好的效果。此外，中国还与文莱、马来西亚、菲律宾等国投资共建渔业养殖基地和加工厂，促进了当地的就业和渔业养殖技术的发展。中国是远洋渔业捕捞大国，远洋渔业的捕捞量也连年增长，与东南亚的合作主要在印度尼西亚和缅甸两国，2015年中国在印度尼西亚的捕捞船达400余艘，占远洋捕捞船总量的16%，21世纪海上丝绸之路倡议的提出也在积极促进中国与其他国家的捕捞合作。在水产品加工方面，主要表现为双方相互设立水产品加工企业进行水产品的生产加工合作。到2019年底，中国在越南和印度尼西亚设立的水产品加工企业总数超过1 400家，在东南亚各国中最多，除柬埔寨外，东南亚其他8国共在中国设立水产品加工企业近1 800家，其中以越南和印度尼西亚居多，近年来企业数量增长迅速，这些企业为中国与东南亚国家的渔业合作做出了很大贡献[①]。

近年来中国与东南亚地区的水产品贸易规模逐步扩大，发展迅速，如表4－5所示，2015～2019年，中国与东南亚双边贸易总额不断增长，2019年达到43.39亿美元。中国从东南亚的水产品进口额不断增长，特别是2018～2019年，增长迅速，而出口额逐年下降，并且从2018年开始，由顺差转为逆差，由2015年的实现顺差15.02亿美元转变为2019年的逆差5.15亿美元。

---

① 资料来源：联合国商品贸易统计数据库（UN Comtrade Database）。

表 4-5　2015~2019 年中国与东南亚水产品贸易情况　单位：亿美元

年份	中国对东南亚出口总额	中国从东南亚进口总额	中国与东南亚双边贸易总额
2015	21.48	6.46	27.94
2016	21.75	7.36	29.11
2017	20.18	8.78	28.96
2018	18.86	15.74	34.60
2019	19.12	24.27	43.39

资料来源：联合国商品贸易统计数据库（UN Comtrade Database）。

4.3.1.2 海洋油气业

中国南海地区油气资源丰富，中国与东南亚地区的海洋油气合作主要在南海区域和各国大陆架展开，中国与东南亚部分国家在南海的争端由来已久，但双边的合作仍在进行，油气合作始于20世纪80年代，且合作态势趋于稳定。贸易方面，2019年中国从东南亚进口原油超1 400万吨，同比增长26.9%[①]，主要来自产油大国马来西亚和越南，此外中国对东南亚地区也有少量的原油出口；天然气方面，中国曾与马来西亚、印度尼西亚等国签订天然气贸易协议，每年有大量的液化天然气进入中国。双方还在油气投资方面有较多的合作，中国大型石油公司“中海油”和“中石油”早就参与了投资项目，它们都曾收购过印度尼西亚当地油气企业的股份，并签署相应的投资协议，另外我国与缅甸、泰国、越南等国也在油气投资、勘探、开采、加工等领域开展了积极的合作。在中国与环南海各国签署行为宣言之后，中国与东南亚各国在油气勘探开发方面的合作取得很大程度上的进展，如“中海油”分别在2003年和2004年与菲律宾、越南签署在油气勘探领域的合作协议。

4.3.1.3 海洋交通运输业

中国与东南亚国家的海运合作历史悠久，现在中国已经开通了前往东

① 资料来源：2020版《BP世界能源统计年鉴》。

南亚9国的直达航线，在2013年中国与东盟还成立了港口城市的合作网络，双方在班轮运输、港口建设、人员交流等方面都开展了广泛的合作（卞靖，2016）。如表4-6所示，2015~2019年中国与东南亚9国的班轮运输双边连接平均指数正在稳步上升。2019年为0.3900，在沿线地区中位居第一，其中新加坡和马来西亚指数较高，说明与中国班轮航运连接度高，海洋运输业发达，双方合作密切。港口建设是海洋交通运输的基础，是海上互联互通的关键，早在“一带一路”倡议提出前，中国就与东南亚国家有港口合作项目，2003年与2010年中国港航企业就分别与新加坡、越南合资经营港口码头；“一带一路”倡议提出后，合作项目明显增多，如2015年中国中标缅甸皎漂深水港以及工业园区项目，2016年中标马来西亚皇京港码头项目和关丹深水港项目等，新加坡港务局也与大连港务局合资经营大连港口集装箱业务，参与到中国港口项目中来。

表4-6 2015~2019年中国与东南亚国家班轮运输双边连接性指数

地区	国家	2015年	2016年	2017年	2018年	2019年
东南亚	文莱	0.1582	0.1610	0.1632	0.1632	0.1775
	柬埔寨	0.1821	0.1978	0.1955	0.1872	0.1904
	印度尼西亚	0.2666	0.2593	0.2781	0.2890	0.2789
	马来西亚	0.6420	0.6770	0.6625	0.6603	0.6781
	缅甸	0.1629	0.1693	0.1683	0.1737	0.1734
	菲律宾	0.2490	0.2796	0.3014	0.3216	0.3169
	新加坡	0.7420	0.7611	0.7610	0.8543	0.8355
	泰国	0.3756	0.3922	0.3821	0.3362	0.3676
	越南	0.3870	0.4659	0.4639	0.4635	0.4913
	平均值	0.3517	0.3737	0.3751	0.3832	0.3900

资料来源：联合国贸易和发展数据库（UNCTAD Stat）。

4.3.1.4 滨海旅游业

2019年中国出境旅游人数达1.55亿人次，同比增长3.3%，消费超过1 338亿美元，增速超2%；接待入境游客1.45亿人次，同比增长2.9%，其中外国人3 188万人次，同比增长4.4%，国际旅游收入达

1 313 亿美元，同比增长 3.3%，其中外国人在华花费 771 亿美元，同比增长 5.4%①。按入境旅游人数排序，沿线国家中，我国主要国际客源市场包括缅甸、越南、马来西亚、菲律宾、新加坡、印度、泰国、印度尼西亚（其中缅甸、越南、印度含边民旅华人数）8 国，除印度外，其余都为东南亚国家，近年来主要国家每年的入境人数都在 50 万人次以上（见图 4－3），其中又以越南和缅甸最多，近年来增长迅速。中国政府也分别与印度尼西亚、马来西亚等国签署了关于加强旅游合作的备忘录，随着中国—东盟自贸区的建立，中国与东南亚的旅游合作也逐渐从双边合作走向大区域合作，南亚中印度入境游客较多，2018 年印度入境游客超 86 万人次，而巴基斯坦和斯里兰卡人数较少，西亚和非洲地区更少。

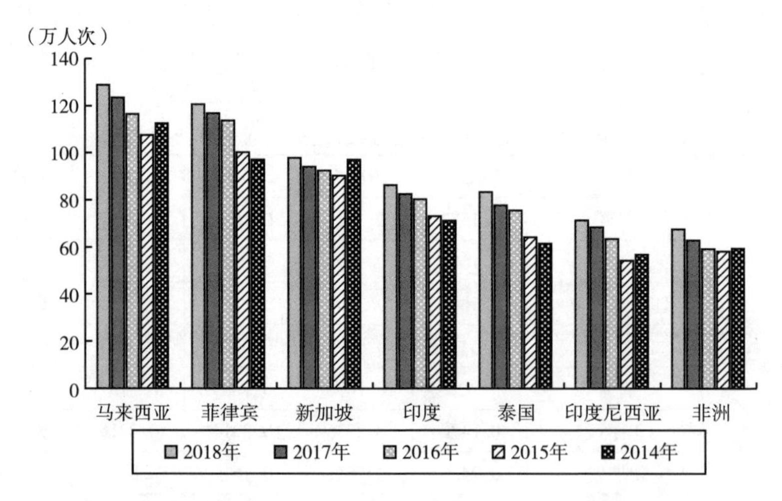

图 4－3　2014～2018 年中国接待外国入境游客数量

资料来源：文化和旅游部。

出境游方面，中国人最常去的仍然是东南亚，集中在泰国、越南、新加坡、马来西亚、印度尼西亚等国，这些国家海滨旅游资源丰富，海岛众多，成为吸引中国游客的热门目的地，其中出境游人次以泰国最多，2019 年中国到泰国游客约 1 098 万人次，同比增长 4.2%②，为当地带来了大量的外汇收入。

---

①② 资料来源：文化和旅游部。

签证办理手续的简化以及对中国实行免签制度的沿线国家不断增多，也促进了中国出境游的热潮。2015年印度尼西亚对中国实行单方面免签，更加方便中国游客到印度尼西亚旅游，中国到印度尼西亚旅游的人数也在近几年出现大幅度的增长，另外还有泰国、文莱、越南、柬埔寨、缅甸等沿线国家对中国公民实行单方面落地签，这些优惠政策和国际航线数量的增多以及旅客运输量的增长都将积极促进中国与沿线国家旅游产业的快速发展。

4.3.2　南亚

4.3.2.1　海洋渔业

由于南亚经济的相对滞后，中国与南亚地区的渔业合作不多，主要在巴基斯坦和斯里兰卡两国间进行。早期中国曾与巴基斯坦合作过，但由于当地渔民的反对，合作未能长久进行，随着“一带一路”倡议的提出，中国和巴基斯坦的渔业合作遇到良好的机遇，如在2015年广东一家渔业公司曾到巴方海域进行合作捕捞活动，浙江渔业企业也与巴政府签订了合作协议，中国企业与巴方的渔业合作主要通过购买捕捞许可证进行（陈峰等，2016）。中国与斯里兰卡的渔业合作主要是远洋渔业合作捕捞，另外表现为渔业基础投资、水产养殖技术指导和人员培训等方面。到2019年底，南亚4国在中国注册的水产品企业超过1 100家，其中印度高达570多家。①

中国与南亚地区的水产品贸易规模不大，如表4－7所示，2015～2019年，中国与南亚地区双边贸易总额不断增长，2016年达15.45亿美元。中国对南亚水产品出口额呈波动性增长，基本维持在1亿美元左右，而进口额自2018年以来增长迅速，2019年达14.66亿美元，主要来自印度。我国与南亚地区水产品贸易一直处于逆差地位，且逆差额不断增大，

① 资料来源：中华人民共和国海关总署。

由2015年的1.35亿美元扩大到2019年的13.87亿美元。

表4－7　　2015～2019年中国与南亚水产品贸易情况　　单位：亿美元

年份	中国对南亚出口总额	中国从南亚进口总额	中国与南亚双边贸易总额
2015	1.05	2.40	3.45
2016	0.96	2.30	3.26
2017	0.55	2.52	3.07
2018	0.37	5.78	6.15
2019	0.79	14.66	15.45

资料来源：联合国商品贸易统计数据库（UN Comtrade Database）。

4.3.2.2　海洋油气业

由于南亚地区油气储藏的匮乏以及生产技术的落后，中国与南亚地区的油气合作集中在投资和第三方合作上。中国与印度的油气合作主要是第三方合作，如中国与印度曾在石油资源丰富的苏丹收购股份，组建公司开展油气合作，在2006年中印签署了关于加强油气合作的备忘录（尹继武，2010），使中印在能源合作上开启了新篇章，在2007年中方企业首次投资了印度的油气领域，双方在油气开采、炼化等方面进行了深入交流与合作。中国和巴基斯坦在油气管道建设方面进展顺利，巴基斯坦利用自身的区位优势，从本国境内利用管道运输中国在中东地区进口的石油，努力建设中巴经济走廊。

4.3.2.3　海洋交通运输业

如表4－8所示，除孟加拉国外，2019年中国与南亚地区的班轮运输双边连接性指数均高于0.3，特别是斯里兰卡，高达0.5320，表现良好，南亚地区平均值为0.3654，在沿线地区中仅次于东南亚。中国很早就参与了南亚港口建设，如中国早在2001年就曾援建巴基斯坦的瓜达尔港，2013年正式接管港口运营权，2007年中国公司共同建设斯里兰卡汉班托塔港，随着21世纪海上丝绸之路倡议的提出，中国加大了对巴基斯坦、斯里兰卡等国港口的投资力度，如招商局国际对斯里兰卡科伦坡港集装箱码头的建设，开创了南亚地区拥有深水泊位的历史，集装箱吞吐量每年大幅度提升，使科伦坡港一跃成为南亚地区最大的枢纽港口。

表 4-8　2015～2019 年中国与南亚国家班轮运输双边连接性指数

地区	国家	2015 年	2016 年	2017 年	2018 年	2019 年
南亚	孟加拉国	0.1727	0.1842	0.1834	0.1888	0.1887
	印度	0.3494	0.3974	0.3994	0.3986	0.3963
	巴基斯坦	0.2857	0.3239	0.3256	0.3573	0.3445
	斯里兰卡	0.4326	0.4702	0.5485	0.5463	0.5320
	平均值	0.3101	0.3439	0.3642	0.3728	0.3654

资料来源：联合国贸易和发展数据库（UNCTAD Stat）。

4.3.2.4　滨海旅游业

随着 21 世纪海上丝绸之路倡议的提出，南亚地区最热门的旅游地是印度，2018 年印度接待中国游客超过 28 万人次，占总入境人数的 2.67%，在 2018 年，中国和印度双向旅游人次超过 110 万，[①] 但对于中印这样的旅游大国来说仍显过少，双方还在不断加强在旅游方面的交流与合作。此外，斯里兰卡、孟加拉国等国对中国公民实行单方面落地签也对当地与中国在旅游方面的合作起到促进作用。

4.3.3　西亚

4.3.3.1　海洋渔业

中国与西亚地区进行的渔业合作不多，伊朗比较重视与中国的合作，两国的渔业合作主要集中在技术支持和资金帮助上，中国政府曾向伊朗投资 30 亿美元用以支持其养殖业的发展，随着“一带一路”倡议的实施，

① 资料来源：文化和旅游部。

中伊双方的渔业合作正在不断加强。截至 2019 年，伊朗共有 50 家水产品加工企业在中国注册，沙特阿拉伯也有 1 家企业在中国注册。①

2015～2019 年中国对西亚地区的水产品出口额不断下降，如表 4－9 所示，在 2019 年为 0.59 亿美元，由于该地区局势的问题，当地渔业发展水平低，进口额不断下降，但 2019 年陡增到 1.84 亿美元，绝大部分来自沙特。2015～2018 年，中国在双方贸易中一直处于顺差地位，2018 年实现顺差 0.52 亿美元，但 2019 年转变为逆差 1.25 亿美元。

表 4－9　　2015～2019 年中国与西亚水产品贸易情况　　单位：亿美元

年份	中国对西亚出口总额	中国从西亚进口总额	中国与西亚双边总额
2015	1.22	0.06	1.28
2016	1.43	0.03	1.46
2017	1.12	0.06	1.18
2018	0.64	0.12	0.76
2019	0.59	1.84	2.43

资料来源：联合国商品贸易统计数据库（UN Comtrade Database）。

4.3.3.2　海洋油气业

西亚地区是全球最大的油气储藏基地，也是中国主要的能源进口地，在沿线国家中，中国与西亚的油气合作项目最多，取得的成果也最为丰富，合作内容主要包括贸易和投资。2019 年中国从西亚七国进口原油超 1.7 亿吨，同比增长 10%，超过全年进口总量的 1/3，中国在西亚的石油进口国主要有沙特、阿曼、科威特、阿联酋和伊朗，其中沙特位居首位，2019 年中国从沙特进口原油超过 8 300 万吨，占七国总量的近 1/2，中国的液态天然气进口国主要是卡塔尔、阿曼、阿联酋三国，中石油和中海油都与卡塔尔签署过天然气的供应协议。在投资合作方面，中国主要是中石化、中海油和中石油三大国企在进行，合作的重点国家是伊朗，2009～

---

① 资料来源：中华人民共和国海关总署。

2016年，三大国企在西亚建立的油气项目共有13个，其中伊朗就有6个（孙玉琴等，2015），但由于地区局势的不稳，曾发生过撤资的情况。在天然气方面，中国的合作国家主要是卡塔尔和伊朗，中国与两国在天然气的勘探、开发、生产、投资等方面签署了多项合作协议，进行了多方面的深入合作。

4.3.3.3　海洋交通运输业

如表4-10所示，2019年，在西亚7国中，与中国班轮运输双边连接性指数较高的国家是阿联酋、阿曼和沙特，均达到或高于0.4660，2019年地区指数平均值为0.3408，与上年相比有所下降，在沿线地区中低于南亚。近年来由于各国对石油的需求量不断增加，西亚地区港口的运力已经不能满足现实需要，许多国家正在对其港口进行扩建及改造，由于中国对能源的需求也在不断加大，加紧与西亚地区的港口合作迫在眉睫，其合作的重点领域在港口基础设施建设和合作运营方面。中国与西亚各国的港口合作项目大多是在“一带一路”倡议提出后展开的，2013年中国企业与也门港务局签订合同扩建亚丁港集装箱码头，2016年中远海运港口与阿联酋阿布扎比港务局签署协议，获得哈里发港二期集装箱码头35年特许经营权，此外中国与西亚其他国家的港口合作谈判也在进行中。

表4-10　2015~2019年中国与西亚国家班轮运输双边连接性指数

地区	国家	2015年	2016年	2017年	2018年	2019年
西亚	伊朗	0.2486	0.3920	0.3099	0.3562	0.2425
	科威特	0.1371	0.1378	0.1588	0.1595	0.1585
	阿曼	0.3789	0.3866	0.4530	0.4828	0.4706
	卡塔尔	0.1350	0.1377	0.2631	0.3423	0.3481
	沙特阿拉伯	0.4453	0.4492	0.4601	0.4686	0.4660
	阿联酋	0.4719	0.5222	0.5445	0.5712	0.5599
	也门	0.2655	0.2370	0.1441	0.1445	0.1401
	平均值	0.2975	0.3232	0.3334	0.3607	0.3408

资料来源：联合国贸易和发展数据库（UNCTAD Stat）。

4.3.3.4 滨海旅游业

由于地区局势问题，相较而言，中国人赴西亚地区旅游的不多。2018年中国与阿联酋互免签证，简化了出国旅游的烦琐手续，大大促进双方旅游业的发展，主要体现在迪拜游的快速发展方面。2019 年到迪拜的中国游客为98.9 万人次，同比增长 15.5%，中国是迪拜旅游人数增长最快的客源国。① 近年来，随着伊朗、卡塔尔等国对中国公民实行单方面落地签有力推进了双边旅游合作的沟通。

4.3.4 非洲

4.3.4.1 海洋渔业

早在 20 世纪 80 年代中国就与非洲国家进行过渔业合作，如中国水产有限公司业务涵盖非洲大部分海域，并在当地进行水产品设施建设，取得了很好的成效，此后上海、辽宁、山东等地方企业也纷纷与非洲当地涉渔企业合作（张艳茹和张瑾，2015），并给予当地技术支持与人员培训，带动当地渔业经济的发展。另外，肯尼亚和坦桑尼亚两国在中国设立了水产品加工企业，到 2019 年肯尼亚有 13 家企业在中国注册，坦桑尼亚有 72 家企业在中国注册。② 中非渔业合作以远洋渔业为基础，然后形成集养殖、捕捞和加工为一体的合作模式，2012 年之后，随着中非渔业合作联盟的成立和合作基地的建立，中国和非洲的渔业合作变得更加组织化和制度化，双边渔业合作渐渐向深层次发展。

近年来中国对非洲 4 国的水产品出口额波动增长，如表 4 – 11 所示，2019 年为 1.08 亿美元，而进口额变化不大，基本维持在 0.10 亿美元左右，2019 年为 0.13 亿美元，中国在双边贸易中长期实现顺差，2019 年实现顺差 0.95 亿美元。

---

① 资料来源：文化和旅游部。

② 资料来源：中华人民共和国海关总署。

表4-11　2015~2019年中国与非洲水产品贸易情况　单位：亿美元

年份	中国对非洲出口总额	中国从非洲进口总额	中国与非洲双边总额
2015	0.75	0.11	0.86
2016	1.19	0.10	1.29
2017	0.99	0.13	1.12
2018	0.88	0.11	0.99
2019	1.08	0.13	1.21

资料来源：联合国商品贸易统计数据库（UN Comtrade Database）。

4.3.4.2　海洋油气业

中国与非洲国家的能源合作主要在石油领域，且集中在北非地中海沿岸国家和东非部分国家，其中埃及是重点合作国家，它也是非洲第一大石油消费国。中埃两国的石油合作开始于1998年，当时两国合资成立了石油钻井公司，并开始在埃及进行钻探方面的合作，2002年两国又签订了关于在石油领域合作的协议，后两国合作又持续升温，2012年由两国合资成立的钻井公司开始在埃及海域进行工作，2013年中石化又收购了埃及一家大型石油公司30%的股份（朱雄关，2016），这些都意味着中埃两国在海洋油气业的合作进入了新阶段。

4.3.4.3　海洋交通运输业

埃及是非洲4国中与中国班轮运输双边连接性指数最高的国家，2015~2019年一直在0.4274及以上，2019年4国平均指数是0.3148，较上年有所上升，但在沿线地区仍处于最低水平（见表4-12）。非洲港口基础设施薄弱，但由于其优越的地理位置，港口发展潜力巨大，也是中国进行海外投资的重点区域，重点在港口的基础设施建设和港口运营与管理等方面的合作。埃及是非洲最发达的国家之一，中国与其港口合作也较早。2006年中海码头发展有限公司与埃及当地企业成立合资公司新建集装箱码头，2007年中远太平洋有限公司收购该国塞得港一码头20%的股权，2010年中国企业与肯尼亚共建蒙巴萨港。21世纪海上丝绸之路倡议提出后，中国与非洲的合作项目显著增多，2013 年招商局国际通过收购股份与吉布提共建吉布提港，大力促进了吉布提和周边国家的经济发展，招商局国际又于 2014 年投资建设坦桑尼亚的巴加莫约港。

表 4－12　2015～2019 年中国与非洲国家班轮运输双边连接性指数

地区	国家	2015 年	2016 年	2017 年	2018 年	2019 年
非洲	吉布提	0.2643	0.3367	0.3503	0.3335	0.3252
	埃及	0.4410	0.4552	0.4274	0.4452	0.4896
	肯尼亚	0.2013	0.2049	0.2316	0.2211	0.2304
	坦桑尼亚	0.1941	0.1941	0.2118	0.2135	0.2141
	平均值	0.2752	0.2977	0.3053	0.3033	0.3148

资料来源：联合国贸易和发展数据库（UNCTAD Stat）。

4.3.4.4　滨海旅游业

非洲地区中国最主要的旅游目的地是埃及，2019 年中国到埃及游客超过 22 万人次，并且在不断增长，发展迅速。随着 21 世纪海上丝绸之路倡议的提出和埃及、坦桑尼亚等国对中国公民单方面落地签等政策的实施，非洲也越来越成为中国人出境旅游的选择地，已经成为中国出境游增长速度最快的地方。

第5章　中国与海上丝绸之路沿线国家海洋产业合作经济增长效应

2017 年，中国水产品出口贸易额约占农产品出口贸易总额的 28%，水产品进出口总额约占农产品进出口总额的 16.14%（韩杨，2018），水产品贸易已成为中国农产品贸易的重要组成部分。水产品也是中国与海上丝绸之路沿线国家经济贸易合作的重要组成部分，21 世纪海上丝绸之路倡议实施以来，中国与沿线国家双边水产品贸易额稳定增长。根据联合国商品贸易统计数据库，2017 年中国与 16 个沿线国家水产品贸易额为 41.41 亿美元，其中，水产品出口额为 24.73 亿美元，水产品进口额为 16.68 亿美元，与 2006 年相较增加了 36.13 亿美元，年均增长率达 22.87%，沿线国家已经成为中国水产品出口主要目的地。因此，本章以水产品为例，通过构建双重差分模型来分析中国与沿线国家海洋产业合作的经济效应（王列辉和朱艳，2017）。

5.1　研究方法及模型设定

5.1.1　研究方法

双重差分法（differences-in-differences，DID），又称“倍差法”，多用来评估一项公共政策或项目实施对所研究对象带来的影响效应，也就是通过对比处理组（实验组）和控制组（对照组）在政策发生时间点前后的差异来进行分析。在使用双重差分法分析之前，需要满足以下三个前提：(1）政策冲击发生时间的随机性；（2）处理组和控制组选择的随机性；(3）必须满足平行趋势假定（孙楚仁等，2017)。首先，本书研究的是21世纪海上丝绸之路倡议提出对中国和沿线国家水产品贸易的效益影响，对于世界其他国家而言，中国在何时提出21世纪海上丝绸之路倡议构想的时间是无法预测确定的，且其他国家何时加入21世纪海上丝绸之路倡议，与中国达成共识，这是国家间利益考量、政治博弈的动态过程，也是无法预测的，因此本书认为21世纪海上丝绸之路倡议的提出满足发生时间的随机性。其次，处理组与控制组的选择随机性通常难以满足。21世纪海上丝绸之路倡议提出后，中国在选择与哪一个国家达成战略伙伴关系不是盲目、随意的，而是出于国家间战略层面的分析，包括这个国家的经济基础、意识形态、发展潜力、历史渊源等因素。对于处理组与控制组间不随时间变化的差异，可以通过加入人均GDP、人口、官方汇率等国家固定效应加以控制。根据中国与部分沿线国家水产品贸易数据，本章定义的处理组国家（沿线国家）有泰国、菲律宾、马来西亚、新加坡、伊朗、印度尼西亚、斯里兰卡、越南、埃及、以色列、印度、肯尼亚、阿拉伯联合酋长国、坦桑尼亚、澳大利亚和新西兰16国。控制组国家（非沿线国家）有日本、美国、韩国、加拿大、墨西哥、瑞典、巴西、智利、斐济、德国、西班牙、英国、法国、葡萄牙、意大利和波兰16国。最后，双重差分法必须满足平行趋势假定，即政策发生点前处理组和控制组随时间变化的趋势大致相同。本章利用联合国商品贸易统计数据库（UN Comtrade Database）数据计算出2006～2017年中国对32个国家水产品出口额的年平均增长率。如图5－1所示，2014年前后沿线国家和非沿线国家水产品出口额的年平均增长率的发展趋势大致相同，基本符合平行趋势检验。

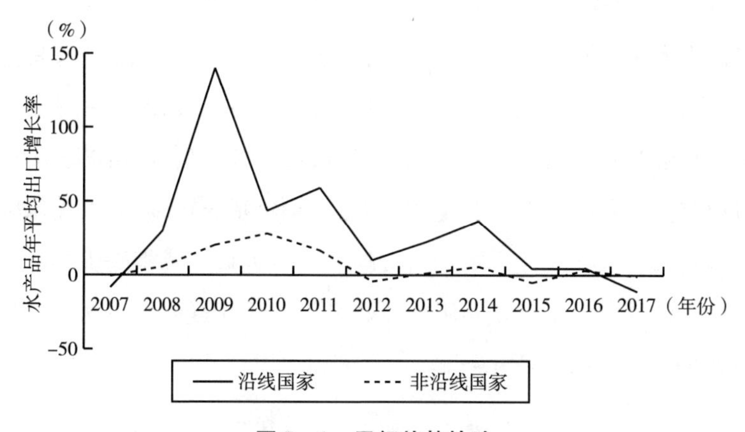

图5-1　平行趋势检验

资料来源：根据联合国商品贸易统计数据库（UN Comtrade Database）整理计算得出。

5.1.2　计量模型

为了分析21世纪海上丝绸之路倡议的提出是否会对中国对沿线国家贸易产生影响，本章以水产品贸易为例，将中国对沿线各国或地区的水产品出口额作为被解释变量，将研究对象是否为21世纪海上丝绸之路倡议覆盖国家、是否处于政策冲击年份作为核心解释变量，同时引进人均GDP、人口、官方汇率、安全互联网服务器数量、港口集装箱吞吐量、法律权利力度指数、总税率、通胀率、关税及其他进口税等其他可能的控制变量，构建了如下计量模型：

$$\ln export_{c,t} = \alpha \times country_c \times policy_t + \beta \times control_{c,t} + \gamma_c + \eta_t + \mu_{c,t} \quad (5-1)$$

其中，被解释变量 $\ln export_{c,t}$ 为中国在第 t 年对国家 c 水产品出口额的对数。$country_c$ 为判断国家 c 是否为沿线国家的虚拟变量，当 $country_c=1$ 时，表示国家 c 为沿线国家，为处理组；当 $country_c=0$ 时，表示国家 c 为非沿线国家，为控制组。$policy_t$ 为判断政策发生的虚拟变量，当 $policy_t=1$ 时，表示第 t 年为政策冲击发生的年份及之后的年份；当 $policy_t=0$ 时，表示第 t 年为政策冲击发生之前的年份，21世纪海上丝绸之路倡议是2013

年 10 月习近平总书记访问印度尼西亚时提出的，因此本章选择 2014 年作为政策冲击发生的年份。$control_{c,t}$为可能影响中国水产品出口的其他控制变量，包括目的国的人均 GDP、人口、官方汇率、安全互联网服务器数量、港口集装箱吞吐量、法律权利力度指数、总税率、通胀率、关税及其他进口税等。γ_c表示国家固定效应，η_t表示时间固定效应，$\mu_{c,t}$表示随机误差项。为克服多重共线性，本章对人均 GDP、人口、货柜码头吞吐量、关税及其他进口税、安全互联网服务器数量等解释变量取自然对数，拓展后的模型如公式（5－2）所示：

$$\begin{aligned} \ln export_{c,t} = {} & \alpha + \beta_1 \times country_c \times policy_t + \beta_2 \times RT_{c,t} + \beta_3 \times \ln GDP_{c,t} + \beta_4 \\ & \times \ln population_{c,t} + \beta_5 \times \ln PHC_{c,t} + \beta_6 \times IR_{c,t} + \beta_7 \times TTR_{c,t} \\ & + \beta_8 \times LRSI_{c,t} + \beta_9 \times \ln traiff_{c,t} + \beta_{10} \times \ln CSI_{c,t} + \gamma_c + \eta_t + \mu_{c,t} \end{aligned} \tag{5-2}$$

5.2 数据来源及说明

本书 2006～2017 年水产品贸易数据主要来自联合国商品贸易统计数据库，通过数据查询得到水产品贸易较大的国家或地区，剔除中国香港和中国台湾，最终选取泰国、菲律宾、马来西亚、日本、美国、韩国等 32 个国家作为本章研究的贸易国。控制变量中 2006～2017 年各目的国的人均 GDP、人口、官方汇率、安全互联网服务器数量、货柜码头吞吐量、法律权利力度指数、总税率、通胀率、关税及其他进口税等数据均来自世界银行统计的“世界发展指标数据库”（http：//data. worldbank. org. cn/）。其中，人均 GDP 按现价美元计；官方汇率变量采用当年的平均值；安全互联网服务器数量是指每百万人拥有的服务器数量；港口集装箱吞吐量衡量的是通过陆运到海运方式运输的集装箱流量，以 20 英尺当量单位的标准尺寸集装箱为计算单位；法律权利力度指数衡量法律促进贷款活动的程度；总税率指企业在说明准予扣减和减免后的应缴税额和强制性缴费额占商业利润的比例；通胀率指按 GDP 平减指数衡量的通货膨胀，显示整个经济体的价格变动率；关税及其他进口税为向居民提供服务所征收的所有税额。

5.3　模型检验及结果分析

利用 Stata12.0 软件进行回归分析。首先，使用 Hausman 检验统计量对模型进行检验，通过检验固定效应 γ_c 与其他解释变量是否相关作为进行固定效应和随机效应模型筛选的依据，结果确定该模型为固定效应模型。其次，对模型进行 VIF 值检验，通过检验，模型无异方差。最后，对模型进行回归分析，结果如表 5－1 所示。

表 5－1　　21 世纪海上丝绸之路倡议对我国水产品出口增长的影响

项目	(1) 出口额	(2) 出口额
21 世纪海上丝绸之路倡议提出	1.10713 *** (3.24)	0.7529538 ** (2.11)
官方汇率		0.0000527 *** (0.93)
人均 GDP		0.3301639 (0.115)
人口		0.1740055 * (0.32)
货柜码头吞吐量		0.2924951 *** (1.05)
通胀率		－0.0944391 *** (－0.17)
总税率		－0.0095548 (－0.28)
法律权利力度指数		－0.1443486 *** (－1.20)

续表

项目	（1）出口额	（2）出口额
关税及其他进口税		0. 0781352 *** （1. 45）
安全互联网服务器数量		0. 332548 ** （1. 47）
国家固定效应	否	是
时间固定效应	否	是
R^2	0. 7896	0. 7154
Constant	9. 235844 *** （5. 42）	8. 687248 *** （5. 13）
Observations	383	128

注：*、**、*** 分别表示 10%、5%、1% 的显著性水平。

利用 2006 ~ 2017 年中国水产品出口的面板数据探讨了 21 世纪海上丝绸之路倡议的提出对中国与沿线国家水产品出口贸易的经济增长效益问题。其核心解释变量是本章研究关注的结果，即 21 世纪海上丝绸之路倡议提出的时间节点 $policy_t$ 与是否为沿线国家 $country_c$ 两个虚拟变量乘积的系数 β_1 是否显著为正，若为正则符合预期，即 21 世纪海上丝绸之路倡议的提出对中国与沿线国家水产品贸易增长具有正向拉动效应。如表 5 – 1 所示，系数 β_1 显著为正，说明 21 世纪海上丝绸之路倡议的实施对中国与沿线国家水产品贸易增长具有正向拉动效应。加入人均 GDP、人口、官方汇率、安全互联网服务器数量、货柜码头吞吐量、法律权利力度指数、总税率、通胀率、关税及其他进口税等国家宏观层面的控制变量，同时控制国家固定效应和时间固定效应，系数 β_1 的结果虽然减小，但依然显著为正，说明了差分结果比较稳定，即 21 世纪海上丝绸之路倡议的实施确实促进了中国与沿线国家的水产品出口贸易。

第6章　中国与海上丝绸之路沿线国家海洋产业合作的影响因素

中国对沿线国家水产品出口贸易受到多因素的影响，除了传统的GDP、人口和距离等因素外，金融危机、贸易壁垒、外商直接投资等都会对中国水产品出口产生一定影响。本章根据中国和沿线国家水产品出口贸易的特点及收集到的数据，确定了中国对沿线国家水产品出口贸易的影响因素。

6.1　研究方法与模型设定

6.1.1　研究方法

引力模型以牛顿经典力学的万有引力公式为基础，20世纪60年代丁伯根（Tinbergen，1962）将引力模型应用到国际贸易领域，马蒂亚斯（Mátyás，1997）提出三维引力模型，包括进口、出口和时间三种效应，进口与出口效应控制了某一国家所有不随时间改变的可测或不可测因素的影响总和，时间效应用于控制所研究的所有国家共有的商业周期性或全球化进程因素的影响。贸易引力模型假设两国之间的贸易流量与经济规模成正比，与两国之间的距离成反比。之后传统引力模型被拓展，将人口、人均收入、汇率、文化差异、区域经济一体化等变量因素引入，使得引力模型在双边贸易流量决定因素实证研究中的应用越来越广泛，理论基础也更加完善。本章借鉴艾格（Egger，2000）、李强和田晓宇（2010）以及李婷婷等（2014）的做法，从出口国效应、进口国效应和时间效应三个维度来研究中国与沿线国家的水产品贸易活动，但由于本章使用的是中国对沿线国家水产品出口贸易数据，所以出口国效应将不予考虑，主要关注进口国效应和时间效应两个维度（蔡婷，2017；陈继勇和卢世杰，2017）。基于第5章的研究结果，以水产品为例进一步分析中国与沿线国家海洋产业合作的影响因素。

6.1.2 模型构建

为了将解释变量间的非线性关系转为线性关系，消除回归过程非正态分布和异方差现象，对虚拟变量以外的解释变量取其自然对数，得到拓展后的引力模型如下：

$$\ln Y_{it} = \beta_0 + \beta_1 \ln GDP_t + \beta_2 \ln GDP_{it} + \beta_3 \ln IM_{it} + \beta_4 \ln FDI_{it} + \beta_5 \ln R_t + \beta_6 \ln D_i + \beta_7 \ln TS_{it} + \beta_8 \ln UR_{it} + \beta_9 P_t + \alpha + \beta_i + \lambda_t + \mu \quad (6-1)$$

其中，Y_{it}为中国对 i 国的水产品出口额，β_0为未知常数项，$\beta_1 \sim \beta_9$为未知的回归参数，μ 为随机误差项。

由于在回归过程中存在多重共线的现象，因此通过采取逐步回归的方法对模型进行修正。由于 UR_i、IM_{it}对贸易的影响效果不显著，最终将解释变量 UR_i、IM_{it}予以剔除。最终保留 GDP_t、GDP_{it}、FDI_{it}、R_t、D_i、TS_{it}、P_t共 7 个解释变量进行回归分析，修正后的贸易引力模型为公式（6－2）：

$$\ln Y_{it} = \beta_0 + \beta_1 \ln GDP_t + \beta_2 \ln GDP_{it} + \beta_4 \ln FDI_{it} + \beta_5 \ln R_t + \beta_6 \ln D_i + \beta_7 \ln TS_{it} + \beta_9 P_t + \beta_i + \lambda_t + \mu \quad (6-2)$$

6.2 数据来源及说明

本章选取泰国、菲律宾、马来西亚、新加坡、伊朗、印度尼西亚、斯里兰卡、越南、埃及、以色列、印度、肯尼亚、阿拉伯联合酋长国（以下简称阿联酋）、坦桑尼亚、澳大利亚和新西兰16国，其中中国对沿线国家水产品出口额和进口额均来自联合国商品贸易统计数据库（UN Comtrade Database），各样本国家GDP和外国直接投资净流入数据来自世界银行数据库（http：//data. worldbank. org. cn/），汇率变量采用2006~2017年人民币兑美元汇率时期平均值，数据来源于世界银行数据库（http：//data. worldbank. org. cn/），距离变量采用中国北京到贸易国首都或经济中心的空中距离，数据来源于距离计算器（http：//zh. the time now. com），失业率数据来自联合国ILO数据库（http：//www. ilo. org/global/lang-en/index. htm），中国和贸易国WTO/TBT-SPS数据来自中国WTO/TBT-SPS通报咨询网（http：//www. tbt-sps. gov. cn/）。模型变量解释如表6-1所示。

表6-1　模型变量解释

解释变量	含义	预期符号	理论说明
GDP_i	中国的GDP	+	中国经济规模，反映出口国潜在的供给能力
GDP_{it}	i国的GDP	+	贸易国经济规模，反映进口国潜在的需求能力
IM_{it}	i国的水产品进口额	+	反映进口国水产品需求能力的大小
FDI_{it}	外国直接投资净流入	+	反映水产企业的竞争力
R_t	人民币对美元的汇率	+或-	反映金融环境的稳定性
D_i	中国北京到i国首都的距离	-	反映水产品贸易过程中的运输成本
TS_{it}	贸易国WTO/TBT-SPS通报数	-	反映水产品贸易中的贸易壁垒因素
UR_{it}	i国失业率	-	反映贸易保护主义因素，本章不予考虑
P_t	21世纪海上丝绸之路倡议实施的政策效应，2006~2012年为0，2013~2016年为1	+	反映水产品贸易的经济环境
α	衡量出口国效应的虚拟变量，本章不考虑		

续表

解释变量	含义	预期符号	理论说明
β_i	衡量进口国效应的虚拟变量，当 i 国为进口国时取值为 1，否则取值为 0		
λ_i	时间虚拟变量		

6.3 模型检验及结果分析

6.3.1 模型检验

6.3.1.1 最小二乘估计

在剔除变量后，对剩余变量用统计分析软件进行最小二乘估计，回归结果如表 6－2 所示。

表 6－2 回归结果

解释变量	参数系数	标准差	t 统计量	概率
β_0	－82.7540	18.09076	－4.57	0.000
$\ln GDP_t$	1.7233	0.5034	3.42	0.001
$\ln GDP_{it}$	1.7694	0.5811	3.04	0.003
$\ln FDI_{it}$	0.0264	0.0778	0.34	0.007
$\ln R_t$	2.5654	2.0041	1.28	0.204
$\ln D_i$	－0.003	0.0001	－2.47	0.014
$\ln TS_{it}$	－0.1034	0.0713	－1.45	0.069
P_t	0.6518	1.1596	0.01	0.076
可决系数		0.7951	标准差	0.7764
修正可决系数		0.7665	残差平方和	76.264
F 值		46.25	概率	0.000

通过对中国水产品出口流量的影响因素的回归分析，结果表明，中国

和贸易国的 GDP、外商直接投资净流入、人民币兑美元汇率、距离、贸易国 WTO/TBT-SPS 通报数还有 21 世纪海上丝绸之路倡议实施这些解释变量联合起来对中国水产品出口贸易流有影响，且各自对中国水产品出口贸易流产生影响。其中，贸易国双方 GDP、外国直接投资净流入、人民币兑美元汇率、21 世纪海上丝绸之路倡议对中国水产品出口贸易流具有显著正向作用，距离和贸易国 WTO/TBT-SPS 通报数则具有显著负向作用。汇率对中国水产品出口贸易产生正的影响，但汇率上升促进出口而抑制进口，汇率降低则会使中国水产品进口成本下降，促进进口而抑制出口，如此，汇率对贸易总量的正负影响将会相互抵消。

6.3.1.2　进口效应

根据表 6－3 来看进口效应 β_i，泰国、菲律宾、马来西亚、新加坡和印度尼西亚都对我国有进口意愿，其中，菲律宾（5.214）、马来西亚（3.652）对我国有较强的进口意愿，泰国（2.463）和新加坡（2.127）次之，印度尼西亚的进口意愿较弱。而坦桑尼亚、阿联酋、越南、新西兰等国的参数系数为负，表明其进口意愿不强。

表 6－3　　进口效应

国家	参数系数	t 值
泰国	0.569	2.463**
菲律宾	1.435	5.214***
马来西亚	0.951	3.652***
新加坡	0.603	2.127**
伊朗	-0.263	-0.645
印度尼西亚	0.156	0.787*
斯里兰卡	0.094	0.437
越南	-0.917	-3.221**
埃及	0.131	0.545
以色列	0.112	0.347
印度	-0.067	-0.136

续表

国家	参数系数	t值
肯尼亚	-0.527	-1.146
阿联酋	-2.661	-7.654**
坦桑尼亚	-4.025	-12.067***
澳大利亚	0.136	0.643
新西兰	-1.595	-2.036*

注：*、**、*** 分别表示10%、5%、1%的显著性水平。

6.3.1.3 时间效应

由表6-4可知时间效应λ_t，2006~2008年呈现小幅上升，2008年由于全球金融危机和全球经济低迷逐渐降低，2012年特别是2013年21世纪海上丝绸之路倡议实施后，时间效应呈现出快速上升的趋势，2017年又有所下降。

表6-4　时间效应

年份	参数系数	t值
2006	0.027	0.096
2007	0.033	0.108
2008	0.038	0.131
2009	-0.027	-0.083
2010	-0.032	-0.121
2011	-0.068	-0.411
2012	0.094	0.316
2013	0.114	0.466
2014	0.495	1.731*
2015	0.598	2.717***
2016	0.703	4.025***
2017	0.509	2.247**

注：*、**、*** 分别表示10%、5%、1%的显著性水平。

6.3.2　结果分析

贸易畅通作为21世纪海上丝绸之路倡议实施优先发展的方向，也是连接其他方面的桥梁和纽带，对于促进中国与沿线国家经济关系、深化区域合作具有积极意义。本章采用三维引力模型，通过分析沿线16国2006~2017年水产品出口贸易的面板数据，探究影响中国对沿线国家水产品出口贸易流的影响因素。结果表明：（1）贸易国双方GDP、外国直接投资净流入、人民币兑美元汇率、21世纪海上丝绸之路倡议与出口水平显著正相关，距离和贸易国WTO/TBT-SPS通报数则具有显著负作用；（2）菲律宾、马来西亚、泰国和新加坡对我国有较强的进口意愿；（3）21世纪海上丝绸之路倡议实施对中国与沿线国家水产品贸易具有促进作用。

第7章　中国与海上丝绸之路沿线国家海洋产业合作典型：以泰国为例

海上丝绸之路以经济为纽带不断拓展深化中国与沿线国家的经济合作。东盟国家自古以来就是海上丝绸之路的重要枢纽，促进中国—东盟国家加强海上合作和发展良好的海洋伙伴关系是推进海上丝绸之路建设的重要环节。泰国是东盟国家中与中国政治基础良好、贸易往来频繁、海洋合作广泛且未存在海洋权益争议的国家，积极寻求与泰国良好的海洋合作对和平解决南海问题、带动中国与其他东盟国家经贸合作具有重要意义。在21世纪海上丝绸之路建设这一良好契机下，中泰主要海洋产业合作将成为两国区域合作的新亮点，这需要清楚把握两国重点海洋产业的比较优势和发展瓶颈，依据互利共赢和优势互补原则，实现中泰海洋产业合作共赢的局面。

7.1　中泰海洋产业发展概况

中国和泰国海岸线漫长，海洋资源丰富。随着海洋意识的逐步觉醒，两国均重视海洋经济发展与合作，积极推动两国海洋经济方面的合作，相继签署《中泰海洋领域合作的谅解备忘录》《中泰海洋领域合作5年规划(2014～2018)》，因而，两国利用资源禀赋优势和良好政策契机共同发展海洋经济正当其时。

中国日益重视蓝色经济在国民经济中的重要地位，主要海洋产业发展迅速，成为海洋经济中的主体部分。2019 年，全国海洋生产总值为 89 415 亿元，比上年增长 6.2%，海洋生产总值占国内生产总值的比重为 9.0%，主要海洋产业保持稳步增长，全年实现增加值 35 724 亿元，比上年增长 7.5%。滨海旅游业、海洋交通运输业和海洋渔业作为海洋经济发展的支柱产业，其增加值占主要海洋产业增加值的比重分别为 50.6%、18.0% 和 13.2%。[①] 我国海洋交通运输业欣欣向荣，2019 年全国港口完成集装箱吞吐量 2.61 亿标准集装箱（TEU）。[②] 在众多港口中，上海港 2019 年集装箱吞吐量为 4 330.3 万 TEU，连续 10 年蝉联世界第一。[③] 海洋渔业中的海洋养殖和海洋捕捞业所占渔业比重明显增加，海洋工程装备和船舶制造业自主研发能力不断增强，海洋油气勘探开发不断向深远海区域拓展，中国主要海洋产业发展势头良好。

泰国海洋产业在国民经济中占有重要地位，其中海洋资源贡献比例为 9.9%，海洋活动贡献比例达 90%（Srisuda，2009）。根据姚芳芳（2018）的研究结果，泰国主要海洋产业发展如下：海洋渔业方面，泰国渔业产量居世界前十，在亚洲地区仅次于中国、日本和韩国，列第四位，根据联合国 FAO 数据库，2019 年泰国渔业产量为 171.5 万吨，其中约有 120.3 万吨来自海洋渔业，占比 70%，泰国渔业经过多年的发展，已从小规模、沿海传统捕捞发展成为部分机械化、深海大规模作业，从单纯的捕捞发展成为捕捞和养殖并重的大型商品化生产。泰国的渔业包括捕捞和养殖两个板块，根据相关数据显示，2019 年泰国海洋捕捞 154.24 万吨，每年的捕捞产量约占总产量的 61.69%，养殖产量约占总产量的 38.31%。滨海旅游业方面，据泰国国家经济社会局（NESDB）统计，泰国旅游业收入的 30% 源于滨海旅游。海洋交通运输业方面，根据泰国国家统计局的数据，2019 年泰国进出口贸易总额约为 4 400 亿美元，其中海运贸易占比高达 90% 以上。泰国现有国营和私营港口共 100 多个，其中国际港口 8 个。海

---

① 资料来源：《2019 年中国海洋经济统计公报》。

② 资料来源：中华人民共和国国家发展和改革委员会官网。

③ 资料来源：上港集团官网。

洋油气业方面，泰国政府近年来致力于改变长期以来作为油气净进口国的现实，不断引进国外经验以提升油气勘探开采技术，促使近年海底液化天然气勘探开采量迅速增长，但总体而言，海洋油气业发展劣势明显。泰国其他海洋产业竞争优势未能凸显。

7.2 中泰主要海洋产业发展态势

7.2.1 海洋产业评价指标选取

产业经济学中衡量某一地区产业发展指标主要包括衡量产业集聚程度和发展规模的区位熵和产值比重（张河清等，2010）、用感应度系数和产业影响力系数衡量产业关联度（龙志和和蔡杰，2008）、用需求收入弹性和产业增长率衡量产业发展潜力（代谦和李唐，2009），采用上述指标构建海洋产业优势评价指标体系，利用层次分析法（AHP）等方法对各指标赋予相应权重，定量评估某一地区产业发展状况。但该定量分析法对数据要求较为严格，因受限于泰国海洋方面数据可得性，本章只选取海洋产业产值比重、产业年增长率和需求收入弹性作为其发展规模、增长态势和发展潜力的衡量指标，从前期发展成就、目前发展效率和未来发展空间三个维度对中泰两国主要海洋产业加以衡量比较，分别得出中泰两国主要海洋产业的比较优势和劣势。具体评价指标如表7-1所示。

表7-1　中泰主要海洋产业竞争优势评价指标及解释

一级指标	二级指标	指标解释
产业发展规模	海洋产业产值比重	$Si = yi/\sum_{i=1}^{n} yi \times 100\%$，其中 yi 为某海洋产业产值，$\sum_{i=1}^{n} yi$ 为海洋产业总值，总体衡量某一海洋产业发展规模
产业发展效率	海洋产业增长率	海洋产业增长率＝海洋产业增加值/基期海洋产业产值，反映某一海洋产业发展速度和态势
产业增长潜力	需求收入弹性	$Ei = \frac{\Delta Di/Di}{\Delta I/I}$，其中 ΔDi 为 i 海洋产业产值变化量，Di 为基期 i 海洋产业产值，ΔI 为国民收入变化量，I 为基期国民收入，需求收入弹性越大表示该产业未来市场潜力越大

7.2.2　中泰主要海洋产业发展态势对比分析

7.2.2.1　海洋渔业

如图7－1所示，中泰海洋渔业所占海洋产值比重均维持在7%左右，年增长率波动较为明显，中国海洋渔业发展潜力较大。近年来，中泰两国都面临渔业资源枯竭困境，中国不断创新升级水产品生产加工方式，以提升产品质量和高附加值水产品生产比重，积极应对国际市场对水产品提出的更高质量要求和绿色壁垒，效果相比泰国而言较为理想，具体表现为：一是受国际环境影响，中国海洋渔业增长率变化虽基本与泰国保持一致，但中国总体变化幅度较小，海洋渔业基本保持10%～16%较为平稳的年增长率，增长趋势相比泰国而言较为稳定；二是2008～2014年，中国海洋渔业需求收入弹性维持在0.5～1.5，而泰国基本稳定在0左右，表明中国海水产品受益于产品质量而竞争优势明显，拥有较大市场空间。

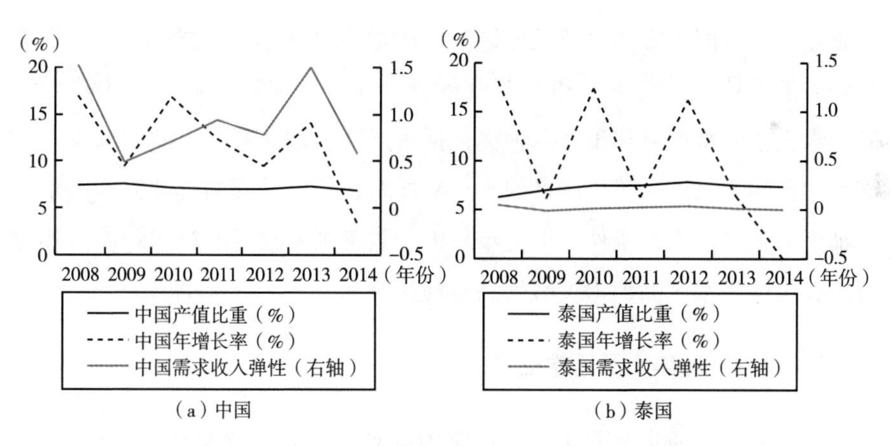

图7－1　中国和泰国海洋渔业发展评价指标及变化

注：由于《中国海洋统计年鉴》2016年后统计指标和口径做了相应调整，关于泰国海洋产业产值的统计指标被剔除，因而本书对于中泰海洋产业评价指标的测算年份为2008～2014年。

资料来源：根据联合国粮食及农业组织（FAO）海洋捕捞和海水养殖有关数据计算得出。

2007～2015年，泰国海洋捕捞业产值高于海水养殖，捕捞区域集中于泰国湾和印度洋，以海鱼捕捞为主。泰国海洋渔业产量的60%来自泰国湾，其余则来源于印度洋，海洋捕捞作为长期以来泰国海洋渔业的主要部分，其渔船动力化程度居世界第一。但自泰国20世纪70年代承认200海里专属经济区以来，邻国相继宣布专属经济区主权范围，泰国海洋捕捞范围锐减，同时由于投机心理，泰国渔民非法进入缅甸、印度尼西亚和马来西亚等周边国家海域进行非法捕捞，导致泰国与周边地区渔业纠纷不断增加，泰国海洋捕捞业发展受到重创。就中泰捕捞海域和种类比较而言，二者较为相似，根据联合国粮农组织统计数据，2015年泰国海洋捕捞区域位于太平洋和印度洋，其中太平洋捕捞量为107万吨，占比71%，印度洋捕捞量为42万吨，占比29%，其中海鱼捕捞量占比82.7%，软体动物捕捞量占比7.7%，甲壳动物捕捞量占比4.5%。中国海洋捕捞区域集中于太平洋区域，捕捞对象主要包括海鱼、软体动物和甲壳动物，与泰国相类似。

泰国海水养殖业是其海洋渔业的主要部分，海水产品加工业比较发达。据联合国粮食及农业组织统计，1997~2012年，泰国水产养殖产量由53.98万吨增长到123.39万吨，其中海水养殖产量和产值占水产养殖的80%左右，泰国海虾类养殖优势显著，产量占世界总产量的近1/3，经济鱼虾人工繁殖、育苗技术和生产设备较为先进，在东南亚国家中位列第一。泰国主要水产品加工产品种类包括水产调料加工品、鱼糜、罐头、冷冻鱼、鱼粉及可溶物等，优良的水产品原料和价格低廉的劳动力为其水产品加工业创造了良好条件，但近年来由于欧美国家较高的技术和质量标准要求，泰国海水产品加工贸易受到不利影响。

7.2.2.2 海洋交通运输业

泰国海洋交通运输业属于支柱型海洋产业，近年来呈稳步增长态势，但发展潜力和空间相比中国较小。泰国作为海洋国家，约95%的货物贸易都由海运承担，促使海洋交通运输业快速发展成为其支柱型海洋产业，海洋产业增长率与中国基本同步，稳定保持在10%左右，但其需求收入弹性均低于0.5，中国除2008年受金融危机影响外，其余年份均位于0.5~2.0（见图7-2），表明中国该产业发展潜力大于泰国。

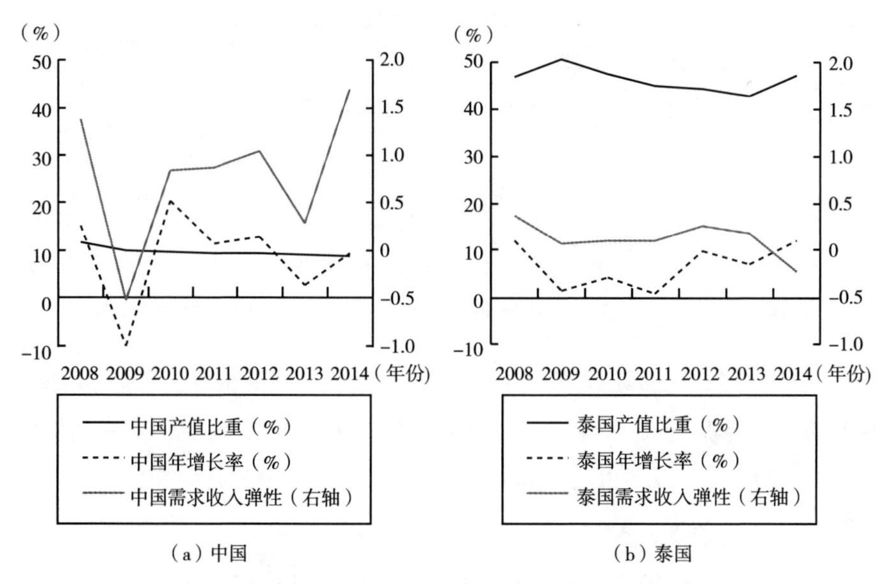

图7－2　中国和泰国海洋交通运输业发展评价指标及变化

注：(1) 由于《中国海洋统计年鉴》2016年后统计指标和口径做了相应调整，关于泰国海洋产业产值的统计指标被剔除，因而本书对于中泰海洋产业评价指标的测算年份为2008～2014年。

(2) 本图的数据均根据《中国海洋统计年鉴》有关数据计算得出，由于泰国海洋产业总值数据暂未统计，本书将泰国主要海洋产业产值加总作为海洋产业总产值进行计算，且估算值只对产业产值比重指标计算有影响。

资料来源：《中国海洋统计年鉴》。

船队载重吨位可直观反映一国海运水平，2022年泰国拥有船队载重吨位占世界船队载重吨位比重偏低，位于新加坡、越南、印度尼西亚和马来西亚之后（其中新加坡为140 824千载重吨、越南为16 059千载重吨、印度尼西亚为28 657千载重吨、马来西亚为9 959千载重吨）。2022年中国拥有船队载重吨位达301 997千载重吨、占世界比重为13.4%。①

如表7－2所示，就2016年泰国注册船舶种类而言，载重重量由高到低依次为油轮、散货船、杂货船和集装箱船，综合分析各类型船只所占世界比重可知，油轮和散货船是泰国主要运输船舶类型，这与泰国作为石油净进口国和出口贸易导向性国家的国情相一致。

① 资料来源：UNCTAD Review of Maritime Transport 2023。

表7-2　　2016年中泰注册商业运输船舶种类分布

区域	总计		油轮		散货船		杂货船		集装箱船	
	数量（千载重吨）	占世界比重（%）	数量（千载重吨）	占世界比重（%）	数量（千载重吨）	占世界比重（%）	数量（千载重吨）	占世界比重（%）	数量（千载重吨）	占世界比重（%）
中国	75 850	4.198	12 271	2.44	46 940	6.03	4 195	5.58	6 510	2.66
泰国	5 397	0.33	2 816	0.57	1 333	0.17	428	0.57	270	0.12

资料来源：根据UNCTAD Review of Maritime Transport（UNCTAD stat）整理计算而得。

港口货物吞吐量是反映一国海运水平的又一重要指标。2021年泰国货物吞吐量落后于新加坡、马来西亚、越南和印度尼西亚，居东盟第五位（见表7-3）。泰国海运线可达中国、日本、美国、欧洲和新加坡，具备良好的海运条件，现有国营和私营港口100多个，其中海港26个，国际深水港8个，包括曼谷港（Bangkok）、林查班港（Laem Chabang）、宋卡港（Songkhla）、北大年港（Pattani）、普吉港（Phuket）、梭桃邑（Sattahip）、席拉差港（Siracha）和马塔港（Mab Ta Phut）。其中，曼谷港是泰国最大港口，主要出口大米、烟草、橡胶等，进口机械、钢铁、汽车以及石油制品；2001年投入使用的林查班港是泰国最大的物流枢纽，主要容纳无法进入曼谷港的超大货轮，集装箱运输量占国内的52%，主营业务包括原材料、家电、汽车及配件等物品进出口贸易，已成为政府重点规划建设项目，力争使其成为中国—东盟通往世界的门户。2022年林查班港货物吞吐量达8 741 049 TEU，居世界第20位。

表7-3　　2015～2021年中泰和部分东盟国家港口集装箱吞吐量

单位：万标准箱

地区	2015年	2016年	2017年	2018年	2019年	2020年	2021年
世界	68 410.55	70 138.92	74 774.32	78 433.17	80 533.50	79 553.42	85 111.19
中国	19 983.95	20 716.09	22 411.79	23 461.87	24 356.00	24 604.00	26 260.57
泰国	888.35	934.06	993.89	1 037.16	1 013.03	956.85	1 043.67
印度尼西亚	957.59	1 007.22	1 160.02	1 202.84	1 211.15	1 116.98	1 180.46
马来西亚	2 401.30	2 456.95	2 371.98	2 495.60	2 621.53	2 666.95	2 826.18

续表

地区	2015 年	2016 年	2017 年	2018 年	2019 年	2020 年	2021 年
菲律宾	706.90	741.71	809.77	870.14	917.19	786.51	849.14
新加坡	3 092.23	3 090.36	3 366.66	3 659.92	3 719.50	3 687.09	3 747.00
越南	1 061.54	1 128.22	1 238.25	1 339.44	1 529.70	1 639.47	1 835.98

资料来源：根据 UNCTAD Review of Maritime Transport（UNCTAD stat）整理计算而得。

7.2.2.3　海洋油气业

泰国是油气资源净进口国，相比中国而言，海洋油气资源勘探和开采劣势明显。具体而言，2008～2014 年，中泰两国海洋油气业产值比重在0～5%，因为开采技术设备的局限性，双方该产业优势均不明显；就需求收入弹性而言，中国国内市场对海洋油气资源的需求市场较泰国而言较为旺盛，其原因可能是泰国工业化进程较为缓慢（见图7－3）。

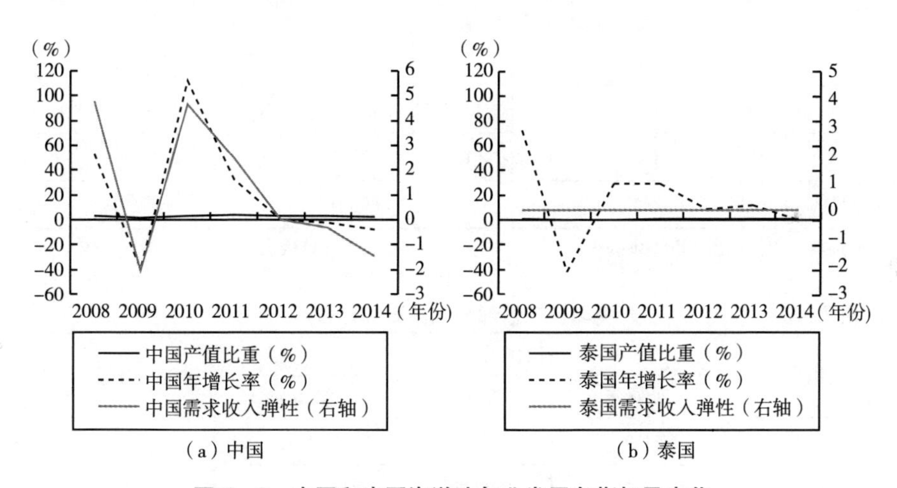

（a）中国　（b）泰国

图7－3　中国和泰国海洋油气业发展各指标及变化

注：（1）由于《中国海洋统计年鉴》2016 年后统计指标和口径做了相应调整，关于泰国海洋产业产值的统计指标被剔除，因而本书对于中泰海洋产业评价指标的测算年份为 2008～2014 年。

（2）本图的数据均根据《中国海洋统计年鉴》有关数据计算得出，由于泰国海洋产业总值数据暂未统计，本书将泰国主要海洋产业产值加总作为海洋产业总产值进行计算，且估算值只对某产业产值比重计算有影响。

资料来源：《中国海洋统计年鉴》。

沿海大陆架是泰国石油和天然气的主要聚集地，其油气资源有限，且开采率长期居世界底端（见表7－4和表7－5）。随着工业化进程的逐步推进，泰国对进口石油和天然气需求逐渐攀升，持续为石油和天然气净进口国。20世纪50年代以前，泰国石油工业发展极度缓慢，为改善这一状态，1971年2月，泰国政府修订颁布《石油法》，放宽开采限制，随后各国际石化工业企业投资兴建的炼油厂先后投产，包括巨头埃索、壳牌和加德士，泰国一跃成为东南亚石化工业大国，但石油勘探和开采方面未有改善。如表7－6所示，泰国天然气储量极为有限，2020年最大储量仅为0.1万亿立方米，近年泰国政府重视引进先进技术设备，海底液化天然气开采数量增长迅速，但依然处于初步发展阶段。

表7－4　　　　2021年中泰油气资源储量及开采概况

地区	石油				天然气			
	生产（百万吨）	消费（千桶/天）	开采量占世界比重（%）	消费量占世界比重（%）	生产（十亿立方米）	消费（十亿立方米）	开采量占世界比重（%）	消费量占世界比重（%）
中国	194.8	14 314	4.7	15.7	194.0	330.6	5.0	8.6
泰国	15.0	1 329	0.4	1.5	32.7	46.9	0.8	1.2
世界	4 165.1	91 297			3 853.7	3 822.8		

资料来源：根据BP Statistical Review of World Energy数据计算得出。

表7－5　　　　中国及东盟部分国家石油储备量

国家	石油储备量（亿桶）			占世界比重（%）
	2000年	2010年	2020年	
文莱	1.2	1.1	1.1	0.1
中国	15.2	23.3	26.0	1.5
印度尼西亚	5.1	4.2	2.5	0.1
马来西亚	2.1	3.6	2.7	0.2
泰国	0.5	0.4	0.3	
越南	2.0	4.4	4.4	0.3

资料来源：根据BP Statistical Review of World Energy数据计算得出。

表7-6　　中国及东盟部分国家天然气储备量

国家	天然气储备量（万亿立方米）			占世界比重（%）
	2000年	2010年	2020年	
文莱	0.4	0.3	0.2	0.1
中国	1.4	2.7	8.4	4.5
印度尼西亚	2.7	3.0	1.4	0.7
马来西亚	1.1	1.1	0.9	0.5
泰国	0.4	0.3	0.1	0.1
越南	0.2	0.6	0.6	0.3

资料来源：根据BP Statistical Review of World Energy数据计算得出。

7.2.2.4　滨海旅游业

泰国滨海旅游业随着其旅游业的发展受到良好影响，但由于近年来动荡的政治局势，旅游业波动较大。具体而言，2008~2014年，中国和泰国滨海旅游业比重分别位于10%~20%和40%~50%；中国产业增长率维持在15%左右（见图7-4），而泰国受经济环境和国内政治形势的影响，

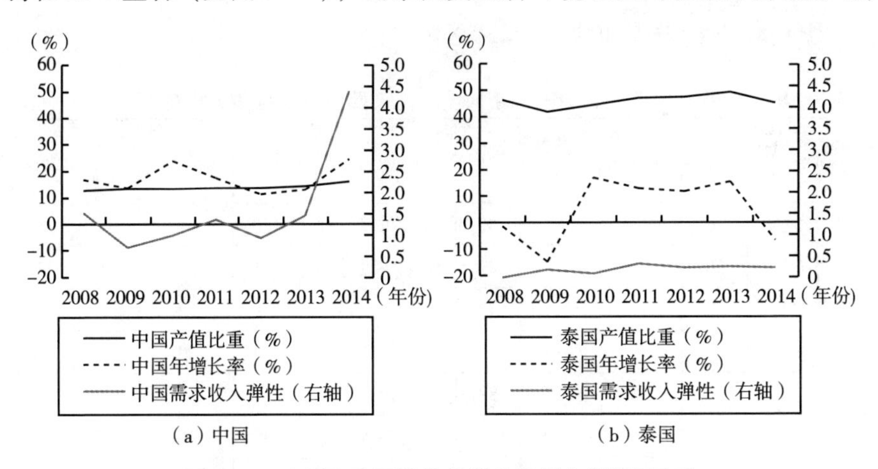

（a）中国　　（b）泰国

图7-4　中国和泰国滨海旅游业发展各指标及变化

注：由于泰国海洋产业总值数据暂未统计，本书将泰国主要海洋产业产值加总作为海洋产业总产值进行计算，且估算值只对某产业产值比重计算有影响。由于《中国海洋统计年鉴》2016年后统计指标和口径做了相应调整，关于泰国海洋产业产值的统计指标被剔除，因而本书对于中泰海洋产业评价指标的测算年份为2008~2014年。

资料来源：根据《中国海洋统计年鉴》有关数据计算得出。

产业增长率出现负增长现象；中国国内消费市场庞大，而泰国旅游创收大多来自国际游客，因此相比泰国，中国滨海旅游产业的国内市场需求更为旺盛。

泰国滨海旅游资源丰富，国际游客入境旅游是其旅游业的主要部分，旅游外汇收入居东盟国家首位。具体而言：一是泰国滨海旅游资源丰富，芭提雅、普吉岛和苏梅岛是最负盛名的滨海游览地，以其丰富多彩的旅游资源吸引了众多国际游客；二是泰国旅游创收依赖于国际游客，主要客源国包括东盟其他国家、欧美国家和中国，其中，中国作为泰国主要客源国的地位极为明显（见表 7－7）；三是根据 2019 年世界经济论坛（WEF）统计，泰国旅游竞争力低于中国、新加坡和马来西亚，居于世界第 31 位，健康与卫生、安全和环境可持续性制约其旅游业发展（见表 7－8）。

表 7－7　2010～2018 年中泰互为目的国出境旅游人数　单位：万人

项目	2010 年	2011 年	2012 年	2013 年	2014 年	2015 年	2016 年	2017 年	2018 年
泰国—中国	46.42	59.20	55.43	63.55	60.80	64.76	NA	NA	NA
中国—泰国	68.25	76.69	62.39	101.46	152.26	224.48	877	980	1 054

注：NA 表示数据不可获得。
资料来源：中华人民共和国文化和旅游部网站。

表 7－8　2019 年泰国、中国、新加坡和马来西亚旅游竞争力排名　单位：位

项目	中国	新加坡	马来西亚	泰国	项目	中国	新加坡	马来西亚	泰国
国际开放度	76	3	NA	45	环境可持续性	120	61	105	130
优先政策	66	6	62	27	航空设施	31	7	NA	22
信息方便	58	15	44	49	陆路交通	48	2	27	72
人员素质	24	5	15	27	自然资源	4	120	37	10
健康卫生	62	60	75	88	文化资源	1	38	37	35
安全	59	6	NA	111	旅游基础设施	86	36	57	14
商务环境	53	2	11	37	综合排名	13	17	29	31
价格竞争力	43	102	5	25					

资料来源：World Economic Forum：The Travel and Tourism Competitiveness Report 2019。

综上所述，滨海旅游业和海洋交通运输业所占海洋产业比重较大，是泰国主要创收海洋产业，近年来产业发展趋势除受金融危机影响产生较大

的变动外，发展趋势呈现稳中有升的状态，发展潜力较大；海洋渔业受限于渔业资源枯竭和主要出口市场产品安全标准提高等双重困境，发展乏力；海洋油气业发展受限于极为有限的油气资源和勘探开采技术，产业优势不显著，随着工业化建设进程加快，石油能源需求提升与油气资源勘探开发匮乏现状的矛盾日益突出，油气资源进口贸易日益扩大，提升本国勘探开发技术是解决这一问题的关键。

7.3　中泰水产品贸易互通的特征

近年来中泰水产品贸易迅速发展，2010～2022年中国—东盟自由贸易区（CAFTA）处于全面建成阶段，中泰双边水产品贸易年均增长率达40.43%①，泰国已成为中国在东盟地区的最大水产品贸易国，深化中泰水产品贸易合作，并以此为纽带，促进中国同其他东盟国家的经贸合作，对21世纪海上丝绸之路倡议的落实具有重要意义，这需要全面系统把握中泰水产品贸易互通的特征，以针对性地提出政策建议。

根据比较优势理论和要素禀赋理论可知，各国在要素禀赋、技术水平、产业结构等方面存在较大差异，其差异决定各国产品参加国际贸易的比较优势，两国在比较优势的基础上进行贸易有利于实现互惠共赢。充分研究基于比较优势基础的中泰水产品贸易特征，既要分析两国之间水产品贸易往来，也需考察两国在世界市场的水产品贸易关系。

借鉴朱晶和陈晓艳（2006）的分析框架，采用显性比较优势指数（RCA）和贸易互补指数（TCI）分析两国之间水产品贸易往来的互补性，具体为：当一国出口到另一国的水产品以出口国具有比较优势的水产品为主时，若两国各自具有比较优势的产品类别及其比较优势均存在较大差异，则以互补性为主，反之则以竞争性为主。采用出口产品相似度指数（S^P）和两国水产品的市场结构分析中泰水产品在世界市场的竞争情况，

① 资料来源：联合国商品贸易统计数据库（UN Comtrade Database）。

具体为：若两国出口世界水产品结构存在较大差异，则以互补性关系为主，反之则以竞争性为主；当两国都出口各自均具有比较优势的相同类别水产品时，若两国出口市场结构存在很大差异，则也以互补性为主，反之则以竞争性为主。

本章数据均源自联合国商品贸易统计数据库（UN Comtrade Database），时间跨度均为2017～2022年。使用联合国商品贸易统计数据库中标准国际贸易分类方法，将HS第3章初级水产品作为研究对象。

7.3.1 双边贸易互补关系突出

首先利用显性比较优势指数（revealed comparative advantage，RCA）来衡量产品或产业贸易比较优势与国际竞争力，计算公式如下：

$$RCA_{ik} = (X_{ik}/X_i)/(X_{wk}/X_w) \tag{7-1}$$

其中，RCA_{ik}表示i国k类产品的显性比较优势，X_{ik}、X_i分别为i国k类产品和所有产品出口额，X_{wk}、X_w分别为k类产品和所有产品的世界出口总额。若$RCA>2.5$，表明i国的k类产品在国际市场具有很强的比较优势，若$1.25 \leqslant RCA \leqslant 2.5$，则具有较强比较优势；后续比较优势递减，至$RCA<0.8$则认为无比较优势。

然后采用贸易互补性指数确定两国贸易互补程度，其互补程度与互补指数呈同向变动关系。计算公式如式（7-2）、式（7-3）所示：

$$RCA_{mjk} = (M_{jk}/M_j)/(X_{wk}/X_w) \tag{7-2}$$

$$TCI_{ijk} = RCA_{xik} \times RCA_{mjk} \tag{7-3}$$

其中，TCI_{ijk}是i、j两国k类产品的贸易互补指数，其中RCA_{xik}和RCA_{mjk}分别表示在产品k上国家i的比较优势和国家j的比较劣势，其计算方法分别参考公式（7-1）和公式（7-2），其中，M_{jk}为j国k类产品进口额，M_j为j国总进口额。

两国各自具有比较优势的产品类别及其比较优势均存在较大差异，中泰水产品贸易互补性较强。具体为：2017～2022年，中国出口泰国和世界市场的水产品种类基本一致，主要以0303、0304和0307三类初级加工产品为主，占中国出口泰国水产品总额的90%以上，泰国主要向中国出口0303、0305、0306等类别的水产品，占其出口中国水产品总额的90%以上，两国出口到对方市场的水产品结构存在一定差异（见表7-9）；就比较优势而言，中国具有比较优势的水产品包括0301、0304和0307三类，泰国则以0306和0307两类为主（见表7-10），进一步对中国与泰国都具有比较优势的产品（0307类）进行比较，可知中国比较优势总体强于泰国。

表7-9　中国和泰国水产品贸易中各水产品种类出口额（Ⅰ）　单位：美元

年份	中国出口到泰国水产品HS编码						
	0301	0302	0303	0304	0305	0306	0307
2017	30 473	n. a	259 547 833	15 268 285	2 328 713	8 360 846	355 012 265
2018	66 555	n. a	265 478 766	15 022 668	1 943 435	8 282 715	317 670 722
2019	88 792	86 010	340 893 430	17 286 507	5 199 429	2 835 291	300 042 506
2020	56 242	n. a	412 798 661	10 438 953	2 292 415	1 602 160	469 984 525
2021	89 628	n. a	209 865 719	9 390 846	3 268 155	3 358 006	351 849 010
2022	73 688	n. a	177 499 382	15 048 786	1 183 512	3 929 631	389 343 612

注：n. a代表数据不可获得。
资料来源：根据联合国商品贸易统计数据库（UN Comtrade Database）的数据整理得到。

表7-10　中国和泰国水产品贸易中各水产品种类出口额（Ⅱ）　单位：美元

年份	中国从泰国进口水产品HS编码						
	0301	0302	0303	0304	0305	0306	0307
2017	1 891 708	39 716	11 189 821	931 693	5 930 856	149 774 015	2 045 843
2018	1 854 616	15 410	7 576 137	1 809 495	276 994	255 181 690	1 716 467
2019	2 179 444	n. a	23 916 810	1 261 476	5 080 061	379 168 551	12 861 525
2020	2 372 948	n. a	49 840 353	2 912 869	14 296 432	232 142 936	30 932 142
2021	3 521 995	26 674	36 393 916	3 689 397	2 070 161	302 534 021	13 202 674
2022	5 049 535	39 931	16 495 193	2 829 800	3 464 989	337 736 570	15 380 312

注：n. a代表数据不可获得。
资料来源：根据联合国商品贸易统计数据库（UN Comtrade Database）的数据整理得到。

如图7-5所示，中泰两国水产品贸易互补指数自2016年以来长期处于下降态势，且贸易互补指数均小于1，表明随着两国水产品市场的发展，两国的贸易互补性逐渐被弱化，中泰双边贸易市场中水产品贸易结构存在很大的优化空间。尤其在新冠疫情阶段，泰国水产品进口对于我国的依赖性显著降低。

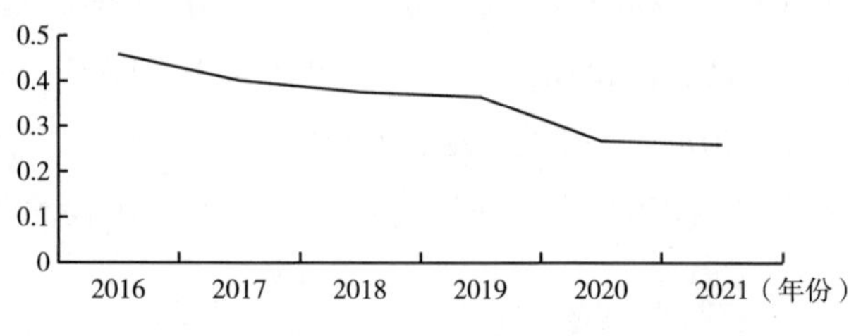

图 7-5　2016~2021 年中泰水产品贸易互补指数

资料来源：根据联合国商品贸易统计数据库（UN Comtrade Database）计算整理得出。

7.3.2　在世界市场竞争关系明显

中泰水产品在世界市场的产品种类相似度指数中等偏高，维持在 50% 左右，在世界水产品市场呈竞争关系，且竞争关系有逐步增强趋势。具体为：中泰两国出口世界水产品以 0304 和 0307 类为主（见表 7-11），两国出口水产品种类重叠度较高。

表 7-11　　中泰水产品贸易不同种类水产品出口额　　单位：百万美元

HS 编码	中国出口到世界			泰国出口到世界		
	2020 年	2021 年	2022 年	2019 年	2020 年	2021 年
0301	644.05	719.27	813.18	30.65	23.53	25.93
0302	207.59	248.22	333.77	47.44	51.13	57.85
0303	2 377.38	2 363.46	2 263.42	113.93	130.96	111.17
0304	3 345.17	3 162.70	4 077.78	250.68	210.31	225.46
0305	394.27	365.33	42 087.33	68.48	72.40	60.27
0306	951.62	999.70	82 700.76	995.45	781.15	892.81
0307	2 720.88	3 118.49	337 780.25	319.87	284.89	285.69
0308	69.81	60.45	81 318.89	22.74	13.27	21.42
0309			33 377.71			

资料来源：根据联合国商品贸易统计数据库（UN Comtrade Database）计算整理得出。

结合表7－11和表7－12可知，中国和泰国出口到世界市场的水产品结构差别较小，同时，两国主要出口市场和在同一市场的产品结构也极为相似，表明中泰水产品在世界市场存在较强的竞争关系。具体表现为：2021年，中国对日本、美国和韩国的水产品出口额占中国水产品出口总额的40%，泰国占比45%，在日本市场，中国与泰国主要出口水产品均为0304、0306和0307类，出口产品种类存在高度重叠性，而在美国和韩国市场0306类水产品存在较强的竞争关系。综上所述，中泰水产品出口世界水产品市场的产品结构和市场结构都较为相似，两国水产品在世界市场上表现为竞争性关系。

表7－12　　2021年中国与泰国水产品主要出口市场分布　　单位：亿美元

中国		泰国	
出口市场	出口总额	出口市场	出口总额
世界市场	110.37	世界市场	16.81
日本	17.43	日本	3.70
韩国	13.11	中国	3.09
中国香港	11.73	美国	2.84
美国	11.35	韩国	1.15
菲律宾	7.56	意大利	0.85
泰国	5.78	马来西亚	0.79
其他亚洲国家	4.65	其他亚洲国家	0.72
德国	3.77	中国香港	0.53
越南	3.37	加拿大	0.47
英国	2.96	澳大利亚	0.41

资料来源：根据联合国商品贸易统计数据库（UN Comtrade Database）整理得出。

7.4　主要结论

2008年9月，中泰签署《中国国家海洋局第一海洋研究所与泰国普吉海洋生物中心合作备忘录》，安达曼季风暴发监测、海洋预报示范系统和海岸带脆弱性研究三个项目稳步推进，中泰海洋领域合作由此开始。2011～2013年，《中泰关于海洋领域合作的谅解备忘录》《中泰海洋领域合作五年规划（2014～2018）》相继签署，海洋领域合作机制就此建立，重点支持双边学者科研活动，中泰海洋领域合作大多只涉及海洋气候和海洋生态系统实验科研方面，对于拓展两国海洋经济合作方面的具体文件较为欠缺，目前中泰两国海洋经济合作基本在《中国—东盟全面经济合作框架协议》《东盟互联互通总体规划》和《推动共建丝绸之路经济带和21世纪海上丝绸之路的愿景与行动》等框架下进行，双方海洋产业合作逐步展开。

本章重点梳理了2008年至今中泰两国在21世纪海上丝绸之路倡议契机下的发展特征，基于产业发展规模、产业发展效率和产业增长潜力三个主要指标综合衡量两国主要海洋产业的产业竞争力水平，并以两国最重要的合作领域——水产品贸易作为研究对象，针对其水产品贸易的双边贸易市场和世界市场的贸易互补竞争关系进行实证探究。结果表明中泰两国海洋渔业所占海洋产值比重均维持在7%左右，年增长率波动较为明显，中国海洋渔业不断创新升级水产品生产加工方式，更为有效地突破了渔业资源枯竭困境，发展潜力相对较大。海洋交通运输业方面，中国商业船只拥有量和港口集装箱吞吐量显著高于泰国，中国海洋交通运输业的发展优势更为明显。泰国滨海旅游业是其主要创收海洋产业，中国赴泰国出境旅游人数逐年攀升，成为泰国国际旅游市场的主要客源国，两国滨海旅游合作日益紧密。中泰两国海洋油气业发展受限于有限的油气资源和勘探开采技术，其产业优势均不明显，有待于勘探开采技术的逐步成熟和发展带动两国海洋油气产业的发展升级。就两国水产品贸易特征而言，中泰两国水产品双边贸易市场存在显著的互补关系，而且随着自贸区的建成，两国双边贸易的互补性呈现不断增强的态势。但在世界水产品市场，中国和泰国出口世界市场的水产品结构差别较小，两国主要出口市场和在同一市场的产品结构也极为相似，这就导致两国水产品贸易在世界市场表现为强烈的竞争关系。

推动中泰海洋经济合作应从两国主要海洋产业的具体合作入手：一是

面临渔业资源枯竭问题，两国应不断深化渔业双边合作关系，逐步减少对海洋捕捞业的依赖，积极发展海水养殖业和水产品精深加工业，加强海洋渔业技术和渔业资源可持续发展的合作研究，同时建立中泰双边海洋渔业合作机制，加强建立远洋渔业资源开发的对话与合作机制。积极建立渔业论坛等主题论坛，便于国内企业及时了解市场波动信息，灵活调整产品结构，积极适应水产品市场需求，重视中泰水产品贸易的产品结构优化，实现分工合作和优势互补。二是在21世纪海上丝绸之路倡议和《东盟互联互通总体规划》大框架下，中国应积极与泰国合作，重点围绕泛东盟运输网络确定的47个港口中的曼谷港（Bangkok）、林查班港（Laem Chabang）和宋卡港（Songhkla）进行投资扩建，从港口停泊量、货物处理量以及海关和政府审批程序综合提升港口货物转运能力。三是依据《中国—东盟全面经济合作框架协议》建立健全中泰能源贸易制度、投资制度、运输制度、技术合作制度和争端解决机制，能源技术合作制度应作为重点先行，利用中国在石油开采提炼、可再生能源开发领域的技术优势，加大企业在油气开采方面的合作力度，提高泰国石油勘探开采效率，有效缓解泰国能源需求量剧增而国内能源匮乏供不应求的困境。四是加强政策沟通、设施联通、贸易畅通、资金融通和民心互通，在海上丝绸之路大框架下建立对话磋商机制、日常组织机制、制度机制及合作机制等一系列沟通、协作和管理机制，促使海洋领域合作逐步规范化，从而推进中国—东盟升级版自贸区建设，进一步加大对外贸易开放力度。

第8章　中国与海上丝绸之路沿线国家海洋产业共赢性合作模式探索

海上丝绸之路以海洋为载体，以东盟及其各成员国为依托，辐射带动周边及南亚地区，并延伸至中东、东非和欧洲等地，进一步串联、拓展和寻求中国与沿线国家之间的利益交汇点，激发各方的发展活力和潜在动力，将有助于中国加快对外开放进程，完善多元平衡开放型经济体系。深化海洋经济与产业合作，不但深度契合沿线国家实现现代化的诉求，且可带动中国产业结构实现优化升级，是促进中国与沿线国家经济实现深度融合的重要途径，是21世纪海上丝绸之路建设大有可为的重点领域（刘赐贵，2014）。这需要清楚把握中国海洋产业的发展特征，创新与沿线国家的海洋产业合作模式，最大限度地整合现有资源，实现沿线地区和国家产业的整体利益最优化。

关于海洋产业合作的研究主要集中于两个方面。一是通过界定优势海洋产业概念（蒋智华，2013），建立海洋产业评价基准和指标体系（梁明和田伊霖，2014），结合利用定量分析方法研究中国海洋产业发展特征（王丹等，2010；杨莲，2014；邓向荣和曹红，2016），进而与美国、日本、加拿大、澳大利亚等国的海洋经济和产业发展进行对比，得出中国海洋产业的相对差异性特征和发展规律（张耀光等，2016；张耀光等，2014；张耀光等，2012；李莉等，2009）。二是针对中国与东盟各国海洋产业合作现状及对策的定性分析（吴迎新，2016；王勤，2016）。上述研究主要集中在中外海洋产业的差异性特征对比以及发展经验借鉴方面，且研究对象仅围绕美国、澳大利亚和东盟等国，对中国与沿线国家包括南亚、西亚、北非和欧洲等各大经济板块的合作进行全面顶层设计的研究较为稀缺。本章首先依据产业合作的基础理论，探索建立我国和沿线国家海洋产业合作的理论框架，进而通过构建我国海洋产业评价体系，综合利用波士顿矩阵思想和层次分析相结合的方法划分我国海洋产业类型，给出与不同产业类型相匹配的产业合作模式。

8.1　海洋产业合作的理论框架

海洋产业合作应以各海洋产业发展特征为依据，坚持资源和技术的互补性合作原则，发展优势互补的产业合作模式。产业发展评价方面，基于经济效益、关联发展和增长潜力等考虑的海洋产业发展情况的衡量和评价框架较为普遍，现有关于我国海洋产业衡量的研究基本围绕上述经济指标进行，但随着产业发展和开放度不断加深，我国产业发展面临的外部环境日益复杂，产业发展与资源环境的矛盾逐步凸显，基于对外竞争优势和可持续发展考量的环境特征也应被纳入评价框架。因此，本章从产业特征指数和环境特征指数两个维度对各海洋产业发展特征进行衡量，然后针对不同产业类型的发展特点，基于产业经济基础理论，对应提出适用于不同类型海洋产业的产业合作模式，具体思路如图 8 - 1 所示。

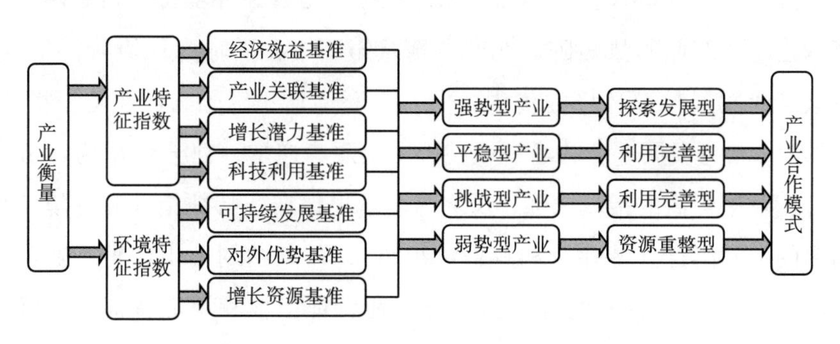

图 8 - 1　海洋产业合作模式选择思路框架

8.1.1 海洋产业衡量

关于海洋产业衡量指标方面的研究较为广泛。包括通过借鉴艾伯特·赫希曼、筱原三代平以及罗斯托等国外学者的关联效应、收入弹性和生产率等评价基准，提出增长后劲基准，产业集群度基准（阮建青等，2014；陈健生等，2015），产业规模、发展潜力、比较优势和社会效益基准（陈钊和熊瑞祥，2015；蔡宁等，2015），以及基于钻石模型的综合评价基准（宁凌等，2012），上述研究对于海洋产业评价指标体系构建虽无统一标准，却基本大同小异，大多只围绕产业发展特征展开指标体系的设计，可为研究提供参考。同时，随着21世纪海上丝绸之路倡议的提出，我国对外开放格局和海洋产业发展面临的外部环境产生变化，海洋产业评价指标体系也应与时俱进。本章尝试在传统产业发展特征这一评价维度的基础上，将基于对外竞争优势和可持续发展考量的海洋产业发展环境特征也纳入评价框架，创新构建海洋产业衡量指标体系，结合运用 BCG Matrix 方法，给出海洋产业类型划分依据。

8.1.1.1 产业衡量矩阵构建

借鉴 BCG Matrix 构建思路，从产业特征指数和环境特征指数两个维度构建海洋产业衡量矩阵。在产业衡量矩阵中，横轴为环境特征指数，衡量产业发展外部环境的优劣，向右不断递增；纵轴为产业特征指数，衡量产业自身发展进度和经济效益，向上逐步递增，划分依据为得分高于各产业平均值的指数为强，反之为弱。根据产业特征指数和环境特征指数的不同组合（薛伟贤和顾菁，2016），可归纳划分出四种产业类型（见图 8－2）：一是强势型产业，即产业特征指数和环境特征指数都较高，其产业基础良好，具有较强的竞争优势和较好的发展前景；二是平稳型产业，即产业特征指数高而环境特征指数弱，其产业基础良好，但受限于技术和资源等条件，仅有短暂稳定的发展态势，发展前景有限；

三是挑战型产业，即产业特征指数弱而环境特征指数高的产业，其产业基础较差，但发展迅速，具有良好的市场前景和发展潜力，但其发展风险系数高，属于新兴产业；四是弱势型产业，即产业特征指数和环境特征指数都较弱的产业类型，其产业基础差，发展潜力有限，不具备进一步开发条件。

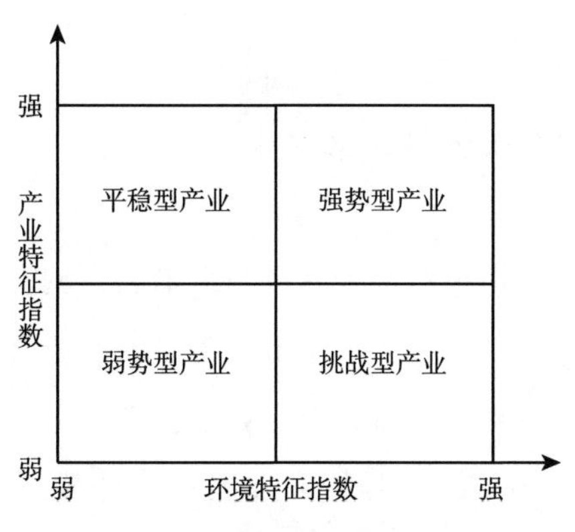

图 8－2　海洋产业衡量矩阵

8.1.1.2　指数衡量基准确立

产业特征指数反映某一海洋产业发展中所积累的优势特色以及存在问题，综合分析并沿用前期研究成果，建立产业特征指数衡量指标体系，衡量基准主要包括：一是经济效益基准，对应评价某一海洋产业的经济实力和发展基础；二是产业关联基准，对应评价某一海洋产业发展对其他产业的辐射带动效应，判断其对关联产业产生支撑和拉动等一系列导向促进作用的大小；三是增长潜力基准，对应评价某一海洋产业发展潜力大小和市场前景；四是科技利用基准，对应评价技术水平对某一海洋产业发展的促进作用，反映该产业的发展潜力。

环境特征指数主要衡量某一海洋产业在 21 世纪海上丝绸之路倡议机遇下的发展潜力，包括以下衡量基准：一是可持续发展基准，遵循绿色海上丝绸之路建设的构想，通过对应评价某一海洋产业对海洋资源的消耗效率，判断该产业发展过程中资源困境和环境问题等因素对其发展限制的程度，预测后期可持续发展前景；二是对外竞争优势基准，通过评价某一海洋产业在全球海洋产业价值链中的分工和地位，反映该海洋产业在国际环境中的外向竞争力；三是产业增长资源基准，通过评价海洋科学技术和资源要素在某一海洋产业生产过程中贡献份额的多寡，将其归纳为技术发展型和资源依赖型海洋产业，并对依赖技术发展创新的产业给予较高评价。

8.1.2 海洋产业合作模式选择

依据目的、方式和提出角度不同可归为不同类型，区域产业合作模式包括基于创新的产业合作模式、基于市场关联的产业合作模式和基于产业链的产业合作模式（向晓梅，2010）。参考上述研究，提出针对三种类型海洋产业的产业合作模式：一是探索发展型合作模式，包括国际战略联盟、技术联盟和跨境产业示范合作等方式，适用于强势型产业，一方面通过对接国际标准，最终形成与国内经济匹配、与国际经济接轨的优势产业，使其产业处于国际领先地位，同时，可与居于国际领先地位的相关产业结成优势产业联盟，实现“产业联动”发展，通过共同研究创新提升产业绩效；二是利用完善型合作模式，适用于平稳型和挑战型产业，包括合资企业、许可协议、定牌生产和 FDI（绿地投资、跨国并购）等方式，即依据优势互补原则，进行地区选择性投资，进而获取与母国具有互补性的生产要素，拓展开发优势互补的目标市场，不断优化本国产业链分工布局；三是资源重整型合作模式，适用于弱势型产业，包括顺势和逆势产业转移，即处于劣势地位的产业通过向优势产业国进行产业转移，实现资源的重新优化配置，切入国际价值链，获取更广阔的发展市场，抑或处于劣势地位的产业通过向劣势产业国进行产业转移，根据当地优势和特色重新构建产业链，进而降低生产成本或获取新市场，使本国劣势产业获取相对产业优势。

8.2　海洋产业发展特征分析

8.2.1　层次分析模型构建

8.2.1.1　海洋产业衡量基准指标选取及计算

依据海洋产业衡量的理论框架，从经济效益、产业基准、增长潜力和科技利用等基准方面衡量海洋产业发展特征指数。利用产业专门化率和产业贡献率作为经济效益基准的计算指标，皮尔逊指数、需求收入弹性和海洋科研人员占从业人员比重分别为后三者的衡量指标；利用可持续发展、对外竞争优势和产业增长资源等基准衡量某一产业应对宏观环境中机遇和挑战的能力，对应计算指标分别为能源消耗产值率、产业外向度和产业发展所需科技资源水平（见表8－1）。

表8－1　　产业基准及衡量指标计算

基准名称		衡量指标	计算方法	指标说明
产业特征	经济效益	产业专门化率	$SL_{ij} = L_i / L$	用劳动力专门化率表示，L_i 为 i 海洋产业劳动力人数，L 为海洋产业劳动力总人数
		产业贡献率	$GY_i = GDP_i / GDP$	GY_i 为 i 海洋产业贡献率，为 i 海洋产业增加值与海洋产业总产值比重
	产业关联	皮尔逊指数	$R = \dfrac{\sum_{i=1}^{n}(X-\bar{X})(Y-\bar{Y})}{\sqrt{\sum_{i=1}^{n}(X-\bar{X})}\sqrt{\sum_{i=1}^{n}(Y-\bar{Y})}}$	用某一海洋产业产值与GDP之间的相关关系反映
	增长潜力	需求收入弹性	$\sum EI_i = \dfrac{\Delta D_i / D_i}{\Delta I / I}$	其中 ΔD_i 为 i 海洋产业产值变化量，D_i 为基期 i 海洋产业产值，ΔI 为国民收入变化量，I 为基期国民收入

续表

基准名称		衡量指标	计算方法	指标说明
产业特征	科技利用	科研人员比重	$PS_i = LS_i/L_i$	LS_i 为 i 海洋产业科研人员数量，L_i 为 i 海洋产业从业人员数量
环境特征	可持续发展	能源消耗产值率	$SP_i = Y_i/\sum P_i$	Y_i 为 i 产业产值，P_i 之和为综合能源消耗总量
	对外竞争优势	产业外向度	$Q_{ij} = \frac{SCI-1}{SCI}$	SCI 为产业专门化系数：产业专门化系数 =（计算期某海洋产业增加值 - 基期某海洋产业增加值）/海洋产业总产值的增加值
	产业增长资源	产业发展所需科技资源水平	$\eta = L/M$	L 为 i 产业科技人员数量，M 为产业当期产值

8.2.1.2　指标框架构建及权重确定

依据海洋产业衡量理论框架，建立如下指标体系（见图 8－3）。通过文献资料查阅和专家咨询等方式，获得判断矩阵，并计算得出各产业选择指标层的权重，而后通过加权求和得到结果。各指标权重如表 8－2 所示。

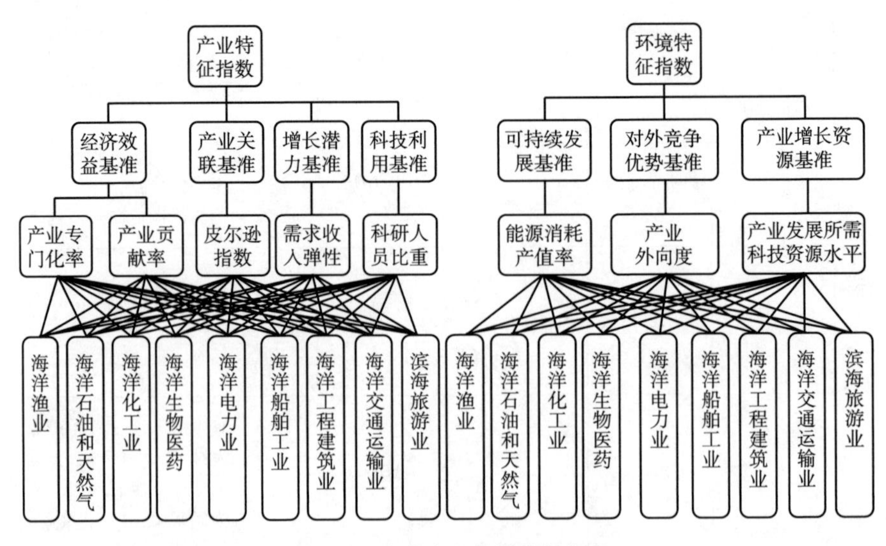

图 8－3　海洋产业衡量指标框架

表 8-2 各指标权重计算结果

项目	产业特征指数					环境特征指数		
基准名称	经济效益		产业关联	增长潜力	科技利用	可持续发展	对外竞争优势	产业增长资源
指标名称	产业专门化率	产业贡献率	皮尔逊指数	需求收入弹性	科研人员比重	能源消耗产值率	产业外向度	所需科技资源水平
权重	0.161	0.161	0.228	0.378	0.073	0.328	0.413	0.260

8.2.2 中国海洋产业衡量及类型划分

选取海洋渔业、海洋石油和天然气、海洋化工业、海洋生物医药、海洋电力业、海洋船舶工业、海洋工程建筑业、海洋交通运输业和滨海旅游业等产值较大的9个海洋产业作为研究对象，其海洋产值占海洋总产值的99%以上，基本代表了我国海洋产业发展总体情况。数据来源于《中国海洋统计年鉴》和《中国统计年鉴》，选择利用2011~2015年各海洋产业平均海洋产值以保证数据稳定性和代表性，各判断矩阵一致性比例小于1，均通过一致性检验。海洋产业各指标得分如表8-3所示。

表 8-3 海洋产业各指标得分

海洋产业	产业特征						环境特征				
	产业专门化率	产业贡献率	皮尔逊指数	需求收入弹性	科研人员比重	小计	能源消耗产值率	产业外向度	科技资源水平	小计	综合得分
海洋渔业	0.131	0.100	0.170	0.056	0.055	0.512	0.032	0.124	0.005	0.161	0.673
海洋石油和天然气	0.010	0.014	0.001	0.010	0.028	0.063	0.015	0.267	0.007	0.289	0.352
海洋化工业	0.003	0.005	0.077	0.010	0.350	0.445	0.003	0.008	0.043	0.054	0.499
海洋生物医药	0.003	0.004	0.165	0.002	0.002	0.176	0.007	0.043	0.005	0.055	0.231
海洋电力业	0.003	0.004	0.165	0.002	0.049	0.223	0.003	0.002	0.398	0.403	0.626

续表

海洋产业	产业特征						环境特征				
	产业专门化率	产业贡献率	皮尔逊指数	需求收入弹性	科研人员比重	小计	能源消耗产值率	产业外向度	科技资源水平	小计	综合得分
海洋船舶工业	0.004	0.010	0.017	0.010	0.002	0.043	0.369	0.095	0.005	0.469	0.512
海洋工程建筑业	0.010	0.010	0.078	0.012	0.003	0.113	0.009	0.049	0.005	0.063	0.176
海洋交通运输业	0.044	0.050	0.165	0.154	0.234	0.647	0.005	0.107	0.005	0.117	0.764
滨海旅游业	0.126	0.480	0.112	0.390	0.006	1.114	0.258	0.148	0.005	0.411	1.525

通过实证结果清楚地反映各海洋产业的优势和劣势，具体为：（1）强势型产业，包括滨海旅游业和海洋化工业，其特征表现为产业基础良好，竞争优势明显，产业前景广阔；（2）平稳型产业，包括海洋渔业和海洋交通运输业，表现为产业基础良好，发展稳定，但受环境可持续发展等条件限制，发展前景有限；（3）挑战型产业，包括海洋船舶业、海洋生物医药、海洋电力业，表现为产业成长速度快，发展前景良好，但产业基础较差，风险较大；（4）弱势型产业，包括海洋工程业、海洋石油和天然气业，表现为产业基础差，发展前景有限。

8.2.3 沿线国家海洋产业发展特征

本章通过参考以往文献对沿线国家的界定，根据各国海洋资源禀赋和海洋产业发展特征，选择拥有海岸线较长、海洋资源丰富、海洋产业发展基础良好、海洋经济具有相对优势的国家为研究对象，主要包括东盟地区、南亚地区、西亚北非地区和南欧地区四大板块。

8.2.3.1 东盟地区

东盟地区海洋资源丰富，海洋渔业、滨海旅游业和海洋油气业在其海洋经济中均占据重要地位。具体分析可知，海洋渔业方面，印度尼西亚、马来西亚、菲律宾等国海洋渔业资源丰富，但基本都受限于落后的远洋捕捞装备和技术，呈现出近海渔业发达、远洋渔业落后的局面。东盟地区重点合作国家的海洋产业特征如表8-4所示。

表8-4 东盟地区重点合作国家的海洋产业特征

合作地区	国家	合作领域	优势产业	资源或技术优势	资源或技术劣势	政府扶持
东盟	越南	渔业合作、油气勘探合作、海上海浪与风暴潮预报合作	海洋油气业	海洋油气资源、海产品	大型捕捞船只、先进港口设备	海洋油气勘探和开发、海洋渔业
	泰国	海洋观测与气候变化、海洋生物多样性和生态系统、海洋地质与地球物理	海洋渔业，滨海旅游业	海洋生物资源、深海渔业资源	近海渔业资源、油气开采技术	沿海养殖、港口建设、船舶制造
	缅甸	海洋气象研究、油气资源的海洋环境调查和数值模拟研究、海上钻探作业	海产品加工、滨海旅游业、海洋交通运输业	海洋油气资源	海洋工程开发技术和设备	滨海旅游、深水港建造、海洋工程行业
	菲律宾	海洋环境保护、海上安全合作	海洋渔业、滨海旅游业、海洋船舶工业	海洋渔业资源、海洋生物资源	远洋捕捞技术、油气开采能力、港口建设和装卸设备	海洋渔业、滨海旅游业
	文莱	油气开采、深海网箱养殖、海上溢油应急管理、濒危海洋动物观测研究	海洋油气业、滨海旅游业、海洋交通运输业	海洋油气资源	水产品	水产养殖、海洋油气业、滨海旅游业

续表

合作地区	国家	合作领域	优势产业	资源或技术优势	资源或技术劣势	政府扶持
东盟	马来西亚	海洋科技合作、海洋学研究、观测预报、生物技术、卫星遥感	近海捕捞渔业、海洋油气业、海洋交通运输业、滨海旅游业	海洋渔业资源、石油资源	远洋捕捞能力	海洋渔业、海洋油气业、海运业
	印度尼西亚	海洋渔业资源开发、海洋生态环境保护、海洋旅游合作、海上互联互通	海洋渔业、滨海旅游业、海洋交通运输业	海洋生物资源、海洋渔业资源	油气资源高端勘探开发技术和装备、造船技术	海洋渔业、海洋船舶业、港口基础设施建设
	新加坡	海洋可再生能源研究开发、海洋工程装备制造	原油提炼、滨海旅游业、海洋交通运输业	重要海洋战略枢纽和港口、海洋高端装备制造	海洋资源匮乏	知识经济、海洋服务业

资料来源：根据“一带一路大数据综合服务门户”网站和《东南亚地区发展报告（2014～2015）》统计整理得出。

滨海旅游业方面，几乎所有东盟国家滨海旅游业发展都具有显著优势，其中泰国、新加坡和马来西亚属于领头羊；海洋油气业方面，马来西亚、文莱、越南和缅甸等国民经济相对依赖油气开采产业，且大多实行开放型开发政策，与中国在油气开采产业均有合作；海洋交通运输业方面，新加坡因其重要的海洋战略枢纽地位，海运业高度发达，印度尼西亚、马来西亚和文莱等国海运业在该国相对属于优势产业，与此同时，在互联互通背景下，印度尼西亚、泰国等大多数东盟国均重视港口基础设施建设以促进海运业发展；海洋化工业方面，新加坡油气资源匮乏，但由于其优越的地理位置和吸引投资的有利政策，海洋化工业发展优势明显，在原油提炼和加工方面具有很强的竞争优势；海洋船舶工业方面，菲律宾引进先进造船技术，成为新兴造船大国（Hans-Dieter and Azhari，2011）。

8.2.3.2 南亚地区

南亚地区国家拥有丰富的海洋生物资源和矿产资源，其海洋油气业和海洋渔业均具有显著优势。具体而言，马尔代夫和斯里兰卡海洋渔业资源丰富，海洋渔业发展具有显著优势，且两国分别在远洋捕捞和沿海养殖领域有很大的提升空间；印度海洋矿产资源丰富，海洋油气业产业优势明显；巴基斯坦海洋经济发展相对较为缓慢，由于受海洋装备技术方面的限制，其丰富的海洋油气资源和渔业资源开发进程缓慢，海洋渔业和海洋油气业不具有比较优势（见表8-5）。

表8-5　南亚地区重点合作国家的海洋产业特征

合作地区	国家	合作领域	优势产业	资源或技术优势	资源或技术劣势	政府扶持
南亚	印度	海洋科技合作、海洋气候变化、海洋生物化学研究和生态系统、极地科学	海洋油气业	海洋矿产资源	海水养殖	海产品出口
	马尔代夫	海洋科研（珊瑚礁群保护、海岸带保护）	海洋渔业、滨海旅游业、海洋交通运输业	海洋渔业资源、海岛旅游资源	远洋捕捞技术	海洋渔业、滨海旅游业
	斯里兰卡	海洋科学研究、海港投资合作	海洋渔业	海洋渔业资源	海水养殖	海洋捕捞业、海港建设
	巴基斯坦	海上安全合作、海洋科学研究、港口建设	—	海洋渔业、油气资源	远洋捕捞装备、海洋装备制造	水产加工业、渔船建设、远洋渔港建设

资料来源：根据“一带一路大数据综合服务门户”网站统计整理得出。

8.2.3.3　西亚北非地区

西亚北非地区国家海洋油气资源丰富、海洋油气业高度发达，其他海洋产业发展优势不显著，总体海洋经济结构较为单一。具体为：海洋油气业方面，各国海洋油气业均为其优势产业，其中沙特阿拉伯和阿曼油气开采产业最为发达，中国与两国在油气资源开采、石油工程服务、石油化工和贸易领域存在紧密合作；海洋渔业方面，各国政府对海洋渔业的扶持力度较大，但渔业总体发展优势不显著，多依靠进口海水产品满足国内需求，进口来源国大多为地缘优势明显的欧洲周边地区；海洋交通运输业方面，埃及和阿联酋两国因其重要的海洋战略枢纽地位，海运业较为发达，其余国家该产业优势不明显；滨海旅游业方面，阿联酋因其较为发达的海洋服务业，商务旅游发展优势明显，成为海湾地区贸易和旅游中心；海水淡化利用业在沙特阿拉伯具有显著优势，其余海洋产业在西亚北非地区各国的发展优势不显著（见表8-6）。

表8-6　西亚北非地区主要合作国家的海洋产业特征

合作地区	国家	合作领域	优势产业	资源或技术优势	资源或技术劣势	政府扶持
西亚北非	阿曼	海洋工程建设、石油工程服务	海洋油气业、海洋渔业	海洋矿产资源、海洋渔业资源	过度依赖油气的单一经济结构	基建、制造、物流、旅游、渔业等非油气产业
	沙特阿拉伯	石油贸易	海洋油气业、海水淡化	海洋矿产资源	过度依赖油气的单一经济结构	采矿和轻工业等非石油产业、渔业
	阿联酋	原油开采	海洋油气业、海洋交通运输业、滨海旅游业	海洋油气资源	过度依赖油气的单一经济结构	海洋可再生能源研发、海洋服务业
	卡塔尔	油气开采	海洋油气业	海洋油气资源	海洋交通运输业	海洋油气业、养殖渔业
	科威特	海洋石油天然气开采提炼、炼油厂和油码头等修复工程	海洋油气业	海洋油气资源、浅水湾渔业资源	过度依赖油气的单一经济结构	海洋油气业、海洋渔业
	埃及	海洋油气开采装备制造、港口航道建设	海洋油气业、海洋交通运输业	海洋矿产资源、航运位置	冻鱼等渔业资源	海洋渔业

资料来源：根据“一带一路大数据综合服务门户”网站统计整理得出。

8.2.3.4　南欧地区

南欧地区由于港湾优良，水域众多，因此，海运业和滨海旅游业具备一定的地缘发展优势，而其他海洋产业发展优势不明显。海洋渔业方面，葡萄牙海洋渔业作为其传统产业，因丰富的渔业资源，其优势作用明显；海洋交通运输业方面，希腊作为一个历史悠久的古老文明国家，靠海发展，其海洋船舶制造业和海运业均比较发达，意大利拥有“水上城市”威尼斯，航运条件得天独厚，政府扶持力度较大，发展优势显著；西班牙和葡萄牙作为毗邻国家，国家特色也大同小异，两国旅游资源丰富，滨海旅游业发达（见表8－7）。

表8－7　南欧地区主要合作国家的海洋产业特征

合作地区	国家	合作领域	优势产业	资源或技术优势	资源或技术劣势	政府扶持
南欧	希腊	海洋船舶制造、海洋渔业、海运业	海运业、滨海旅游业	海洋交通运输便捷	仅以海运业和滨海旅游业为支柱产业	海运业、滨海旅游业
	意大利	海洋生态保护、海洋航运与船舶制造	海洋船舶业、海洋航运业	航运条件充足，天然良港众多	自然资源贫乏	海洋交通运输业
	西班牙	海洋科学与技术、海洋生态与环保、海洋经济与管理	滨海旅游业	地缘优势突出，旅游资源丰富	海洋渔业过度开发和捕捞	滨海旅游业
	葡萄牙	海洋科研、港口物流建设、利用海洋资源方面	海洋渔业、滨海旅游业	渔业资源丰富，旅游发展势头良好	海洋渔业过度捕捞	渔业可持续发展、滨海旅游业

资料来源：根据“一带一路大数据综合服务门户”网站统计整理得出。

8.3　中国与沿线国家海洋产业合作模式选择

创新海洋产业合作模式，通过海洋产业合作推动政治对话，化解对抗、达成谅解，争取形成沿线国家和地区互利互惠、和平稳定的合作局面，是推动“一带一路”倡议实施的重要抓手，其中滨海旅游业和海洋化工业等强势型产业适用探索发展型合作模式；完善型合作模式是海洋渔业等平稳型产业和海洋船舶业等挑战型产业进行合作的最优选择；海洋工程建筑业和海洋油气业等弱势型产业应采取资源重整型合作模式。

8.3.1 探索发展型

中国滨海旅游业和海洋化工业将成为对外开放发展的优势产业，其中滨海旅游业在沿线地区具有广阔前景，可与泰国、新加坡、马来西亚等国相关海洋产业结成优势战略联盟，根据各国旅游资源特点，采用差异化战略进行旅游产品设计，构建海洋旅游圈，实现优势互补，同时促使中国提高旅游服务水平，对接国际服务标准，使滨海旅游业发展成为领军产业；海洋化工业产业科研投入和技术效率优势较为明显，但产业对外开放度低、资源劣势明显等因素限制其发展，可与印度、埃及、阿曼和沙特阿拉伯等海洋矿业资源丰富国家的相关产业进行联动发展，形成规模效应，共同克服海洋化工业本身资金投入要求较高的局限性，联合扩大产业规模，力争成为领头和亮点产业。

8.3.2 利用完善型

平稳型海洋产业和挑战型海洋产业均适用利用完善型合作模式。海洋渔业和海洋交通运输业属于平稳型产业类型，产业基础良好，但受限于资源困境，其发展前景受到限制，其中海洋渔业可与泰国、印度尼西亚、越南、孟加拉国和斯里兰卡等国通过兴办合资企业和许可协议等方式，有选择性地投资布点，通过优势互补优化产业链分工布局，延伸中国水产品生产产业链条，使水产品加工业成为其强势型产业，共同发展远洋捕捞，发挥产业竞争优势；海洋交通运输业需通过许可协议等方式引进先进管理和开发技术，借鉴迪拜和新加坡等国海洋服务业发展经验，积极发展航运保险、航运金融、海事仲裁和信息咨询等高端航运服务业，形成现代航运服务体系，提高运输组织化水平，加快发展大宗货物和集装箱等的多式联运，推进完善陆海联运体系，有序推进沿海港口建设，提升港口保障能力和服务水平，加快电子口岸建设，为通关一体化服务创造条件。

海洋船舶、海洋生物医药和海洋电力业等挑战型产业也应采取利用完善型合作模式，引入或发展优势项目，增强产业对相关产业合作的吸引力，其中海洋船舶可通过与日本、韩国、菲律宾和新加坡等产业优势较为明显的国家进行合作，共同发展优势项目，优化海运船舶运力结构，促进海运船舶的大型化、专业化，增强航运企业的竞争力；海洋生物医药需要与泰国、印度尼西亚和新加坡等海洋生物资源丰富的国家继续加深海洋生物领域合作，形成产业发展联盟，共同克服资金和人才等方面的限制，通过联合科技创新共同推动海洋生物医药品牌企业的建立和发展，促进海洋生物医药产业实现规模型稳定发展；海洋电力业可能成为人类后期发展的重要技术性产业，应引入优势项目，整合资源，实现联合发展。

8.3.3　资源重整型

海洋工程业和海洋石油与天然气等弱势产业，应进行资源重整型产业转移。其中海洋工程建筑业是我国率先走出去的重要领域，沿线国家处于工业化建设需求较大的发展阶段，加强基础设施建设，实现海上互联互通，是中国与沿线国家进行海洋领域合作的重要内容，中国应凭借相对于别国的产业比较优势，进行顺势产业转移，具体可对泰国、斯里兰卡和巴基斯坦等国政府部门对港口建设支持力度很大的目标区域进行产品及技术的输出，借此支撑并引领沿线地区和国家基础设施互联互通发展，同时发展我国海洋工程业；海洋油气业方面，中国存在油气资源勘探基础工作滞后、开发技术较为落后、开发规模小且集中在近海区域等产业发展劣势，但相对于部分沿线国家，中国在油气资源开采装备和技术方面具有相对优势，中国应作为技术和设备输出方与油气勘探和开采技术相对落后的国家进行产业顺势转移合作，如缅甸、印度尼西亚、越南、文莱等国，促进区域内该产业发展，同时还要积极吸取先进技术，促进自身海洋油气业勘探和开采技术上的进步。

第9章　中国与海上丝绸之路沿线国家海洋渔业合作：以东盟为例

中国是海洋大国，拥有漫长的海岸线和广阔的海域面积，海洋渔业资源颇为丰富，且发展态势良好，但世界格局的复杂化表明仅靠一国之力难以取得长足发展，区域海洋渔业合作成为一国海洋经济稳步前进的首选。东盟不仅与中国陆海相连，而且也是中国政府周边外交的好邻居、好伙伴。海洋是连接双方经济发展与贸易往来的主要通道，加之东盟是海上丝绸之路的必经之地，因此，中国21世纪海上丝绸之路倡议的提出将开启与东盟海洋合作的新纪元。而海洋渔业合作将成为双方海洋互通的新亮点，本章选取东盟地区为对象，研究中国与东盟海洋渔业合作相关情况。

9.1　中国海洋渔业发展现状

9.1.1　海洋渔业资源概况

中国海域总面积约473万平方千米，大陆海岸线长度约1.8万千米。海域分布着大小岛屿7 600个[①]，拥有独特的气候条件，横跨三个气候带，分别为热带、亚热带和温带，为海洋生物的生存、成长和繁殖提供了良好

① 资料来源：中华人民共和国中央人民政府网站。

的环境，其中最突出的是暖温性种群。

中国的海洋及浅海滩涂生物种类繁多，包含了5个生物界和44个生物门，近海海洋生物超过了2万种，而浅海滩涂生物也多达2 600余种。其中可捕捞的海洋动物大约2 500种，包括90种对虾，84种头足类，685种蟹类，具有药用价值的海洋生物达到700种（赵会芳，2013）。2019年海水养殖面积为199.2万公顷，其中有110.6万公顷为海上养殖，另外有58.4万公顷为滩涂养殖，这也能够表明中国海水养殖面积之广阔①。此外，从20世纪90年代开始，中国一直是世界上第一大渔业国，主要拥有渤海、南海沿岸、舟山及北部湾四大渔场。

9.1.2　海洋捕捞渔业

中国海洋捕捞量及捕捞种类如图9－1所示。从捕捞总量来看，2001年之前海洋捕捞业迅猛发展，1950～1998年年均增长率达到6.30%。1999年，中国通过不断完善海洋渔业捕捞的政策法规，制定了如海洋捕捞“零增长”与“负增长”政策等，不断推进海洋捕捞生产活动的可持续发展。由于此类政策的实施，在2001～2019年，捕捞量愈加稳定，年均增长率呈负数。在捕捞种类中，鱼类产量最高，其次为甲壳类，软体类以及藻类的产量较低。截至2019年，中国海洋捕捞总量为1 232.86万吨，鱼类、甲壳类、软体类及藻类的产量依次为856.62万吨、196.83万吨、141.40万吨、17.44万吨（2019年近海渔业捕捞量为1 000.15万吨，远洋渔业捕捞产量为217.02万吨②）。由数据可以看出，鱼类占比较高，约占捕捞总量的69.48%，带鱼是其典型代表。随着中国海洋捕捞业生产力的不断提升，中国近海渔业资源出现衰竭，海洋渔业养殖填补了其空缺，带来丰富的海洋渔业资源，同时21世纪海上丝绸之路倡议的提出为中国远洋渔业捕捞合作带来契机。

---

①② 资料来源：《中国渔业统计年鉴》。

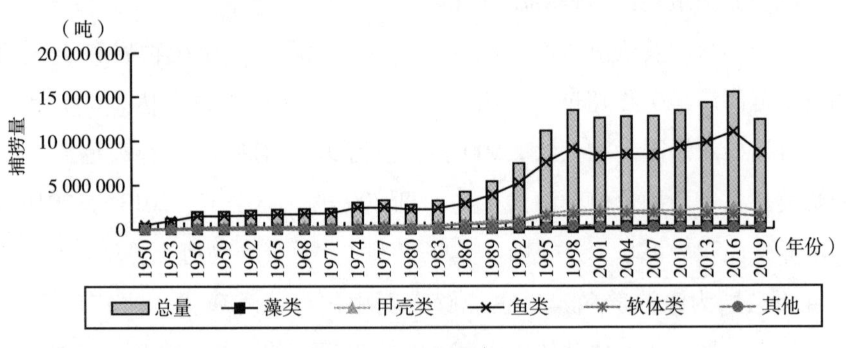

图 9-1 1950~2019 年中国海洋渔业捕捞总量及种类

资料来源：联合国粮食与农业组织（FAO），http：//www.fao.org/faostat/en/#home。

9.1.3 海洋养殖渔业

从图 9-2 中可以看出，中国海洋渔业养殖总量始终处于增长态势。与捕捞总量增长趋势大体相同，在 1950~1998 年养殖总量也经历了高速发展时期，年均增长率达到 16.01%，进入 21 世纪以后，养殖总量虽稳步增长，但增长趋势有所减缓，年均增长率在 2001~2019 年降至 4.94%。中国海水养殖业经历了四次蓝色浪潮，分别为海藻养殖、贝类养殖、对虾养殖和网箱养鱼，培育出了规模宏大的养殖品种，主要包括软体类中的贝类、藻类、甲壳类和鱼类（郭庆海，2013）。图 9-2 显示，软体类始终是海洋渔业养殖的重要品类，贝类养殖尤为突出，2019 年海洋渔业养殖总量为 3 823.70 万吨，软体类产量为 1 438.97 万吨，贝类产量占比 99%，藻类产量为 2 012.21 万吨，赶超软体类，甲壳类产量为 174.38 万吨，鱼类产量为 160.58 万吨①。中国海洋渔业养殖取得了较为显著的成就，但其增长趋势的减缓也暴露出中国海洋渔业养殖迎来了瓶颈期，主要原因为海洋水域环境恶化、养殖管理与规划不合理以及技术欠缺等，海洋渔业养殖合作成为中国提升海洋渔业养殖产量的首要途径。

---

① FAO 中藻类统计的干湿折算比例与中国官方统计的干湿折算比例存在差异，导致藻类数据相差较大进而养殖量总体差距大，但并不影响对整体海洋渔业养殖水平的分析。

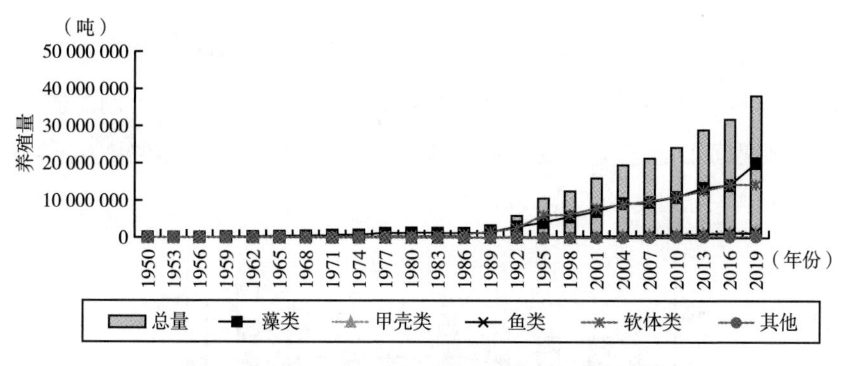

图9－2 1950～2019年中国海洋渔业养殖总量及种类

资料来源：联合国粮食与农业组织（FAO），http：//www. fao. org/faostat/en/#home。

9.1.4 海洋渔业加工贸易

随着渔获品产量持续增长，水产品加工行业因此得到发展，形成了种类繁多的现代化水产品加工企业，加工种类集中为冷冻品、鱼糜制品、干腌制品、罐制品以及海洋药物等（钱坤和郭炳坚，2016）。从2019年的水产品加工企业来看，总量达到了9 323家，规模以上加工企业占到27. 56%[①]，发展规模较为迅速，但从其加工种类来看，约有84. 72%的企业以冷冻、鱼糜制品及干腌制品等初级加工品为主，精深加工较为欠缺。水产品加工能够推动国家间水产品的贸易往来，促进国家经济实力的提升。2010～2019年中国水产品的贸易额如图9－3所示，整体发展呈增长态势，但其增长幅度略显平缓。分析进出口状况得知，出口长期以来是中国水产品贸易的主要方式，但自2017年起，进口额大幅增长，在2019年首次出现进口超过出口的现象。究其原因，中国消费者对高档、优质、绿色水产品的需求不断增加，致使进口大于出口。具体来看，相比于2010年，中国水产品对外出口总额为88. 06亿美元，而2019年中国水产品对外出口总额为123. 81亿美元，增长率为3. 85%。水产品进口额相较于

① 资料来源：《2019中国渔业统计年鉴》。

2010 年的 43.63 亿美元，2019 年以年均 14.9% 的增长率，增长至 152.57 亿美元。总的来看，中国水产品贸易呈波动性增长，但初级加工占比较高的行业发展模式不利于中国水产品的贸易往来，应在提高传统制品质量的同时，吸取别国经验大力发展水产品精深加工，增进水产品贸易互通。

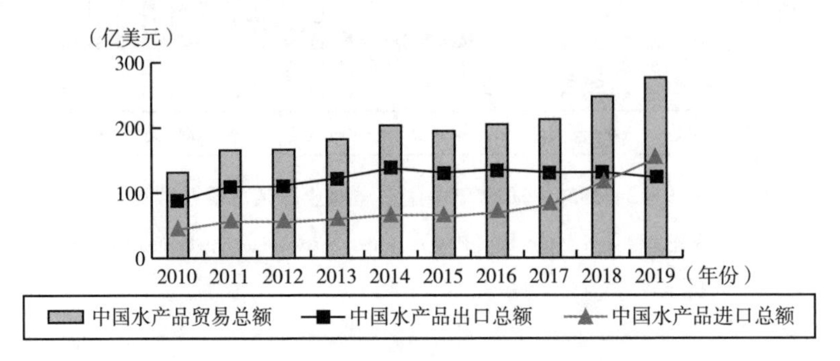

图 9-3　2010～2019 年中国水产品贸易额

资料来源：联合国商品贸易统计数据库（UN Comtrade Database），https：//comtrade. un. org/。

9.2　东盟海洋渔业发展现状

9.2.1　*海洋渔业资源*

东盟是包括印度尼西亚、马来西亚、菲律宾、新加坡、泰国、文莱、越南、老挝、缅甸、柬埔寨 10 国在内的东南亚国家联盟的总称，东盟国家海陆相间的自然地貌特征及热带气候使其拥有漫长的海岸线、辽阔的海域面积及丰富的海洋资源。除老挝是内陆国外，其他国家均拥有海洋渔业资源。印度尼西亚、马来西亚、泰国、菲律宾、越南海岸线相对较长，海洋渔业资源颇为丰富；缅甸、柬埔寨、文莱、新加坡海岸线相对较短，海洋渔业资源相对欠缺。

印度尼西亚素有“千岛之国”之称，海岛众多，是世界上海岸线最长的国家之一，可捕捞海洋资源种类有 200 多种，以金枪鱼、马鲛鱼、沙丁鱼等为主，另有世界著名的巴干西亚比亚大渔场（廖海燕等，2017）；马来西亚海洋面积超过其陆地面积，有经济价值的可捕鱼类 80 余种，虾、蟹资源丰富（赵付文等，2021）；菲律宾境内多内海、海峡和港湾，可作商业性捕捞的种类包括黄鳍金枪鱼、罗非鱼、鱿鱼、章鱼等 70 余种，拥有巴拉望、苏禄海等多个渔场①；泰国海洋渔业资源种类有 850 多种，稳定于鱿鱼、罗非鱼、对虾、蟹、鱿鱼等，渔业活动集中在泰国湾和安达曼海（宿鑫等，2019）；越南全国约有一半的省市临海，沿海有数十个渔场，盛产红鱼、海参、虾、蚌、鳍鱼、鲐鱼等。

缅甸境内有伊洛瓦底江和萨尔温江两条河流入海，拥有适合各类海洋生物生长的红树林、珊瑚礁、海草和海滨泥地，海洋渔业资源潜力巨大；柬埔寨因依靠泰国湾的优越地理位置，其人工水产养殖和远洋渔业前景广阔；文莱拥有丰富的金枪鱼资源，且其海域没有污染，自然灾害较少，非常适宜开展海洋捕捞与养殖；新加坡海水昼夜温差小且营养丰富，适合海水虾养殖。东盟除少数国家尚待开发外，多数国家海洋渔业资源丰富，21 世纪海上丝绸之路倡议的提出，为其挖掘丰富的海洋渔业资源提供了空间。

9.2.2　海洋捕捞渔业

东盟海洋渔业捕捞量及种类如图 9－4 所示，捕捞总量呈稳步增长趋势，由 1950 年的 60.86 万吨，增长到 2019 年的 1 627.59 万吨，年均增长率为 4.90%。但进入 21 世纪后，增长趋势有所减缓，2001～2019 年年均增长率为 1.62%，一方面，东盟捕捞技术相对落后，作业方式仍以传统捕捞为主，加之尚有海域资源没有开发，限制了捕捞产量的增长（徐明姣等，2017）；另一方面，联合国粮农组织数据显示，1996 年全球渔业捕捞量已达到 1.3 亿吨，处于顶峰，东盟较多考虑海洋渔业资源的可持续利用，放缓了捕捞产量。此外在 2019 年的捕捞总量中，印度尼西亚占比

---

①　资料来源：舟山远洋渔业信息网，舟山市远洋渔业行业协会。

43.03%，是其主力军。从捕捞种类看，鱼类是其主要捕捞品种，且远超其他三类。2019 年东盟国家鱼类捕捞产量为 1 414.01 万吨，甲壳类为 90.93 万吨，软体类捕捞产量为 100.17 万吨，藻类为 4.49 万吨，鱼类占比 86.88%。整体来看，东盟国家海洋渔业捕捞总量已赶超中国，且鱼类捕捞量高于中国，因此双方可以加强捕捞合作，吸取双方优势捕捞品种，在保障海洋渔业资源可持续发展的基础上，提升捕捞量。

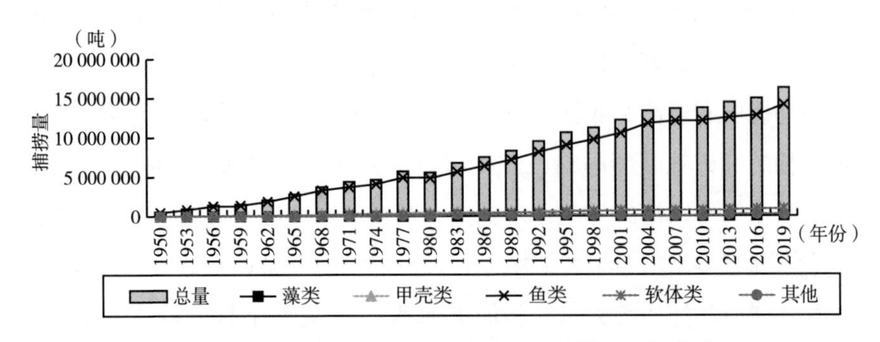

图 9－4　1950～2019 年东盟海洋渔业捕捞总量及种类

资料来源：联合国粮食与农业组织（FAO），http：//www.fao.org/faostat/en/#home。

9.2.3　海洋养殖渔业

从图 9－5 可以看出，东盟海洋渔业养殖总量整体呈增长趋势，但在 2019 年有所下降；1950～2019 年年均增长率为 8.45%，但在 1950～1998 年增长缓慢，年均增长率为 7.44%，从 2001 年开始进入高速增长时期，2019 年养殖总量为 1 622.43 万吨，年均增长率为 10.75%。究其原因，一是海洋渔业捕捞量的缓慢增长，促进了养殖业的发展；二是东盟国家对养殖产业的不断重视及养殖技术的提高，扩大了养殖规模，提升了养殖产量（王勤，2016）。印度尼西亚因其悠久的养殖历史，海洋渔业养殖产量居东盟首位，2019 年占东盟海洋渔业养殖总量的 73.81%。从养殖种类来看，藻类养殖发展迅猛，其次为甲壳类，鱼类与软体类养殖并不发达，这与中国的海洋渔业养殖种类相差较大。2019 年藻类养殖产量为 1 162.18 万吨，甲壳类养殖产量为 248.00 万吨，鱼类养殖产量为 151.61 万吨，软体类养殖产量为58.00万吨。[1] 东盟国家海洋渔业养殖技术及养殖产量虽然有所提高，但相对于中国来说，仍处于落后状态，且双方养殖种类差距较大，可通过海洋渔业养殖合作，交流养殖技术、提高养殖产量、扩大养殖品类。

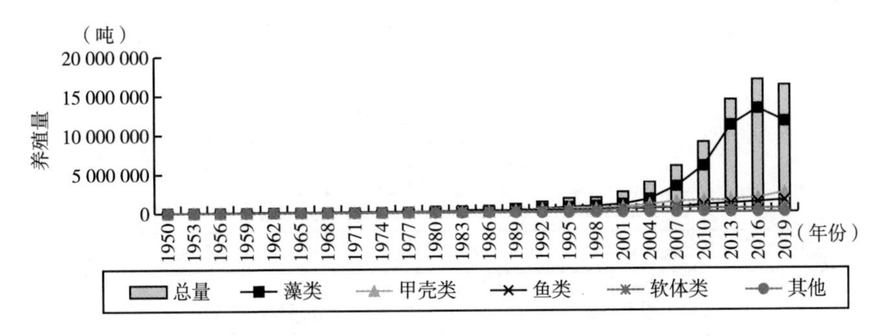

图9-5　1950~2019年东盟海洋渔业养殖总量及种类

资料来源：联合国粮食与农业组织（FAO），http：//www.fao.org/faostat/en/#home。

9.2.4　海洋渔业加工贸易

东盟国家水产品加工方式按国内消费和国外销售分为两种：一种是用来满足国内市场，约有一半的水产品进行鲜销；另一种是将水产品加工成冷冻鱼片、罐头、干、腌、熏进行国外销售（世界主要国家和地区渔业概况编写组，2012）。其中泰国的水产品加工基础设施完善，加工行业相对发达，金枪鱼罐头和虾类制品在国际上享有美誉。东盟在世界水产品市场上的贸易总额呈波动性增长，增长趋势也有所减缓，这与中国水产品贸易额的变化趋势相同。出口是其主要贸易方式，但增长趋势相对较缓，如图9-6所示，2010年出口额为106.52亿美元，2019年为132.79亿美元，年均增长率为2.47%；进口额增长相对较快，2010年进口额为41.05亿美元，2019年为72.59亿美元，年均增长率为6.53%。中国是东盟的主要贸易伙伴国，东盟也占据中国较大的水产品贸易市场，就贸易总

① 资料来源：联合国粮食与农业组织（FAO）。

额来看，东盟水产品贸易发展速度不如中国，但东盟国家如泰国的对虾是中国虾类消费市场的主要来源，因此双方应在21世纪海上丝绸之路倡议下加强贸易互通，提升各自贸易发展水平，满足各国市场需求。

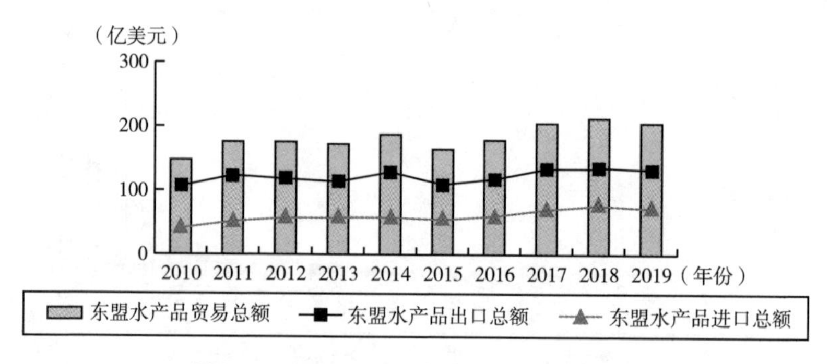

图9－6　2010～2019年东盟水产品贸易额

资料来源：联合国商品贸易统计数据库（UN Comtrade Database），https：//comtrade. un. org/。

9.3　中国与东盟海洋渔业合作现状

一直以来，中国与东盟在海洋渔业方面就有着良好的合作基础，双方建立了海洋渔业合作机制，包括与越南、印度尼西亚、菲律宾、文莱等国家或地方政府间签订的海洋渔业合作协定，成立双方共同管理、协商的委员会等。由于南海主权争端的存在，双方建立的海洋渔业合作机制相对较少，且涉及国家不多，但对于双方海洋渔业开展合作有重要的意义，为其提供了一定的政府支撑，使得双方海洋渔业在捕捞、养殖、加工、资源养护及水产品贸易方面都有所合作。

9.3.1　中国与东盟海洋渔业合作领域

9.3.1.1　海洋捕捞渔业合作

海洋捕捞渔业“走出去”能够促进经济体外向型经济发展，扩大经济体的“朋友圈”。中国于 1985 年从事远洋渔业生产，起步较晚但发展迅速，截至目前中国已成为远洋渔业大国，仅 2019 年末远洋捕捞渔船就达 2 701 艘，总捕捞量为 217 万吨，总产值为 243 亿元[①]，为中国与东盟海洋捕捞渔业深入互通奠定基础。双方捕捞合作稳定于印度尼西亚和缅甸，以印度尼西亚为主。印度尼西亚丰富的海洋渔业资源使得福建、浙江、山东、辽宁等多个省份相继前往从事捕捞生产，作业海域集中在阿拉弗拉海渔场（纪炜炜等，2013），捕捞渔具包括单船拖网、流刺网、围网，另有其他印度尼西亚允许的作业方式，渔获种类涉及金枪鱼、印度尼西亚带鱼、黄鱼、鲳鱼等多个品种。

2013 年中国远洋渔业捕捞总量为 135. 21 万吨，总产值为 143. 12 亿元，其中印度尼西亚的捕捞量为 20. 14 万吨，产值为 25. 30 亿元，分别占中国捕捞总量和总产值的 14. 90% 和 17. 67% 。2014 年中国从事远洋捕捞生产的企业为 164 家，拥有捕捞渔船 2 460 艘，在印度尼西亚专属经济区从事捕捞生产的企业有 17 家，捕捞渔船有 400 艘，分别占中国企业总数和总船只数的 10. 36% 和 16. 26% 。[②] 此外，中国也在寻求与东盟其他国家的合作机会，2016 年中国海洋捕捞（08047 – HK）公告宣布附属公司进玉堂拟斥 800 万美元与第三方在柬埔寨设立一家合营公司以投资柬埔寨地区的捕捞活动[③]。21 世纪海上丝绸之路倡议推动了中国与东盟在海洋捕捞渔业合作上开拓新疆土。

9. 3. 1. 2　海洋养殖渔业合作

海洋养殖渔业合作能够为人类提供优质的动物蛋白，带动经济发展。中国与东盟的海洋养殖渔业合作突出于泰国，尤其与正大集团互通密切，截至 2017 年正大集团已在中国设立企业 300 多家，投资额与年销售额均

---

① 资料来源：《中国渔业统计年鉴》。

② 资料来源：中华人民共和国农业农村部网站：《农业部办公厅关于加强印尼远洋渔业项目管理的通知》。

③ 资料来源：中国海洋捕捞（08047 – HK）公告。

达1 000亿元，拥有员工超8万人①。养殖是正大集团的重要发展产业之一，养殖品种以南美白对虾为主，养殖方式为传统敞开式养殖和升级封闭式养殖。21世纪海上丝绸之路倡议提出以来，双方互动更为频繁。养殖模式得到创新，共同探索"公司+合作社+农户"的养殖模式；产业链条不断延伸，以合作社为切入点，以养殖为依托，共同打造集养殖、加工于一体的虾产业链；养殖范围不断扩大，除南美白对虾养殖外，双方还共同探讨了贝类、海藻养殖技术，寻求更好的发展机遇。

中国与东盟其他国家的养殖合作也陆续进行，2016年中国与文莱共建1.60万公顷的卵形鲳鲹鱼养殖场，预计年收益达3亿美元②；2016年中国—东盟海产品产业合作马来西亚基地项目总投资约32.9亿元人民币，主要从事水产养殖等业务③；2017年中国在菲律宾达沃投资30亿比索建造占地3 000公顷的海水养殖加工厂，为其创造10 000个工作岗位④；此外中国与东盟8国共同设立了中国—东盟海水养殖技术协作网，建造海水养殖技术合作的科技联合体；2019年中国—东盟海水养殖产业发展论坛在珠海国际会展中心隆重举行，再一次在海洋渔业养殖上做了技术及发展方向的交流。21世纪海上丝绸之路倡议提出以来，中国与东盟开展养殖渔业合作的国家不断增多，合作模式呈现多样化，不仅仅局限于企业投资，还开展了养殖技术的互联网合作，开启了海洋渔业"互联网+"的新时代。

9.3.1.3 海洋加工渔业合作

加工是渔业的关键环节，海洋加工渔业合作能够提高渔业的综合效益和附加值，提升产品品位（韦余芬，2017）。中国与东盟的海洋加工渔业合作，表现为水产品加工企业的合作，集中在越南和印度尼西亚。2013年中国在越南注册的水产品加工企业为498家，截至2019年第四季度，

---

① 资料来源：正大集团（中国）官网。
② 资料来源：中国—东盟食品行业委员会（CABC）官网。
③ 资料来源：福州日报（2016-09-09）。
④ 资料来源：中国对外承包工程商会官网：《中国企业拟在达沃投资水产养殖加工厂》。

企业增至781家，上升幅度为56.82%。其中2019年第四季度在越南注册的水产品加工企业中，冷冻水产品加工达到了一半以上，主要是对黄鱼、扇贝、章鱼、鳗鱼、海水虾以及各类鱼片的冷冻加工，还有少量企业为干制品、罐头制品、腌熏制品和鱼糜制品加工。2013年中国在印度尼西亚注册的水产品加工企业为458家，截至2019年第四季度，企业增至665家，上升幅度为45.19%。2019年第四季度在印度尼西亚注册的水产品加工企业同样以冷冻水产品加工为主。①

此外，东盟国家——缅甸、马来西亚、印度尼西亚、菲律宾、泰国、越南也相继在中国建设水产品加工企业，共同促进渔业发展，加工企业类型集中为冷冻水产品和冷冻加工水产品。图9－7为2013年和2021年东盟国家在中国注册的水产品加工企业数量，除泰国、马来西亚、菲律宾在中国注册的水产品企业小幅度下降外，其他国家均有增加。海上丝绸之路作为一条友谊带和经济带，将中国与东盟紧密串联在一起，推动双方在海洋加工渔业领域互通无阻、务实合作，新加坡2021年在中国已有21家水产品加工企业，落实海上丝绸之路共商、共享、共建原则。

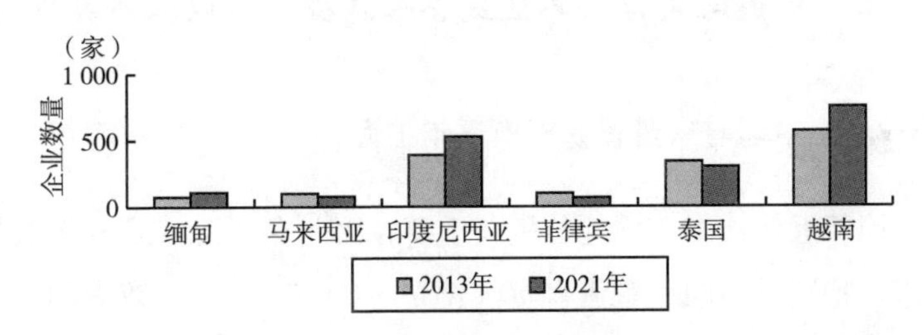

图9－7　2013和2021年东盟在中国注册的水产品加工企业数量

资料来源：中国国家认证认可监督管理委员会（CNCA），http：//www.cnca.gov.cn/。

9.3.1.4　海洋渔业资源养护合作

通过中国与东盟联合养护海洋渔业资源的方式，能够实现海洋渔业的可持续发展，推进海洋生态保护的进程。中国与越南不断开展了海洋渔业

---

① 资料来源：中华人民共和国海关总署。

资源养护活动，双方在2005年共同签订了《中越海军北部湾联合巡逻协定》，根据协定双方于每年的5月和12月共同进行北部湾联合执法检查，打击非法捕捞行为，维护北部湾的渔业秩序与稳定，促进海洋和谐发展，并于2006年开展第一次联合巡逻，截至2019年双方已有27次海上联合执法检查；中国和越南还通过实行休渔期以及增殖放流经济鱼类的方式保护北部湾渔业资源，就休渔期来看，中国于每年伏季进行休渔，越南于每年的4月和5月进行休渔，缓解了北部湾海域的资源压力；就增殖放流来看，双方于2017年共同签订了《关于开展北部湾渔业资源增殖放流与养护合作的谅解备忘录》，并共同向北部湾水域投放包括真鲷、黑鲷、石斑鱼等在内的鱼类、虾苗4 100多万尾[①]，以此迎接"一带一路"国际合作高峰论坛的召开。联合执法检查的持续进行、休渔期的敲定、增殖放流的实施，不仅能够养护和恢复共同渔区的渔业资源、改善生态环境，还能够促进渔业增殖和渔民增收，同时也能为中国与东盟海上丝绸之路的建设贡献力量，加快其建设进程。

9.3.2 中国与东盟海洋渔业合作特征——以水产品贸易为例

9.3.2.1 中国与东盟贸易规模逐年扩大

在中国邻近伙伴中东盟地位极其重要，因此在经济贸易方面双方有着密切往来，特别是中国—东盟自贸区建立（CAFTA）后，双方的经济沟通更加频繁。自贸区使两国对商品实行了诸如零关税和减免关税等一系列优惠政策，且已经有超过90%的商品享受该政策[②]。具体来看，自贸区建成前，中国对东盟的平均关税水平为9.80%，东盟对中国的平均关税水平高达12.80%，自贸区建成后，双方的关税水平分别降至0.10%和0.60%，关税水平大幅度下降，使中国一连七年都是东盟最大的贸易伙伴国，东盟也在中国的贸易市场上占有一席之地，是中国三大主要贸易市场之一（黄

---

① 资料来源：海南省人民政府网站。

② 资料来源：央广网。

耀东和唐卉，2016）。除此之外，2014 年中国提出的 21 世纪海上丝绸之路倡议也促进了双方在经济贸易领域的交流，而水产品作为双方五大主要合作对象之一，在多种优惠政策支持下，中国和东盟之间的水产品贸易往来更加频繁、紧密。

由图 9－8 可知，中国与东盟双边水产品贸易在 2010～2019 年得到迅速增长①。2010 年，双边贸易总额为 10.27 亿美元，而到 2019 年，双边贸易总额已增长至 42.68 亿美元，年均增速为 17.14%。在双方进出口贸易方面，2018 年之前，出口增长趋势明显，年均增长率达到了 16.73%，而进口增长趋势相比于出口趋势虽然缓慢，但年均增长率仍达到了 14.16%。2018～2019 年进口额猛增，而出口额有所缩减，2019 年进出口额分别为 23.60 亿美元、19.08 亿美元，出现贸易逆差。其原因与新冠疫情的影响

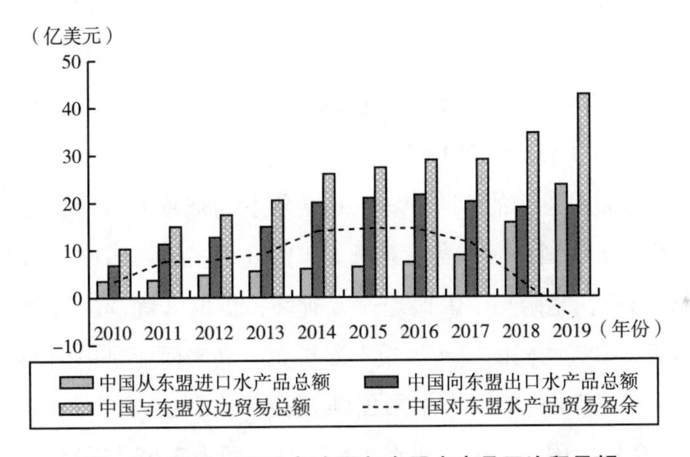

图 9－8　2010～2019 年中国与东盟水产品双边贸易额

资料来源：联合国商品贸易统计数据库（UN Comtrade Database），https：//comtrade.un.org/。

① 联合国商品贸易数据库对水产品的贸易统计数据是在水产品大项下按进出口具体类别进行分类统计，没有将海水产品贸易单独列出。中国海水产品贸易是水产品贸易的重要组成，其发展与水产品贸易具有一致性，且中国与东盟水产品贸易中海水产品贸易占据多数，加之笔者在查阅海水产品贸易研究相关文献时，发现并没有学者对海水产品数据进行单独分类，都是沿用水产品贸易的数据对海洋水产品贸易进行分析，如中国海洋大学的硕士研究生孔海峥在毕业论文《我国海水产品出口贸易的生态价值损失及补偿标准》研究中，对中国海水产品出口贸易发展状况的探讨采取的是水产品贸易的数据。有鉴于此，本章在探究中国与东盟海洋渔业合作的特征与影响因素时，选取水产品贸易的数据。

有关，疫情状态下，我国水产品出口以加工产品为主，大部分依赖原料进口，产能恢复受国际市场消费萎缩和原料供应紧张双重制约，使得我国水产品出口不容乐观。但国内水产品供需缺口持续拉大，导致水产品进口增加，贸易逆差出现。一是海洋渔业资源总量管理制度落实将减少水产捕捞产量，养殖增产规模有限，国内水产品产量与市场消费需求的缺口难以弥合。二是国内供给的品种与消费者偏好的结构性缺口需要进口产品填补，如海捕鱼类和特定水域资源性产品等。三是电商渠道的快速发展为商品流通提供便利，刺激水产品消费需求增加。

9.3.2.2 中国与东盟水产品贸易市场变化不大

由于经济发展水平、资源禀赋等方面存在差异，中国与东盟各国的水产品贸易额也各不相同。中国与文莱、老挝水产品贸易额较少，故不将其考虑在内。从图 9 -9 来看，泰国因其拥有丰富的虾类资源，成为中国最重要的贸易伙伴国，水产品贸易额整体呈上升趋势，2012 ~2018 年一直是中国的第一贸易伙伴国，2018 年中国与泰国的贸易总额为 8. 76 亿美元，占中国与东盟贸易总额的 25. 43%；2019 年泰国被越南超越，越南跃居中国的第一贸易伙伴国，双方贸易总额为 12. 26 亿美元，占中国与东盟贸易总额的 28. 75%，越南与中国地理位置毗邻，借助其优越的地理位置和自然要素禀赋，中越两国的贸易规模不断扩大。马来西亚是中国的又一重要贸易伙伴国，自 2009 年以来中国加强开拓马来西亚水产品市场（马驰，2016），2010 年中国与马来西亚水产品贸易总额为 2. 68 亿美元，居于当期东盟首位，2014 年急剧上升到 6. 48 亿美元，是 2010 年的 2. 42 倍，自 2015 年后，马来西亚与中国的水产品贸易维持在 4. 00 亿美元左右。

2010 ~2013 年中国与印度尼西亚贸易总额排在第三，菲律宾紧随其后，但在 2014 ~2016 年被菲律宾赶超，印度尼西亚排名有所下降。出现这种局面，主要是因为菲律宾加大了对水产养殖的投入力度，使水产品贸易取得了快速发展。对于新加坡双方水产品贸易较少的原因为：一方面，新加坡国土面积较小，人口数量较少，导致其对水产品的需求量不大；另一方面，新加坡水产品产能相对不足，从而导致中国对其水产品进口总量

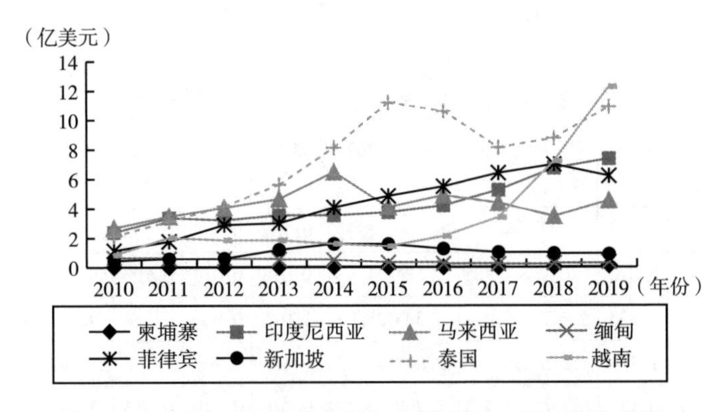

图9-9　2010~2019年中国与东盟各国水产品贸易总额

资料来源：联合国商品贸易统计数据库（UN Comtrade Database），https：//comtrade. un. org/。

有限。其他国家如柬埔寨、缅甸等，因国家政策、饮食习惯不同，与中国的水产品贸易处于较低水平的稳定状态，贸易水平有待提高。

9.3.2.3　中国与东盟贸易结构稳定

根据联合国商品贸易统计数据库中国际贸易标准HS编码分类方法，水产品（编号03）分为七大类（杜军和鄢波，2016）：（12）活鱼（0301）；鲜、冷鱼（0302）；冻鱼（0303）；鲜、冷、冻鱼片（0304）；干及盐腌渍的鱼、熏鱼、可食用的鱼粉和粒（0305）；活、鲜、冷、冻、干、盐腌或盐渍的甲壳动物（0306）；活、鲜、冷、冻、干、盐腌或盐渍的软体及水生无脊椎动物（0307）。

中国与东盟之间的水产品贸易品种相对比较集中，根据贸易种类可以看出，2010~2019年，中国向东盟出口的7类水产品中，虽然各类水产品都占到了一定的比重，但所占比例最大的前三类分别是0303、0304、0307类水产品，2019年其占比高达93.39%，与中国出口到世界水产品市场上的前三类水产品保持一致性。在此期间，东盟向中国出口的7类水产品中，以0303、0306、0307类水产品居多，2019年其占比也高达69.60%，但东盟出口到世界水产品市场上的种类则以0304、0306和0307类水产品为主，与其出口到中国的水产品种类有所差别（见表9-1）。从中国与东盟水产品出口状况来看，劳动密集型水产品比重较高。

表 9-1 中国和东盟水产品贸易中各水产品种类出口额 单位：亿美元

种类	中国水产品出口						东盟水产品出口					
	中国出口到东盟			中国出口到世界			东盟出口到中国			东盟出口到世界		
	2010年	2015年	2019年	2010年	2015年	2019年	2010年	2015年	2019年	2010年	2015年	2019年
HS0301	0.009	0.023	0.433	4.549	5.566	6.232	0.162	0.392	0.742	2.970	3.129	2.637
HS0302	0.013	0.023	0.089	1.785	1.584	1.634	0.038	0.014	0.190	5.794	5.088	4.984
HS0303	4.163	7.535	9.676	14.218	25.365	28.523	1.075	0.966	3.384	9.337	9.568	13.992
HS0304	0.322	2.224	1.635	36.886	42.833	42.920	0.185	0.703	5.288	25.690	31.795	38.225
HS0305	0.057	0.175	0.126	3.523	4.707	4.752	0.048	0.049	0.953	2.891	3.353	4.974
HS0306	1.306	1.480	0.613	11.561	17.139	10.300	1.630	3.430	9.906	48.875	44.689	51.761
HS0307	0.935	9.596	6.505	15.544	34.144	29.451	0.332	0.898	3.135	10.763	11.323	16.220

资料来源：联合国商品贸易统计数据库（UN Comtrade Database），https：//comtrade.un.org/。

9.3.2.4 中国与东盟双边贸易互补关系突出

贸易互补指数（TCI）衡量两经济体间贸易互补关系，若两经济体没有贸易往来，该指数为0；若两经济体进出口贸易完全匹配，该指数为100，表明两经济体贸易完全互补。即贸易互补程度与贸易互补指数呈正相关（孙琛，2008）。其计算公式如下：

$$TCI = 100 - \sum (|M_{ik} - X_{ij}|/2) \qquad (9-1)$$

其中，X_{ij}是j经济体全部水产品出口中某种或某类水产品i占的比重；M_{ik}是k经济体全部水产品进口中某种或某类水产品i占的比重。

就贸易互补指数来看，该指数稳定在99以上，即中国与东盟水产品贸易互补性较强，结合前文对贸易结构的分析可知，中国和东盟双边水产品贸易种类基本一致，综合推出中国和东盟相同种类水产品在产品质量、加工特色等方面存在差异，进而导致双方水产品贸易种类相近却存在较高互补性的特点；就互补性指数趋势而言，在CAFTA建立和21世纪海上丝绸之路倡议提出以后，该指数持续上升，如图9-10所示。表明CAFTA建立和21世纪海上丝绸之路倡议提出促进了双方之间的贸易，据此可以推测中国与东盟水产品贸易潜力有进一步扩大的可能。

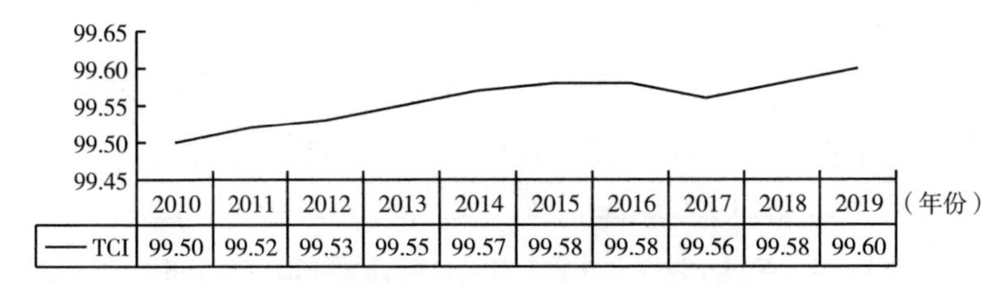

	2010	2011	2012	2013	2014	2015	2016	2017	2018	2019
—— TCI	99.50	99.52	99.53	99.55	99.57	99.58	99.58	99.56	99.58	99.60

图9-10　2010~2019年中国与东盟水产品贸易互补指数

资料来源：联合国商品贸易统计数据库（UN Comtrade Database），https：//comtrade. un. org/。

9.3.2.5　中国与东盟贸易在世界市场上存在竞争

（1）出口相似度指数。

经济体出口结构的相似程度表述为出口相似度指数（S^p）。若两经济体出口结构完全不同，该指数为0，互补性突出；若两经济体的出口结构完全相同，该指数为100，竞争性突出。即出口相似度指数与贸易竞争性同增同减（郑思宇，2013）。其计算公式如下：

$$S^p(jk,w) = \left[\sum_l \min(X_{jw}^i/X_{jw}, X_{kw}^i/X_{kw})\right] \times 100 \qquad (9-2)$$

其中，$S^p(jk,w)$ 表示j经济体和k经济体出口到世界市场的产品相似度指数；X_{jw}^i/X_{jw}是j经济体出口到世界i类水产品所占的份额；X_{kw}^i/X_{kw}是k经济体出口到世界i类水产品所占的份额。

从中国与东盟的水产品贸易出口相似度指数来看，双方在世界水产品市场的产品种类相似度处于中等水平，维持在60%左右，如图9-11所示。这表明中国和东盟的水产品出口在世界水产品市场表现为竞争关系，从表9-1也可以看出中国与东盟出口到世界水产品市场的种类具有相似性，加之中国与东盟水产品的出口市场都集中在日本、韩国、美国等国，因而表现出一定的竞争性，据此中国与东盟需要结合自身优势优化分工合作，在世界水产品市场上形成优势互补的贸易局面，最终实现合作共赢的水产品贸易形态。

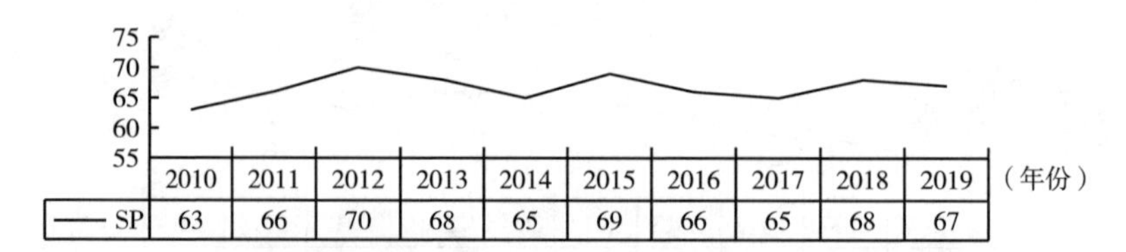

	2010	2011	2012	2013	2014	2015	2016	2017	2018	2019
—— SP	63	66	70	68	65	69	66	65	68	67

图 9-11　2010~2019 年中国与东盟水产品贸易出口相似度指数

资料来源：联合国商品贸易统计数据库（UN Comtrade Database），https：//comtrade. un. org/。

（2）显性比较优势指数。

显性比较优势指数（RCA）可以衡量一个经济体水产品的国际竞争力和比较优势。若 RCA >2. 5，则表明该经济体水产品的出口水平在世界市场上具有超强竞争力，比较优势极强；若 1. 25 < RCA <2. 5，则表明该经济体水产品的出口水平在世界市场上具有较强竞争力，比较优势突出；若 0. 8 < RCA <1. 25，则表明该经济体水产品的出口水平在世界市场上具有一般竞争力，比较优势较弱；若 RCA <0. 8，则表明该经济体水产品的出口水平在世界市场上具有较弱的竞争力，无比较优势（胡求光和霍学喜，2007）。即 RCA 指数越大，经济体的贸易竞争力越大。其计算公式如下：

$$RCA = (X_{ji}/X_j)/(X_{wi}/X_w) \tag{9-3}$$

其中，X_{ji}表示 j 经济体 i 类水产品的出口额；X_j表示 j 经济体全部商品的出口额；X_{wi}表示世界 i 类水产品的出口额；X_w表示世界全部商品的出口额。

2010~2019 年中国的 RCA 指数均在 0. 8~1. 25，说明中国水产品在世界市场上始终具有一般竞争力，未有较大浮动，比较优势较弱；东盟的 RCA 指数在 2010~2019 年均在 1. 25~2. 5，表明东盟在世界市场中具有较强的竞争力，比较优势相对突出。总体来看，2010~2019 年，中国的 RCA 值均小于东盟的 RCA 值，如图 9-12 所示。中国水产品在世界市场中虽然具有竞争力，但相对于东盟而言处于比较劣势，仍缺乏竞争力。意味着中国可以借鉴东盟的产品优势，促进水产品的发展，增进双方贸易互通。

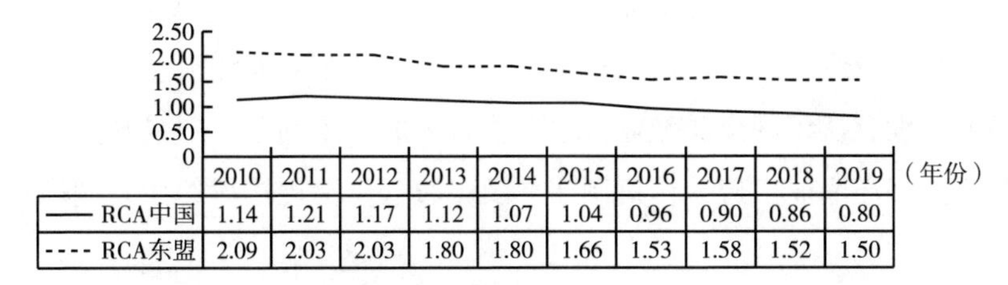

	2010	2011	2012	2013	2014	2015	2016	2017	2018	2019
—— RCA中国	1.14	1.21	1.17	1.12	1.07	1.04	0.96	0.90	0.86	0.80
---- RCA东盟	2.09	2.03	2.03	1.80	1.80	1.66	1.53	1.58	1.52	1.50

图9－12　2010～2019年中国与东盟水产品显性比较优势指数

资料来源：联合国商品贸易统计数据库（UN Comtrade Database），https：//comtrade. un. org/。

9.3.3　中国与东盟海洋渔业合作存在的问题

9.3.3.1　海洋渔业合作多边机制欠缺

现有的中国与东盟的海洋渔业合作机制主要以双边为主，如与越南签订的《中华人民共和国和越南社会主义共和国关于两国在北部湾领海、专属经济区和大陆架的划界协定》《中华人民共和国政府和越南社会主义共和国政府北部湾渔业合作协定》，与印度尼西亚、菲律宾、文莱签订的渔业合作备忘录都是双边协定，并且取得了一定进展，为双边海洋渔业发展做出了贡献。如根据中国与越南的北部湾渔业合作协定，成立的中越北部湾渔业委员会根据双方渔民的实际作业特点，对双方进入共同渔区的作业渔船数做了相应的规定。就中方来看，原农业部规定2016～2017年中国进入共同渔区的渔船数量为1 254艘，马力为171 702马力，并且还对各个省份的渔船数和马力进行严格限制，真正实现了共同海域渔业生产的有序进行，不仅保证了海洋渔业资源的可持续发展，还促进了两国渔民增收，拉动了两国海洋渔业经济，实现互利双赢。

虽然双边机制的签订能够促进海洋渔业的合作，但海洋渔业往往具有高度洄游的特征以及在区域一体化加速发展的形势下，现有双边海洋渔业合作协定显然难以满足中国与整个东盟地区海洋渔业合作与管理的现实需要，不利于多边合作治理。目前也并没有一个正式的海洋渔业合作机制将中国与东盟各国全部囊括其中，导致如柬埔寨和缅甸等国，虽然拥有丰富的海洋渔业资源，但因为渔业技术相对落后，大量渔业资源没有开发，阻碍了海洋渔业经济发展。诟病在于，一是中国与东盟海洋渔业多边合作意识不够，没有认识到海洋渔业多边合作带来的多重利益；二是缺少促进中国与东盟海洋渔业多边合作机制建立及多边合作治理法律约束，制度化程度低。

9.3.3.2 海洋渔业合作内容有待完善

捕捞技术落后，合作范围受到限制。在海上丝绸之路所倡导的开放、包容、合作、共赢的价值理念和“走出去”战略的推动下，中国不仅与印度尼西亚的海洋捕捞渔业合作取得了进展，还增加了与柬埔寨的捕捞往来。但双方合作仍存在缺陷，中国与东盟十国的捕捞合作仅集中在印度尼西亚、缅甸和柬埔寨，合作范围较窄。究其原因，一是中国渔船装备和生产技术相对落后，国家投入的科研力度、资金支持不足，导致企业“走出去”的积极性不高；二是民营企业作为中国海洋渔业捕捞的主力军，规模大小不一、实力不强、轻视产品加工和销售，使得双方合作受到限制（韦有周等，2014）；三是全球社会经济环境复杂多变，海洋生物资源开发竞争日益激烈，入渔国家管理日趋严格，为双方合作带来挑战。

养殖方式传统，合作进程尚有阻碍。中国与东盟多数国家开展了海洋养殖渔业合作，养殖环节力求创新，与泰国共同开启了“公司 + 合作社 + 农户”的养殖模式，也开展了互联网技术交流平台，但总体来看双方合作的养殖方式仍拘泥传统，主要体现在养殖生产领域、管理领域及服务领域的人工化。在“互联网 +”高速发展的时代，人工化的传统养殖方式将阻碍双方海洋渔业合作的发展进程。障碍因素突出表现为：一是双方对“互联网 +”认识不足，没有将传统养殖产业中的生产、销售等环节与互联网相结合；二是缺乏高技术人才，大多数渔民不具备互联网专业知识，渔业技术人员使用互联网程度不高，专业操作、维修等技能受限。

加工基础薄弱，合作产品附加值低。中国与东盟合作的海洋渔业加工企业数量不断攀升，但加工种类还停留在初级阶段，集中为冷、鲜、罐头制品和腌制品的加工，技术含量与附加值低，精加工能力较差。主要由于双方合作的加工企业基础研究比较薄弱，技术水平不高，尚不具备专业化机械设备；废弃物综合利用意识欠缺，如鱼头、内脏、虾壳和蟹壳等下脚料，或被丢弃，或被生产为饲料鱼粉，其含有的蛋白质、不饱和脂肪酸等物质未得到充分利用；中国与东盟合作的加工企业规模小，缺乏大规模的龙头企业，产业集中度低，且自主创新能力差，没有将各地区海洋渔业生产特质突显出来，加之品牌意识建设不完善（居占杰和秦琳翔，2013），使优质且具有特色的海洋鱼类没有得到良好开发。

资源养护程度偏低，合作形式缺乏多样性。中国较为重视海洋渔业资源养护和修复，并将研发海洋渔业资源保护技术列入了国家中长期科学和技术发展规划纲要。但中国与东盟的海洋渔业资源养护合作仍处于起步阶段，涉及范围不具广泛性，集中为与越南在北部湾渔场的合作。养护方式缺乏多样化，突出为海上联合检查和渔业增殖放流。关键因素是南海争端长期没有解决，其问题的敏感性，使得中国除与越南签署的《北部湾共同渔区渔业资源养护和管理规定》外，并未与其他国家制定出海洋渔业资源养护方面的具体措施，没有做出整体休渔期和休渔区的安排，制约了双方海洋渔业资源养护的互通往来。

9.3.3.3　水产品贸易市场相对集中

在中国与东盟各国的水产品市场中，大多数贸易额都来自泰国、马来西亚、印度尼西亚、菲律宾、越南五国，其贸易额占据东盟市场的一半以上。2010 年，在中国与东盟的水产品贸易总额中，与上述五国的水产品贸易额占有率达到 89.30%，到了 2019 年，这一数据上升到 96.78%，其市场份额有所扩大[①]。特别是中国与泰国的水产品贸易额，2010～2019 年平均来看，泰国占据中国与东盟水产品市场份额的榜首位置。具体来看，2010 年中国与泰国的水产品贸易额为 2.12 亿美元，占东盟贸易总额的 20.62%；而在 21 世纪海上丝绸之路倡议提出以后，中国与泰国的水产品

---

① 资料来源：联合国商品贸易统计数据库（UN Comtrade Database）https://comtrade.un.org/。

贸易额急剧上升，2015 年达到顶峰，贸易额为 11.20 亿美元，占东盟贸易总额的 41.03%，位居榜首；2010～2019 年中国与泰国的水产品贸易额均值为 7.28 亿美元，占比 28.11%，泰国占据中国与东盟水产品市场上的重要位置①。

东盟 10 个国家中，中国与泰国、马来西亚、印度尼西亚、菲律宾、越南的贸易数据占比 90% 左右，而与新加坡、缅甸、柬埔寨、文莱、老挝的贸易数据却不到 10%，尤其是与柬埔寨、文莱、老挝的贸易数据基本处于零增长状态。一方面是由于其国内资源、加工技术等有限，导致贸易额度较少，另一方面是因中国对其市场开发不足、重视不够，致使贸易数据偏低，最终形成中国与东盟的水产品贸易市场相对集中的局面。这种集中的贸易市场结构很容易出现一定的贸易摩擦，一旦形成过度的依赖性，随之就会产生贸易壁垒，受到贸易壁垒的制约，将不利于中国与东盟水产品贸易的长远发展（林莉，2016），也对双方的海洋渔业合作长足互动造成隐患。

9.3.3.4 竞争特征映射质量亟须改进

水产品贸易在跨东盟共同体的三大经济支柱中发挥了重要的作用和贡献，图 9-8 的相关数据显示，水产品在中国与东盟之间的贸易额度不断增长，2019 年，双方的水产品贸易总额达到了 42.68 亿美元，且具有较高的互补性。但就贸易种类而言，整体趋向单一化，中国与东盟之间的水产品贸易种类多以冻鱼、软体及水生无脊椎动物为主，其他种类的水产品则相对较少，中国与东盟对世界的水产品贸易种类也稳定于鲜、冷、冻鱼片、软体及水生无脊椎动物，且多年来一直处于固定状态，未发生变化。而这些贸易品种基本属于加工程度不高的种类，并且由于中国与东盟出口到世界水产品市场上的种类具有相似性，还使中国与东盟形成一定的竞争关系，一方面无法使双边市场消费者的选择实现多元化，另一方面因竞争

---

① 资料来源：联合国商品贸易统计数据库（UN Comtrade Database）https：//comtrade.un.org/。

关系的存在，双方在贸易联通方面受到了一定程度的影响。

由表9－1也可知，中国与东盟出口到世界市场上的水产品总量较为可观，且呈增长态势。但两者的比较优势都非最强，尤其是中国在世界市场上的比较优势略逊于东盟，表明双方水产品出口在“量”上占优势，在“质”上还有待提高。诟病在于质量监管不严、海域环境污染及水产品生物性危害。如质量监管问题的存在，使得孔雀石绿等药物残留物在中国出口的水产品中被检测出，影响中国水产品的出口贸易量（刘洪建和满庆利，2015）；且在中国的渤海湾、黄海北部、长江口、杭州湾和珠江口等近岸海域氮磷及石油污染以及近海赤潮等现象较为严重，造成了这些地区的水产品质量较差；另有2012年泰国由于生物性危害中的病毒蔓延引起的虾死亡综合征，降低了泰国的虾类质量。质量问题不仅使双方在世界水产品市场上失去比较优势，也严重影响中国与东盟双边水产品贸易畅通，延滞双方海洋渔业合作进程。

另外，区域外大国试图通过介入的方式，使南海问题向多边化、国际化发展，进而阻扰东盟与中国的磋商谈判，妨碍双方自行解决。中国一直坚持“主权属我、搁置争议、共同开发”的原则，但仍存在海洋渔业纠纷，不仅制约着中国与东盟在南海区域的海洋渔业合作，也制约着双方其他海洋产业合作的进程。

9.4　中国与东盟海洋渔业合作的影响因素分析

9.4.1　模型简介及构建

随机前沿引力模型最初用于分析生产函数中的技术效率。随机前沿引力模型将影响贸易量的因素分为经济规模、地理位置等自然因素和非效率因素等人为因素，解决了传统引力模型只引入自然因素或将难以测量的贸易阻力因素归于不可测量的残差项的问题，以便更好地了解双方贸易具体的影响因子（屠年松和李彦，2016）。具体形式如下：

$$T_{jkt} = f(X_{jkt}, \beta)\exp(V_{jkt} - u_{jkt}), u_{ijt} > 0 \quad (9-4)$$

$$T_{jkt}^* = f(X_{jkt}, \beta)\exp(V_{jkt}) \quad (9-5)$$

$$TE_{jkt} = T_{jkt}/T_{jkt}^* = \exp(-u_{jkt}) \quad (9-6)$$

$$\theta = 1 - TE_{jkt} = 1 - T_{jkt}/T_{jkt}^* \quad (9-7)$$

其中，T_{jkt}为 t 时期 j 国与 k 国的实际贸易水平；X_{jkt}为传统引力模型中的核心因素，主要包括经济规模、距离、语言、边界等短期内不会改变的自然因素；β 为待估系数；T_{jkt}^*为双方贸易潜力，表示双方可能贸易的最大值；TE_{jkt}为双方的贸易效率；V_{jkt}为随机干扰项，服从正态分布；u_{jkt}为贸易非效率项，表示难以测量的贸易阻力因素，包括促进或抑制贸易的人为因素；θ 为贸易潜力指数；贸易效率是关于贸易非效率项的指数函数，当 $u_{jkt}=0$ 时，贸易效率取值为 1，此时贸易潜力指数为 0，两国贸易实现最大潜力，贸易拓展空间较小；当 $u_{jkt}>0$ 时，存在贸易非效率现象，此时实际贸易量小于贸易潜力，贸易潜力指数为正，表明贸易未实现最大潜力，存在较大扩展空间。

基于随机前沿引力模型的基本思路对式（9-4）取对数得到式（9-8）：

$$\ln T_{jkt} = \ln f(X_{jkt}, \beta) + V_{jkt} - u_{jkt}, u_{jkt} > 0 \quad (9-8)$$

进一步替换可得到随机前沿引力模型的基本形式，即式（9-9）和式（9-10）：

$$\ln TR_{jkt} = \beta_1 \ln G_{jt} + \beta_2 \ln G_{kt} + \beta_3 \ln D_{jk} + \beta_4 \ln ID_{jkt} + \beta_5 Lang_{jk} + \beta_6 Border_{jk} + v_{ijt} - u_{ijt} \quad (9-9)$$

$$u_{jkt} = \alpha_0 + \alpha_1 S_1 + \alpha_2 S_2 + \alpha_3 S_3 + \alpha_4 \ln SHP_{kt} + \alpha_5 \ln EF_{kt} + \epsilon_{jkt} \quad (9-10)$$

回归方程中的被解释变量 TR_{jkt}表示 t 时期 j 国与 k 国的水产品双边贸易总额。解释变量包括：（1）G_{jt}和 G_{kt}分别表示 t 时期中国与贸易伙伴国各自的国内生产总值，用来反映两国的经济规模；（2）D_{jk}表示中国与贸易伙伴国的距离，用来反映运输成本；（3）ID_{jkt}表示两国的人均收入差距，其不仅包含了人口规模的基本含义，还蕴含着经济发展水平、要素禀赋比例和需求相似程度等；（4）$Lang_{jk}$为虚拟变量，表示两国是否拥有共同语言，是取1，否取0；（5）$Border_{jk}$代表两国是否拥有共同边界，是取1，否取0；共同语言和共同边界将更具体地反映双边贸易的影响因素，除距离预期符号为负以外，其他变量预期符号均为正。

u_{jkt}为贸易非效率项，S_1、S_2、S_3代表是否属于同一组织，是取1，否取0，分别为中国—东盟自由贸易区（CAFTA）、亚太经合组织（APEC）和海上丝绸之路，CAFTA以2010年自贸区全面建成为转折点，2010年前取0，2010年后取1；海上丝绸之路以2014年为转折点，2014年之前取0，2014年之后取1；SHP_{jk}为班轮运输连通性指数，反映贸易便利化（王瑞和温怀德，2016）；EF_{kt}表示经济自由度，反映贸易国的经济状况；以上指标预期与u_{jkt}负相关，最后采用一步法将公式（9-10）代入公式（9-9），得到双边贸易随机前沿引力模型。具体解释如表9-2所示。

表9-2 解释变量与数据来源

解释变量	预期符号	理论说明	数据来源
G_{jt}	+	国内生产总值总量越大，中国供给能力越大，越促进双边贸易	联合国统计处（UNSD）
G_{kt}	+	国内生产总值总量越大，贸易国需求能力越大，越促进双边贸易	联合国统计处（UNSD）
D_{jkt}	+	距离越大，运输成本越高，越抑制双边贸易	世界日期及时间网 https://www.timeanddate.com
ID_{jkt}	+	人均收入水平差距越大，越促进贸易往来	联合国统计处（UNSD）
$Lang_{jk}$	+	拥有共同语言，贸易交流更方便，促进双边贸易	CEPII 数据库
$Border_{jk}$	+	拥有共同边界，跨界贸易更方便，促进双边贸易	美国中央情报局
S_1、S_2、S_3	+	同属同一集团，发挥贸易创造效应，促进双边贸易	中国自由贸易区服务网、中华人民共和国外交部官网、中国一带一路网
SHP_{jk}	+	贸易便利化程度越高，越促进双边贸易	世界银行（WDI 数据库）
EF_{kt}	+	经济自由度越高，贸易国经济运行越好，越促进双边贸易	Index of Economic Freedom

9.4.2 实证结果分析

9.4.2.1 影响因素分析

基于面板数据的计算方法，以 2002～2016 年为年限，时间跨度为 15 年，同时为了确保数据的完整性，重点研究越南、菲律宾、泰国、马来西亚、柬埔寨、印度尼西亚以及新加坡七个东盟国。另对其他样本国进行选取时，遵循贸易紧密原则，从各大洲内分别选择与中国水产品贸易密切的伙伴国进行研究（日本、韩国、美国、加拿大、墨西哥、巴西、俄罗斯、德国、挪威、英国、南非、澳大利亚、新西兰）。用 stata12.0 软件选用混合最小二乘法对面板数据进行分析，结果如表 9－3 所示。

表 9－3 回归结果

自变量	系数	标准差	t 值	P 值
常数项	－24.350	4.290	－5.670	0.000
$\ln G_{jt}$	0.560	0.097	5.780	0.000
$\ln G_{kt}$	1.034	0.078	13.220	0.000
$\ln D_{jk}$	－0.843	0.100	－8.420	0.000
$\ln ID_{jkt}$	0.031	0.070	0.440	0.661
$Lang_{jk}$	0.471	0.262	1.790	0.074
$Border_{jk}$	1.032	0.266	3.870	0.000
S_1	0.039	0.180	0.220	0.825
S_2	0.901	0.149	6.020	0.000
S_3	0.192	0.168	1.140	0.255
$\ln SHP_{kt}$	－0.512	0.136	－3.760	0.000
$\ln EF_{kt}$	1.614	0.855	1.890	0.060
R^2 = 0.800		调整 R^2 = 0.790		F = 101.930

注：显著性水平分别为 1%、5%、10%。

根据表 9－3 的研究结果，多数预期符号与研究中引力模型全部解释变量的回归系数符号具有一致性，班轮运输连通性指数与预期符号相反。从 P 值来看，多数变量已经通过了显著性检验（10% 的显著性水平）；从

F值来看，整体模型也呈显著状态；从可决系数来看，调整前为0.80，调整后为0.79，充分说明该模型拟合优度良好，并可以对79.00%的总离差做出解释。因此，就整体而言该模型能够对中国与东盟水产品双边贸易变动的影响因素做出有效解释。

具体来看，中国和东盟国家的国内生产总值是促进双边贸易的主要因素之一，对双边贸易的正向效应影响显著，表明随着中国和东盟经济水平的提高，水产品双边贸易的可能性会随之提高，海洋渔业贸易往来增加；且由回归系数可以得出，中国国内生产总值的提升幅度对双边贸易的正向拉动作用不如东盟国内生产总值的提升幅度对双边贸易的正向拉动作用，并从前文可以看出中国与东盟的双边贸易以出口为主，表明东盟经济规模的发展将带来更大的市场需求，更易促进双边水产品的贸易互通、促进双方海洋渔业的合作发展。

选取两国首都之间的距离来衡量中国与贸易国之间的距离。从表9-3可知，中国与东盟国家之间的距离是阻碍双方水产品贸易最主要的显著因素，水产品属于生鲜类制品，其保鲜程度受距离影响较大，虽然中国与东盟国家距离较近，但东盟地区交通基础建设相对落后，运输过程中的高人力成本与运输技术对设备损害的成本将阻碍双边的贸易往来，成为横亘在中国与东盟之间贸易的鸿沟，其阻碍作用不容忽视，贸易伙伴国的距离不可改变，但可以通过双方联通基础设施的优化升级，降低运输成本，应加强对东盟地区的互联互通基础设施建设的实施，克服距离阻碍，促进海洋渔业紧密联通。

关于人均收入水平的经济学解释有两种说法：一种是普遍意义上林德的需求偏好原理，即两国人均收入差距越小，代表两国的消费需求越接近，本国产品更适应贸易国市场的需求，从而导致进出口贸易增加，有利于双边贸易往来，与双边贸易呈负相关；另一种经济学解释为两国的人均收入水平差距反映产业内贸易程度，人均收入差距越大，贸易量越大，与双边贸易呈正相关（邵桂兰和胡新，2013）。显然，该模型显示出的回归系数为正值，不符合第一种经济学解释，即反映为产业内贸易程度，但该项没有通过显著性水平检验，表明中国与东盟人均收入水平差距对双边贸易的推动不起决定性作用。

对双边贸易产生正向显著影响的还有共同边界和共同语言两个变量，样本国选取的越南等国与中国接壤，较近的距离在一定程度上抵消了交通基础建设差所带来的运输成本等问题，加速了生产要素跨边界流动；共同语言的使用，克服了语言交流的障碍，有利于增强对文化等的认同感，增进了市场信息、贸易信息的有效沟通，促进中国与东盟水产品贸易往来，扩大双方海洋渔业合作共享。

CAFTA、APEC 和海上丝绸之路都对中国与东盟国家双边贸易的发展做出了贡献。时间节点的选择可能是导致 CAFTA 无法通过显著性水平检验的原因；APEC 在很大程度上促进了双边贸易的产生和发展，由于成立时间相对较早，目前 APEC 在亚太地区经济合作组织中级别最高，双方水产品贸易合作空间也因此有所扩大，并对双方海洋渔业合作起到了推动性的作用（赵雨霖和林光华，2008）；21 世纪海上丝绸之路倡议对双边贸易产生微拉动作用，主要是因为该倡议于 2013 年提出，其推动作用在模型中没有充分显示出来，但是通过上述内容可知，CAFTA 和海上丝绸之路均对双方水产品贸易的相互流通做出了巨大的贡献。因此应继续发挥 APEC 和 CAFTA 的推动作用，积极拓展海上丝绸之路的促进作用，加强政治沟通和贸易平台建设。

班轮运输联通指数（SHP）用来评估贸易国与全球海运联网的密切程度，国际海洋运输效率的提升对贸易起到促进作用。但从表 9－3 可以看出，SHP 对双边贸易产生了较强的阻碍作用，这与预期的结果不相符。可能原因为现有的海洋运输环境相对落后，使得运输成本较高，不能成为中国与东盟水产品贸易的促进因素，而中国与东盟大多数国家都需要通过海上运输完成贸易，因此应积极建设优越的海洋运输环境，实现互联互通的贸易氛围，克服中国与东盟水产品贸易的阻力，为中国与东盟海洋渔业合作增添动力。

经济自由度（EF）对中国与东盟水产品贸易具有显著的正向效应。经济自由度反映一国的政府干预程度，经济自由度较好的国家政府干预程度低，将会拥有较高的长期经济增长速度，且自由化市场经济将降低贸易壁垒，进而对贸易起到促进作用（张晓钦和韩传峰，2016）。由此可知，随着中国与东盟自由化市场经济的逐步发展，双边水产品贸易得到了提升，成为双方水产品贸易的又一主要推手。因此，应继续保持并完善本国的自由化市场经济，适度降低国家政府的干预程度，为中国与东盟水产品贸易提供保障，使双方海洋渔业合作和谐发展。

9.4.2.2　贸易潜力分析

中国与东盟2016年双边贸易效率及贸易潜力指数如表9-4所示。贸易效率与贸易潜力紧密关联，贸易效率越高，贸易潜力越小，双方合作空间越小。可以看出，中国与东盟国家马来西亚、新加坡、越南、泰国就2016年来说贸易效率都超过1，处于过度贸易状态，贸易合作空间较小，此时贸易潜力指数为负。原因可能为CAFTA实施所带来的关税减免政策和海上丝绸之路对其产生的作用较大，促使双边贸易迅猛发展，因此应通过调整贸易结构等措施来寻求更大的合作空间，促进双边海洋渔业合作稳步发展；而中国与菲律宾、印度尼西亚和柬埔寨的贸易效率值均小于1，贸易潜力相对较大，仍然具有合作空间，应充分利用双方海洋渔业资源优势加强贸易往来。

表9-4　　2016年中国与东盟水产品双边贸易潜力分析

项目	马来西亚	新加坡	越南	泰国	菲律宾	印度尼西亚	柬埔寨
贸易效率	1.792	1.540	1.480	1.317	0.760	0.530	0.290
贸易潜力指数	-0.792	-0.540	-0.480	-0.317	0.240	0.470	0.710

9.4.3　其他影响因素分析

在技术创新方面，中国经济实力与日俱增，技术创新能力也因此逐渐加强，科技热越来越受到追捧，使得中国在技术创新能力上加速赶超跨越，现已成为世界上具有重要地位的科技大国，2018年全国共有13.6万多家高新技术企业，在数量上排在世界前列。纵观中国技术发展，在互联网迅猛发展的当下，“互联网+”技术是近年来应用较广、实用性较强的新兴技术，其于《2015年政府工作报告》中首次被提出。国家“互联网+”计划的目的在于两个方面：第一，促进互联网本身的发展，推动电子商务、互联网金融以及工业互联网朝着更为健康的方向发展；第二，促进互联网与产业的融合，将制造业与互联网（如：移动互联网、大数据等）融合，从而改变制造业的发展模式，在不同产业中融入互联网技术将会使中国经济水平的发展得到较大的提高（宁家骏，2016）。在技术创新能力和技术力量方面，东盟国家相对落后，而且缺乏相关方面技术人才，尤其是缺乏高端研发人才，这与中国的技术创新能力有所差距。虽然双方科技创新能力不尽相同，对中国与东盟海洋渔业合作开展起到一定的制约作用，但中国提出的21世纪海上丝绸之路倡议，将促使中国带动东盟国家技术创新能力的提升，尤其可以将“互联网+”技术运用于双方的海洋渔业养殖领域，为中国与东盟海洋渔业经济的发展提供新的动力。

在投资环境方面，一是从中国对东盟的投资环境来看，中国已有大量企业在东盟进行投资，既有中央企业，也有民营企业和个体企业。其中中央企业受国家扶持力度较大，资金充足，在东盟的发展态势良好；民营企业和个体企业灵活性较强，在东盟市场的开发、拓展以及国内产业过剩的消化方面都做出了较大的贡献，且在东盟市场的占比超过50%，成为中国企业投资的主力军（广东海洋大学东盟研究院，2016）。各类企业在东盟的投资力度会随着近年来中国经济的高速发展而逐渐增强，从宏观上看中国在东盟拥有良好的投资环境。二是从东盟对中国的投资环境来看，大部分东盟国家目前仍然是发展中国家，在经济发展方面虽然没有其他国家具有的优势，但自美国金融危机以后，东盟国家积极地采取了复兴和重振经济计划，包括债务重组、扩大内需和经济复苏的需要，积极开拓各项资源，充分发挥内部优势，也取得了一定的成效，其经济水平有所提高，对中国的投资能力有大幅度的提升。双方良好的投资环境，有利于水产品加工企业、捕捞企业的相互建设，对双方海洋渔业合作起到促进作用。

9.5 中国与东盟海洋渔业合作经验借鉴

9.5.1 南太平洋岛国海洋渔业养护合作

南太平洋岛国的海洋渔业资源养护合作相对较好，虽然在区域经济一体化程度上，南太平洋岛国不如其他地区，但其对区域海洋问题的重视程度较高。早在20世纪70年代，南太平洋岛国就开始积极组建区域组织、制定区域协定、推出区域行动计划等来应对海洋资源与环境的威胁；到80年代末，形成了相对完整的区域海洋机制，并在90年代继续向纵深发展；2000年以后，南太平洋地区的海洋治理进一步推进，“南太平洋的健康状况相当不错”是2009年联合国环境规划署世界保护监测中心对该区域海洋治理的评价。南太平洋区域良好的海洋资源发展态势，与周边国家积极投入海洋机制建设密不可分，同时也使海洋渔业资源养护机制趋于完善。

南太平洋拥有世界总产量一半以上的金枪鱼资源，为了维护这一优势，1971年南太平洋地区在各岛国的努力下，成立了“南太平洋论坛”，不仅是其区域一体化具有重要意义的一步，也开启了海洋渔业资源养护的第一步。[①] 海洋渔业资源养护的深度发展，促使1979年在南太平洋论坛内部成立了渔业局，内设论坛渔业委员会和秘书处（曲升，2017）。论坛渔业委员会负责政策制定，秘书处负责辅助论坛渔业委员会的政策落实，主要职责是搜集并发布南太平洋区域的海洋渔业信息，使各国能随时了解南太平区域的海洋渔业资源状况。协调并推动各成员国在区域渔业管理、渔业监察和执法、市场开发等方面开展合作也是渔业局的一项重要职责。在渔业局的带领下，南太平洋各岛国自觉维护该海域的海洋渔业资源，并对非成员国的远洋捕捞行为进行了限制。1982年的《瑙鲁协定》通过注册制度对非成员国渔船和渔民在南太平洋岛国专属经济区金枪鱼的捕获量进

---

① 资料来源：中国政府网。

行了限制，各成员国通过信息共享、渔业数据库，共同监察非成员国的捕捞动态，对非成员国的非法捕捞行为采取拉入注册黑名单的措施，限制其在南太平洋区域的捕捞，促进了南太平洋区域海洋渔业资源的可持续发展。

南太平洋岛国海洋渔业资源养护的良好发展，最重要的原因是组织机构的建立——太平洋岛国论坛、论坛渔业局，且内设渔业委员会和秘书处，其职能明确、功能齐全，使各岛国成员能够在良好的机制下共同管理南太平洋区域的海洋渔业资源。此外，太平洋岛国论坛和论坛渔业局的管理模式以协商为主，且具创新性，通过注册制度限制非成员国渔船及渔民的捕捞量就是各岛国成员多边协商、集体智慧的产物，也是一种管理模式的创新，它不仅实现了各岛国成员对共同海域海洋渔业资源的信息共享，也促成了非成员国在南太平洋区域捕捞行为的自觉性，完成了对共同海域海洋渔业资源的保护。中国与东盟共同海域状况与南太平洋岛国海域有相似之处，都涉及众多国家，且海洋渔业资源丰富，因此中国与东盟国家的海洋渔业资源养护合作可以借鉴南太平洋的合作模式，以促进双方海洋渔业经济的发展，使双方能更好地开展合作。

9.5.2 俄罗斯和挪威巴伦支海主权争端合作

共同海域的主权争端是国际上出现较多的海域纠纷形式，且多数海域的主权争端没有完全解决，俄罗斯和挪威在巴伦支海主权争端的良好解决具有重要的借鉴意义。双方的主权争端起因于海域划界标准的不同，进而导致了海域重叠，挪威的划界标准是大陆架公约的中间线原则，俄罗斯的划界标准则是苏联法令的32°E扇形原则。从1987年苏联战机撞击挪威侦察机事件，到21世纪挪威海军追捕俄罗斯渔船和渔民，强行登临俄罗斯渔船，扣押俄罗斯渔民，再到双方渔民在鳕鱼捕捞配额分配上的渔业纠纷，俄罗斯和挪威之间的争端从20世纪70年代到最后的解决先后经历了40多年（匡增军，2011）。

俄罗斯和挪威关于巴伦支海的主权争端之所以能够解决，归功于双方在争端过程中从未放弃谈判，且双方都采取让步的态度，使巴伦支海的海域划界问题最终以签订条约的和平方式得以解决。俄罗斯和挪威主权争端的谈判过程可以分为三个阶段（孟舒，2015）。第一阶段是1970～1980年的初始阶段，双方将由于挪威根据“中间线”原则和俄罗斯主张的“扇形”原则而导致的重叠区域设为共同开发区域，双方可以共享该区域的海洋资源，这一谈判的成功源于挪威秉承“搁置争议，共同开发”的妥协；第二阶段是1980～2000年的临时合作阶段，俄罗斯为了与挪威共同开发海洋资源，于1989年第一次作出可以修订扇形线原则的让步，为下一阶段的谈判奠定了基础；第三阶段是2002～2012年的深入合作阶段，双方将巴伦支海争端的解决纳入了国家发展战略之中，最终以条款签约的和平方式使巴伦支海海域划界问题得以解决，渔业合作得以进行。

挪威和俄罗斯的海洋争端的解决，首先归功于两国务实的态度和真诚的合作意愿，双方都采取积极主动的态度，通过不断的谈判、协商、必要的妥协，将矛盾冲突最小化。其次，俄罗斯和挪威尽力将分歧置于两国的控制下，双方都不希望将争端复杂化、扩大化，为双方良好的沟通排除了外在阻碍因素。最后，双方在坚持本国利益的基础上，积极寻求利益的平衡点，挪威和俄罗斯在保证本国经济原则、不更改底线的基础上，寻求共同发展和可持续性开发的利益平衡点，保障国民经济的良性循环。中国与东盟国家在南海也同样存在主权争端，并且也带来了一定的渔业纠纷，与俄罗斯和挪威在巴伦支海的主权争端有相似性，因此其主权争端的解决将为中国与东盟南海主权争端及渔业纠纷的解决提供借鉴。

9.5.3　地中海沿岸国家海洋渔业合作治理

地中海沿岸有22个国家，分属于欧洲、亚洲和非洲。地中海深海海水相对温暖，且表面温度季节性变化明显，冬冷夏热的气候特征使其成为金枪鱼良好的栖息地与繁衍地。但地中海地理位置的特殊性导致其成为典型的中间海，进而使得地中海的地理环境比较封闭，又因其营养盐等矿物质较为贫乏，造成地中海的海洋渔业资源并不丰富的局面。严苛的地理环境，相对不多的海洋渔业资源，使地中海沿岸国非常重视该海域的合作治理，虽然涉及国家较多，但各国都尽力避免不利于地中海渔业资源发展行为的出现，共同维护地中海的海洋生态环境，保障了沿岸各国海洋渔业经济的稳步发展，形成了良好的多边合作治理模式。

地中海良好的海洋渔业多边合作治理模式，不仅来源于高度细化的区域管理模式，还来源于良好的法律基础（李聆群，2017）。首先，区域管理模式的高度细化表现为，一是地中海综合渔业委员会，其职能不仅包括对地中海渔业资源状况的管理，还包括地中海地区相关社会、经济状况的管理，以及协调地中海渔业在各领域的培训活动、促进地中海深海和海水养殖项目等，涵盖范围较广；二是地中海科学开发委员会，主要提供专业科学的数据和评估建议；三是欧盟主要负责位于地中海成员国的共同渔业政策，代表欧盟成员国与地中海其他沿岸国进行海洋渔业磋商与合作，将地中海各国紧密结合，地中海沿岸国家在如此细化的管理机构下，海洋渔业多边合作治理稳步发展。其次，由于地中海属于世界粮食与农业组织所划定的世界主要渔业产区第 37 区，其主要法律依据来源于 FAO 出台的法律制度，地中海综合渔业委员会就是根据 FAO 宪章第 14 条建立起来的标准的区域海洋渔业管理组织，是 FAO 的法定下属机构。地中海综合渔业委员会来自法律，同时也服务于法律，对联合国出台的渔业管理和合作方面的法律法规有天然的贯彻和执行能力，法律将地中海所有沿岸国家集中起来，使其在严格的制度下共同治理地中海海洋渔业资源。

地中海沿岸国家众多，其海洋渔业合作形式以多边为主。在政治、经济和人文差异较大的情况下，其多边合作治理能够顺利进行，归功于地中海高度细化的组织框架。此外，相对完善的法律基础，一方面使地中海沿岸国家在制度框架下进行组织建设，更具严谨性和科学性；另一方面为地中海区域治理提供了制度保障，为其创造了多边合作的便利化条件。中国与东盟海域治理与地中海海域治理相似度较高，同样涉及多数国家，地中海多边治理模式将为中国与东盟海洋渔业合作提供借鉴。

9.6　中国与东盟海洋渔业合作相关建议

9.6.1　注重渔业资源，坚持走可持续发展道路

当前中国与东盟海洋渔业资源养护体系还不成熟，应借鉴南太平洋岛国海洋渔业资源养护合作模式，通过海洋渔业合作组织的建立，提升资源养护力度。首先，要建立中国—东盟海洋渔业资源养护合作组织，由中国与东盟共同参与管理。其次，建立组织体系，包括渔业资源合作开发的决策体系、日常决策体系、完整的议事体系等，并明确规定相应体系的主要职责。再次，在各种体系下全面管理相关海域，在对相关海域的渔业资源进行科学统计的基础上，通过各国协商进行捕捞限制政策，主要包括休渔期、休渔区的制定，捕捞渔船规模、所用渔具规格、渔获品种、渔获量等，也可以实行渔船注册制度，并通过建立渔业数据库，使中国与东盟能及时观测渔业资源信息及渔船、渔民的捕捞动态（邹磊磊和密晨曦，2016）。最后，要加强执法力度，面对非法捕捞，应加强共同海域行政执法，要敢于执法、善于执法，清理整顿“绝户网”、打击涉渔“三无”船舶等非法行为，此外还应深入开展普法宣传教育，营造守法经营的良好环境，共同促进中国与东盟海洋渔业的可持续发展。

9.6.2　加强多边治理，拓展海洋渔业合作空间

海洋渔业多边治理无疑将拓展中国与东盟的合作空间，寻求双方合作的最大公约数，把各方优势和潜力充分发挥出来，共同促进海洋渔业经济的不断发展。一方面，要凝结、提高中国与东盟海洋渔业多边合作机制建设的意识，还应借鉴地中海沿岸国家多边海洋渔业治理模式，形成高度细化的组织框架，使中国与东盟加入共同探索海洋渔业资源、发展海洋渔业经济的大军中去。另一方面，要签订促进中国与东盟海洋渔业多边合作的

法律文件。如地中海综合渔业委员会就是根据具体的法律条约建立起来的，在严格的法律制度下，其合作治理有序进行。因此在双方海洋渔业领域内，需要有能够促进和保障区域内海洋渔业合作的法律文件，以及实际的机制和职能来影响各成员国的海洋渔业决策，并为区域经济发展、优化海洋渔业投资和贸易流向在制度上给予保障，具体包括制定成员国政府间在海洋渔业合作领域的多边法律文件（刘乾，2013），以及与海洋渔业相关领域合作的法律文件等，建立体系化的中国与东盟国家区域性海洋渔业合作法律机制，保障双方海洋渔业合作的稳步发展。

9.6.3 完善合作内容，加快海洋渔业发展进程

就双方捕捞来说，扩大与东盟的捕捞合作范围，延续海洋渔业“走出去”战略。一是增强中国渔船的生产技术，政府推动资金、技术、人才等向此方向发展；二是提升企业发展规模，除加强生产设备外，还应促进捕捞、加工、销售、补给等环节协调发展，形成配套产业链，更要增强、提升双方企业捕捞合作的能力；三是搞好行业指导服务，鼓励企业与入渔国建立互利互惠、长期稳定的合作关系，积极开展东盟海洋渔业资源探捕。就双方养殖来说，加快“互联网+养殖”建设，合力打造智慧海洋渔业。一是提高中国与东盟对“互联网+”的认识水平，使互联网为海洋养殖渔业智能化提供支撑，改变中国与东盟的传统养殖方式，创新经营模式，提高生产率（肖乐等，2016）；二是增强海洋渔业人员的专业技能，对渔民及渔技人员进行定期培训，使其掌握“互联网+养殖”的新技能。就双方加工来说，延伸加工链条长度，共建海洋渔业经济新常态。即促进初级加工、精深加工、综合利用协调发展，精深加工要注重引进先进的加工设备，除传统加工外，还应注重海洋鱼类的保健作用和美容作用；综合利用化学和物理相结合的方法提高渔业废弃物的利用率，此外抓好龙头企业的带头作用，延伸产业链，加强品牌建设，挖掘渔业生产区域特质、工艺特点和文化底蕴。就双方资源养护来说，双方应尽快达成共识，建立中国—东盟海洋渔业资源养护与管理组织。

9.6.4　优化贸易结构，提升海洋渔业经济实力

“一带一路”高峰论坛“推进贸易畅通”平行主题会议明确指出，贸易在世界经济发展中扮演了极其重要的角色，这将进一步推进中国与东盟水产品贸易畅通。加强与东盟的贸易往来，一是优化市场结构，政府应加强政策引导和扶持，加大对东盟新兴市场的开拓能力，既要促进对泰国、马来西亚等五国主要目标市场的贸易，也要挖掘新加坡、缅甸等五国的贸易潜力，避免造成过度依赖，努力消除贸易和投资壁垒，扩大中国与东盟的贸易市场。二是优化品类结构，不仅要增强并巩固现有优势品种，积极加大小类水产品出口，互相吸取对方的优势特色，打破出口产品单一的局面，还要推动双方在世界水产品市场上建立新的水产业分工格局，降低双方的竞争力度，提高贸易分工的合作效率。三是提升双方水产品的“质”与“技”，一方面要建立水产品质量安全监控体系，从源头上保证水产品质量安全，优化海域环境，加强水生物防灾防害建设；另一方面从宏观上引导企业跨越技术性贸易壁垒，建立多层次互动体系，完善技术性贸易壁垒预警系统。要根据国情和渔情制定中国与东盟的贸易政策，为双方海洋渔业发展与合作提供根本保证，提升双方海洋渔业的经济实力。

9.6.5　升级基础设施，打造海洋渔业互联互通

基础设施的优化与完善是确保中国与东盟海洋渔业互联互通的“血脉”与“经络”。完备的基础设施不仅能够促进双方海洋渔业养殖技术的交流、为远洋企业“走出去”提供便利化条件，还能为双方贸易降低运输成本，弥补距离带来的阻碍因素，推动水产品贸易往来。东盟多数国家的基础设施并不完善，因此要构建中国与东盟畅通、安全、高效的海陆联运通道，加强政策管理，优化基础设施建设。一是坚持陆海统筹，大力推进海铁联运、铁路口岸建设，打造双方基础设施建设的硬实力，推动陆海建

设并进，互相补充、互相促进，优先打通缺失路段，如菲律宾、越南的公路建设相对较差，应优先发展（沈晨，2016）。二是加强规划与实施标准的统一，在实现硬件互联互通的同时，应抓好制度和规划衔接为基础的软实力建设，对合作方向和合作重点、共建机制要开展系统研究、科学规划。基础设施能否优化升级，实现中国与东盟陆海互联互通，关键在于双方规划的合理性，中国与东盟应掌握联通的现实状况，在此基础上协商好陆海建设的内容、实施的步骤，制定共同建设的政策，促进双方陆海联运的高效落成，为海洋渔业合作提供便利化条件。

9.6.6 促进人才交流，增强海洋渔业技术创新

海洋渔业技术创新不仅能为捕捞技术、养殖技术、加工技术等的提升提供平台，还能创新经营模式、管理模式、销售模式和服务模式，改变传统海洋渔业的生产方式，为双方打造智慧渔业。中国与东盟在科技创新合作方面已经取得了一定的成就，中国—东盟技术转移中心自 2012 年成立以来已取得阶段性的重大成果，在国内外举办多场技术转移对接活动，促成了多项合作协议的签订，为双方进行海洋渔业技术合作打下了坚实的基础[①]。东盟技术创新能力相对薄弱，而中国政府出台的“互联网 +”计划将激发海洋渔业的转型升级，因此中国应带动东盟的“互联网 +”行动，实现海洋渔业的转型升级。其中最重要的就是促进人才交流，首先，要鼓励引导有能力的技术人才“走出去”，为其提供良好的政策基础，改善生活环境、提高待遇、完善社会保障体系（霍宏伟和王艳，2014）。其次，继续利用好如中国—东盟技术转移中心等的交流平台，鼓励双方开展大型海洋渔业技术创新活动，多方联动促进双方在技术人才上的交流互动，实现互利共赢。促进技术人才交流，增强海洋渔业技术创新，将推动中国与东盟海洋渔业的深度联通。

---

① 资料来源：广西壮族自治区人民政府网。

9.6.7　扩大投资规模，实现海洋渔业共建共赢

中国与东盟都有良好的投资环境，扩大中国与东盟的投资规模，将更好地实现海洋渔业的共建共赢。首先，要挖掘相互投资的潜力，在双方海洋渔业合作领域方面，不仅要深挖文莱、缅甸、柬埔寨、新加坡等海洋渔业资源，在这些国家建设养殖基地、加工企业以及远洋捕捞企业，也要积极引导东盟国家在中国建设相关基地、企业；在双方水产品贸易方面，双方要加大对小类水产品的投资规模。其次，扩大相互投资的力度，一方面，中国与东盟要加大相互投资的资金力度，采取有效措施促进企业和民间资本流向海洋渔业合作领域与水产品贸易领域，充分发挥专业合作公司、银行、保险公司的作用，拓宽融资渠道，尤其是中国对东盟投资的民营企业，虽然其灵活性强，但资金相对匮乏；另一方面，政策是实施投资的保障，双方都应制定出优惠的投资政策，以吸引对方国家进行投资（蒋丽芳，2014）。不仅要增加海洋渔业投资项目的数量，通过投资项目的增多为双方提供更多的合作机会，还要降低相关企业、基地在本国的税收，减少投资方的资金负担，此外也要为其组建良好的抗风险机制，以保证投资方在本国的抗风险能力，促进投资合作的长久发展。投资规模的扩大，将增强双方海洋渔业的深度融合，带动双方海洋渔业经济的发展，提升国家经济实力。

另外，中国在南海问题上一直秉承"搁置争议、共同开发"的原则，积极稳妥处理南海问题。可以采取有效的措施解决渔业纠纷：一是建立有效的信息交流机制，主要是应急处理的热线联络机制，使争端方能够及时解决可能发生的渔业纠纷（胡高福和曾繁强，2015）；二是建立违信惩罚机制，对于"过度"激励行为及跨界作业行为采取强有力的惩罚措施，如扣押入渔许可证等，通过缓解主权争端，解决渔业纠纷，推动中国与东盟海洋渔业合作发展。

第10章　中国涉海企业对海上丝绸之路沿线国家对外直接投资合作

涉海企业是具有丰富内涵的系统，通过生产、捕捞、制造加工、交通运输、勘探开发、销售各种形态的海洋产品和服务，以满足人们日常所需海洋产品的企业，其产品和服务具有一定的公共性、共享性和带动性。对外直接投资是指我国企业、集团等（简称境内投资主体）以现金、实物、无形资产等形式在境外及港澳台地区投资，而经济活动则以国外企业的管理为中心。全球化促进了对外直接投资的快速增长（Xiaoxi Zhang and Kevin，2011），中国的产业结构调整将加速企业“走出去”，推动对海外国家的对外直接投资（杨英和刘彩霞，2015），有利于我国经济的持续增长，改变经济增长方式，提高经济增长质量（陈志国和宋鹏飞，2015）。沿线国家资源禀赋众多，为中国对沿线国家直接投资提供了基础支撑（王永中和李曦晨，2017）。海上丝绸之路成为提升区域合作经济绩效的重要载体（陈伟光，2015）。在上述背景下，涉海企业对沿线国家对外直接投资有利于被投资国解决资金困难、引进先进技术、扩大出口贸易、增加就业机会，为沿线国家涉海企业的交流与合作提供了重要的契机。

10.1　对外直接投资现状分析

2018年，面对错综复杂的国内外形势，中国坚持以习近平新时代中国特色社会主义思想为指导，坚定不移地走对外开放道路，不断完善对外直接投资体制机制，创新对外投资管理政策，优化对外直接投资结构，支持供给侧结构性改革，特别是在“一带一路”建设引领下，中国企业积极主动“走出去”，加快国际化进程，与东道国互利共赢、共同发展，为构建人类命运共同体做出积极贡献。尽管 2017 年中国对外直接投资呈负向增长，但仍以 1 582.9 亿美元位列全球第三位，在发展中国家中仍继续保持首位。截至 2017 年底，中国对“一带一路”相关国家直接投资达到 201.7 亿美元，同比增长超过三成。[①] 投资行业日趋多元化，分布在制造业、租赁和商务服务业、批发零售业、采矿业、电力热力供应、建筑业、农林牧渔等多个行业领域。2018 年初，国家主席习近平提出与拉丁美洲和加勒比国家建设太平洋海上丝绸之路，1 月 26 日《中国的北极政策》白皮书将“一带一路”延伸至北极，未来“一带一路”有望获得各国高层的不断推动，“一带一路”建设将稳步前进，向纵深发展。[②]

10.1.1　投资流量规模

2018 年，中国企业对“一带一路”沿线 52 个国家增加投资，总额达 36.1 亿美元，同比增长 22.4%，占总量的 14.2%。[③] 预计未来，中国对“一带一路”共建国家的投资将继续保持快速增长，合作领域将日益多元化。除了传统领域外，如电力、交通、石油石化、建筑等，租赁和商务服务业、金融业、批发和零售业、信息传输、软件信息技术服务等领域的投资将持续增加。区域性投资差异将逐渐显现，对重点国家和重要领域的投资会不断加大，如 2017 年对哈萨克斯坦的投资同比增长 322%（吴星等，2019）。传统领域如石油石化、电力工程合作仍然主要分布于中亚等资源丰富但缺少基础设施的国家和地区，而东盟国家会因基础设施建设需求旺盛和较低的人力成本，在建筑业、工程承包和制造业领域的投资增长潜力巨大。

---

① 资料来源：《中国对外直接投资统计公报》。

② 资料来源：中华人民共和国中央人民政府官网。

③ 资料来源：《中国对外直接投资统计公报》。

从表 10 - 1 可以看出，中国对沿线部分国家直接投资流量总体上是迅速增长态势，依据各国资源优势不同，中国对各沿线国家直接投资额在 2013 ~ 2015 年普遍增长较快，但投资规模不大。2017 年，中国对新加坡、马来西亚、泰国、印度尼西亚等国家的直接投资流量突破最高，这说明东盟国家在中国对外直接投资领域中所占的流量比较高，也足以证明涉海企业在进行对外直接投资时所选研究对象的重要性。针对目前中国对沿线国家的投资数量可以看出，中国涉海企业的投资流量在增加，但对外投资规模却还未达到一定的程度。因此，国家应当加大对涉海企业对外投资的扶持和鼓励力度，使对沿线国家涉海产业投资形成规模经济效应。

表 10 - 1　　2008 ~ 2017 年中国对沿线部分国家直接投资流量　　单位：万美元

国家	2008 年	2009 年	2010 年	2011 年	2012 年	2013 年	2014 年	2015 年	2016 年	2017 年
新加坡	155 095	141 425	111 850	326 896	151 875	203 267	281 363	1 045 248	317 186	631 990
印度尼西亚	17 398	22 609	20 131	59 219	136 129	156 338	127 198	145 057	146 088	168 225
马来西亚	3 443	5 378	16 354	9 513	19 904	61 638	52 134	48 891	182 996	172 214
泰国	4 547	4 977	69 987	23 011	47 860	75 519	83 946	40 724	112 169	105 759
越南	11 984	11 239	30 513	18 919	34 943	48 050	33 289	56 017	127 904	76 440
菲律宾	3 369	4 024	24 409	26 719	7 490	5 440	22 495	-2 759	3 221	10 884
缅甸	23 253	37 670	87 561	21 782	74 896	47 533	34 133	33 172	28 769	42 818
文莱	182	581	1 653	2 011	99	852	-328	392	14 210	7 136
印度	10 188	-2 488	4 761	18 008	27 681	14 857	31 718	70 525	9 293	28 998
巴基斯坦	26 537	7 675	33 135	33 328	8 893	16 357	101 426	32 074	63 294	67 819
阿曼	-2 295	-624	1 103	951	337	-74	1 516	1 095	462	1 273
沙特阿拉伯	8 839	9 023	3 648	12 256	15 367	47 882	18 430	40 479	2 390	-34 518
也门	1 881	164	3 149	-912	1 407	33 125	596	-10 216	-41 315	2 725
巴林	12	—	—	—	508	-534	—	—	3 646	3 696

资料来源：2008 ~ 2018 年《中国对外直接投资统计公报》。

10.1.2　投资存量规模

如表 10－2 所示，从投资存量上看，中国对部分沿线国家的直接投资额呈现出逐步递增态势，并且 2016 年、2017 年的存量数额达到最高，这也与近年来我国“一带一路”倡议的稳步推进有关。在中国的涉海企业在对沿线国家进行投资时，也会依据不同国家资源条件、地理位置分布和优势海洋产业做出判断和选择。在投资规模上，中国与“一带一路”相关国家经济合作方面，2013～2017 年中国对“一带一路”相关国家对外投资 820 亿美元，投资并购持续活跃，项目金额大幅增加。通过对中国涉海企业对外投资项目梳理发现，中国对沿线国家的海洋产业投资主体主要集中在第二、第三产业，而对第一产业的投资较少，这或许与我国海洋产业转型升级有关。随着我国新型产业化的发展，海洋产业也在不断与时俱进。笔者在收集数据时发现，中国的涉海企业的确有不少，但具体到某个企业对沿线的直接投资项目却不太容易找得到，这也说明中国涉海企业的对外投资未形成一定的系统规模。

表 10－2　2008～2017 年中国对沿线部分国家直接投资存量　单位：万美元

国家	2008 年	2009 年	2010 年	2011 年	2012 年	2013 年	2014 年	2015 年	2016 年	2017 年
新加坡	333 477	485 732	606 910	1 060 269	1 238 333	1 475 070	2 063 995	3 198 491	3 344 564	4 456 809
印度尼西亚	54 333	79 906	1 150 444	168 791	309 804	465 665	679 350	679 350	954 554	1 053 880
马来西亚	36 120	47 989	70 880	79 762	102 613	166 818	178 563	223 137	363 396	491 470
泰国	43 716	44 788	108 000	130 726	212 693	247 243	307 947	344 012	453 348	535 847
越南	52 173	72 850	98 660	129 066	160 438	216 672	286 565	337 356	498 363	496 536
菲律宾	8 673	14 259	38 734	49 427	59 314	69 238	75 994	71 105	71 893	81 960
缅甸	49 971	92 988	194 675	218 152	309 372	356 968	392 557	425 873	462 042	552 453
文莱	651	1 737	4 566	6 613	6 635	7 212	6 955	7 352	20 377	22 067
印度	22 202	22 127	47 980	65 738	116 910	244 698	340 721	377 047	310 751	474 733

续表

国家	2008年	2009年	2010年	2011年	2012年	2013年	2014年	2015年	2016年	2017年
巴基斯坦	132 799	145 809	182 801	216 299	223 361	234 309	373 682	403 593	475 911	571 584
阿曼	1 422	797	2 111	2 938	3 335	17 473	18 972	20 077	8 663	9 904
沙特阿拉伯	62 068	71 089	76 056	88 314	120 586	174 706	198 743	243 439	260 729	203 827
也门	14 054	14 930	18 466	19 145	22 130	54 911	55 507	45 330	3 921	61 255
巴林	87	87	87	102	680	146	376	387	3 736	7 437

资料来源：2008～2018年《中国对外直接投资统计公报》。

21世纪海上丝绸之路是习近平总书记2013年10月在访问东盟时提出的战略构想。它以点带线，以线带面，是加强邻国和地区之间的交流，并连接东盟、南亚、西亚、北非、欧洲等各大经济板块的市场链，建立南海、太平洋和印度洋合作经济带，实现亚欧非经贸一体化发展的长期目标。由于东盟处于海上丝绸之路的十字路口，因此它是21世纪海上丝绸之路倡议的首要发展目标。海上丝绸之路贯穿整个欧亚非大陆，21世纪海上丝绸之路倡议将会有效地增加亚欧之间的联系。随着基础设施建设的推进，欧洲和亚洲将形成“自我循环”的经济圈，将欧洲先进的资本、技术和市场，西亚和中亚丰富的自然资源以及东亚（特别是中国）的制造能力纳入一个系统，拉动整个欧亚经济的发展。中国和巴基斯坦、印度、缅甸、孟加拉国和新西兰南部的海上丝绸之路及其相关经济走廊的建设，将有助于中国扩大其海外新兴市场，加强中国与周边国家的经济联系，实现和平崛起的目标。通过盘点梳理我国对沿线部分国家对外直接投资存量、流量的变化，也为本书研究涉海企业对沿线国家的直接投资提供参考和借鉴。同时，海上丝绸之路促进亚洲乃至世界生产分工形成一个巨大网络，对深化中国沿线地区合作、建设命运共同体都具有极其重要的意义。

10.2　对外直接投资的特征分析

10.2.1　对外直接投资的时机选择

根据我国涉海企业不同时期的发展历程，把握不同时期我国对外直接投资的特征，来进一步分析其对外直接投资的时机选择。依据不同涉海产业新增的公司数量，对不同时期涉海上市公司新增产业的梳理，可以为我国涉海企业对外直接投资的时机提供阶段性指导建议（见表 10－3）。

表 10－3　　涉海企业按不同分类标准的具体明细分类

分类标准	具体分类
按海洋产业发展的时序和技术标准	从事传统行业的涉海企业、从事新兴行业的涉海企业和从事未来行业的涉海企业
按企业性质划分	国营涉海企业和民营涉海企业
按照企业主营业务分属行业划分	涉海第一产业企业：海洋水产品养殖、海洋捕捞和海洋渔业
	涉海第二产业企业：海洋水产加工、海洋油气业、海滨砂矿业、海洋盐业、海洋化工业、海洋生物医药业、海洋电力业、海水综合利用业、海洋船舶工业和其他海洋制造业
	海洋第三产业企业：海洋交通运输业、海滨旅游业、海洋科研教育和社会服务业

如表 10－4 所示，自 1992 年中国 A 股市场成立以来，从事涉海第三产业的琼珠江就在深圳证券交易所上市，到 1993 年，从事涉海第二产业的广船国际在上海证券交易所上市，直到 1998 年涉海第一产业第一家上市公司——中水渔业上市。截至 2011 年底，共有 85 家涉海上市公司在上海证券交易所和深圳证券交易所上市。其中涉海第一产业有 6 家上市公司，涉海第二产业有 32 家上市公司，涉海第三产业有 27 家上市公司，与 2010 年全国海洋经济三次产业结构 5∶47∶48 相比，存在一定的合理性，涉海第三产业上市公司需要加快上市步伐。

表 10－4　　涉海企业及其三次产业各年新增上市公司明细

年份	涉海企业上市公司总数（家）	涉海第一产业各年新增上市公司	涉海第二产业各年新增上市公司	涉海第三产业各年新增上市公司
1992	1			ST 珠江
1993	4		中船防务	长航凤凰；亚通股份
1994	6		上柴股份	中集集团
1995	6			
1996	9		鲁北化工	中海海盛；天津港
1997	15		中船科技；中核科技；滨海能源	宁波海运；盐田港；保税科技
1998	21	中水渔业；ST 船舶；	石化机械；烟台冰轮；潍柴重机；山东海化	
1999	23		渤海活塞	南方汇通
2000	28		中信海直；振华重工	中昌数据；中化国际；上港集团
2001	29			山大华特
2002	37		海油工程；中天科技；湘电股份	时代新材；中远海特；中远海能；大连圣亚；营口港
2003	38		双良节能	
2004	40	好当家		四创电子
2005	41			轴研科技
2006	46	獐子岛；东方海洋		中材科技；招商轮船；日照港
2007	56		东方电气；金风科技；潍柴动力；威海广泰；中海油服	海格通信；北斗星通；中远海发；中远海控；连云港

续表

年份	涉海企业上市公司总数（家）	涉海第一产业各年新增上市公司	涉海第二产业各年新增上市公司	涉海第三产业各年新增上市公司
2008	60		华东数控；海亮股份；浙富控股	歌尔声学
2009	67		宝德股份；中国重工；神开股份；雅致股份；久立特材；天海防务	海峡股份
2010	82	壹桥苗业；巨力索具	润邦股份；亚星锚链；山东墨龙；ST中南；齐星铁塔；隆基机械；汉缆股份；滨化股份；杰瑞股份；海默科技	亚光科技；海兰信；宁波港
2011	85		华锐风电；巴安水务；围海股份	
2012	85			
2013	85			
2014	85			
2015	86		永兴特钢	
2016	86			
2017	86			

资料来源：上海证券交易所、深圳证券交易所、巨潮资讯网等网站。

我国海洋产业的对外投资内容涵盖了风力发电和供电解决方案，为造船业特别是船舶修理业提供技术和能力转移，还包括利用远洋渔业获取渔产品、大力发展海水养殖业和港口建设。其中，第一产业远洋渔业的发展是更为迅速的；第二产业海洋石油和天然气开发、港口物流船舶制造业，以及第三产业国际航运、造船等行业的“走出去”都取得了显著成效，出现了许多大型跨国涉海企业，如中海油、中远集团、招商国际、上港集团等。海洋战略装备制造、海水利用、海洋电力等海洋战略性新兴产业国际产能合作步伐也在加快，现代化全自动深海养殖装备“海洋渔场1号”成功交付挪威，“智慧引领幸福 1 号”等新型自升式海洋钻井、全球最先进超深水双钻塔半潜式钻井平台“蓝鲸 1 号”都已成功交付给外国船东，中国—阿曼工业园区海水淡化供水项目、中国—印尼供水供电海水淡化一体化项目等稳步推进，中国已加入国际能源署海洋能源系统实施协议，并与多个国家签署了海洋能源开发合作协议。中国对沿线国家涉海项目的直接投资，是根据我国涉海上市公司的发展规模和数量，选择恰当的时机对不同沿线国家进行项目投资的。从 1992 年至今，涌现出了不同产业类型的涉海上市公司，充分利用涉海企业的特色优势对沿线国家进行投资，以促进中国涉海产业与沿线国家的海洋产业合作。

鉴于我国对外直接投资的数量和规模限制，涉海上市公司对沿线国家的投资项目没有形成系统的统计数据库，对沿线国家直接投资的数据无从考究，考虑这一现状因素，因此接下来将会从对外直接投资的国别选择和产业项目选择方面进行特征描述，以此更好地了解涉海企业对外直接投资的影响因素。

10.2.2 对外直接投资的国别选择

沿线国家众多，各国都有不同的海洋产业特征和优势，因此涉海企业在进行对外直接投资时，要根据各国的国内政治、经济和政府政策等方面来估算对外直接投资的效率和成本，这将决定国家对沿线国家直接投资的选择。由于涉海行业的数据更难以收集，沿线的一些国家在恐怖主义方面猖獗，国内政治不稳定成为主要威胁，因此本章选取了可以收集到数据的沿线国家作为研究对象。根据世界银行发布的政治稳定性指数，沿线国家的政治稳定性可分为四个层次——好、良、较差和差四个等级。根据 2017 年世界银行中政府有效性指数，新加坡、文莱、马来西亚政府稳定等级为好，其次是泰国、越南、印度尼西亚、印度、阿曼、沙特阿拉伯、巴林，再次是巴基斯坦，也门和缅甸最差。通过对这些国家政府有效性指数的评价，可以了解对沿线国家进行投资的政治稳定性因素，结果如表 10－5 所示。

表 10 – 5　　政治稳定性的衡量指标

国家	政府有效性指数（Rank）	等级评价
新加坡	100	好
文莱	84.13	好
马来西亚	76.44	好
泰国	66.83	良好
沙特阿拉伯	62.50	良好
阿曼	61.54	良好
巴林	60.10	良好
印度尼西亚	54.81	良好
越南	52.88	良好
印度	56.73	良好
菲律宾	51.92	良好
巴基斯坦	31.25	较差
缅甸	13.46	差
也门	1.44	差

注：好：100 ~ 75；良好：75 ~ 50；较差：50 ~ 25；差：25 ~ 0。
资料来源：世界银行《全球治理指数 2017》。

随着世界格局和地区形势的加速变化，地区争端和贸易摩擦从未中断，各国的国际直接投资迅速发展，使得区域目标市场竞争加剧，欧美国家关系逐年深化，美国战略重心继续向东推进。随着全球资源竞争的加剧，海洋资源的国际竞争也日趋激烈。恐怖主义的频繁发生是影响沿线国家政治稳定的最重要因素。在沿线国家中，有 21 个国家进入全球恐怖主义排名前 50 名，占沿线国家的 57%[①]。恐怖主义以及当地民族冲突、宗教冲突、党派斗争和反政府活动使得沿线一些国家的政治稳定极度恶劣。在沿线国家中，根据 2017 年世界银行中政府有效性指数，政治稳定性最差的国家包括肯尼亚、埃及、苏丹、巴基斯坦、伊拉克、索马里和也门，这 7 个国家也是世界突发事件的聚集地。其中，由于长期战争，伊

---

① 资料来源：《全球恐怖主义指数》。

拉克一直排名第一，巴基斯坦的国内政治力量排在第四位，印度排名第六，也门排名第七，索马里因海盗猖獗排名第八，泰国排名第十，这对东道国接纳对外直接投资极为不利。简而言之，这对我国的对外直接投资产生了不利影响，需要平衡各项风险。因此，国际社会也应重视对海洋开发的关注度，避免海上国际争端加剧等问题，这对我国加快海洋产业对外直接投资进程带来便利，海洋产业“走出去”的速度和效果显而易见。

国家政策的宏观调控至关重要。通过中国对“一带一路”沿线国家的投资指南分析，发现沿海一些国家以石油和天然气为主要能源，为了摆脱对油气业的过度依赖，也在不断大力吸引外资，促进国内经济的多元化发展，比如文莱、斯里兰卡、阿曼等国家。据中国商务部统计，2017 年中国在阿曼投资的主要海上项目有：中阿（杜库姆）产业园一期；江苏常宝钢管股份有限公司油井管加工线投资金额 2 000 万美元。中国在斯里兰卡投资项目主要包括招商局集团投资的汉班托塔港、科伦坡港南集装箱码头和中国交通建设集团有限公司的投资。位于科伦坡第三区的项目，由科伦坡港口城市和中航国际（香港）集团投资，对其国家的投资项目由于存在建设周期，而且投资不是每年都会进行，因此可供利用的项目数据甚少。

政府优惠政策吸引涉海企业投资。有些政局稳定、政府执行能力较强的沿线国家，比如东盟十国，为中国的投资企业提供了较为全面的基础法律保障和较大力度的优惠政策。中国企业在印度尼西亚主要投资和承包的项目有风港电站、达延桥项等工程项目，爪哇 7 号、南苏 1 号等一大批电站建设项目，以及青山镍铁工业园、西电变电器生产项目等。中国对新加坡的投资主要是兼并和收购，而绿地投资则较少。主要涉海投资项目包括：华能国际收购新加坡大士能源、开发邓布鲁杜联合生产项目和海水淡化厂项目；中石油投资修建油库并收购新加坡石油公司。一系列的对沿线国家涉海项目的投资，离不开各个沿线国家重视海洋合作开发和政策措施的有力保障。投资于社会治理能力薄弱的国家，经常遭遇东道国政府官员贪污腐败和行政机构的低效率，法律法规制度不完善等问题严重影响了中国投资项目的收益。2010～2015年，由于东道国社会治理问题而被迫搁置或叫停的中国涉海投资项目有：缅甸的密松水电项目、皎漂—昆明铁路项目、莱比塘铜矿项目、柬埔寨的金边机场高速公路项目、斯里兰卡的科伦坡港口城项目。中国企业在这些项目上投入了大量的前期投资，这些项目被搁置或停止，给中国企业造成了巨大损失，因此，具有稳定的社会治理结构和控制能力在对外直接投资中起到双向的积极作用。

我国涉海企业对外直接投资国别选择时，主要考察沿线国家国内政治稳定性、政府宏观调控政策、政府投资优惠政策等方面的因素来判断其直接投资的水平。通过对沿线国家接受对外直接投资水平的评估，可以进一步了解涉海企业对沿线国家直接投资的特征，为中国海洋产业“走出去”提供政策指导。

10.2.3　对外直接投资的产业项目选择

涉海企业在对外直接投资时，将基于考虑东道国的资源要素、政府扶持和产业项目发展潜力，确保与沿线国家的合作项目能够更好、更快、更顺畅，从而降低项目投资风险。考虑数据的易得性，本章从商务部网站获得中国对沿线部分国家的项目投资，主要有文莱、阿曼、菲律宾、缅甸、马来西亚、巴基斯坦、印度、也门、沙特阿拉伯、巴林、印度尼西亚、越南等国家能够获得具体投资数额，但由于数据库的变更，获得的投资数据并不具有完整性和连续性，因此本章依据海洋产业分类形式对其产业特征进行分析。此外，在商务部数据库中，柬埔寨、老挝、新加坡、孟加拉国、斯里兰卡、伊拉克、科威特、不丹、尼泊尔、阿联酋、以色列、巴勒斯坦、卡塔尔、埃及、肯尼亚没有涉及海洋产业类的对外投资项目。可能是由于多数企业由国家控股的因素，也可能是有些项目因为国家政策被迫叫停，例如，由于国家项目环境影响评估，中国对斯里兰卡科伦坡港口的投资在2015年暂停了一年。因此，只能根据收集整理到的数据对这些对外投资项目作进一步的梳理分析，以便了解到涉海企业在对沿线国家投资时所依据的产业项目选择因素（见表10－6）。

表 10-6　　中国对沿线部分国家海洋产业投资项目梳理　　单位：万美元

项目名称	投资金额	投资国家	投资行业
文莱特里塞工业园 TIS 高科技农业经济区	1 000	文莱	涉海第一产业
Pelong Rocks 海外养殖区	10 000	文莱	涉海第一产业
文莱 Salambigar 工业园藻类养殖和虾青素提炼加工项目	10 000	文莱	涉海第一产业
大摩拉岛工业园区 PMB 大型造船维修项目	10 000	文莱	涉海第二产业
摩拉岛工业园区 PMB 综合型海洋供给基地	10 000	文莱	涉海第二产业
文莱 Rimba 信息产业园区	10 000	文莱	涉海第二产业
文莱生物创新走廊 BIC	10 000	文莱	涉海第二产业
渔业加工厂	442	阿曼	涉海第一产业
苏比克湾自由港区雷东多半岛船舶修理设施开发项目	10 000	菲律宾	涉海第二产业
巴丹自由港区制造业地产	1 000	菲律宾	涉海第二产业
船舶修理设施—雷东多半岛	1 000	菲律宾	涉海第二产业
番茄酱生产制造厂	208	菲律宾	涉海第二产业
苏比克湾自由港区苏比克科技园	10 000	菲律宾	涉海第三产业
巴丹半岛自由港区面料/配饰园区	1 000	菲律宾	涉海第二产业
巴丹自由港区趸船系统以及服务设施建设和运营项目	10 000	菲律宾	涉海第二产业
巴丹自由港区设计及创新中心建设项目	10 000	菲律宾	涉海第三产业
巴丹自由港区工业园	1 000	菲律宾	涉海第二产业
驳运系统建设运营/巴丹自由港建设服务	1 882	菲律宾	涉海第二产业
克拉克开发区信息产业/业务外包港口	1 000	菲律宾	涉海第二产业
电子元器件生产/高价值产品制造	1 000	菲律宾	涉海第三产业
巴塔安自由港区工业园	800	菲律宾	涉海第二产业
筹建国际海港	7 086	菲律宾	涉海第二产业
曼德勒缪达工业园与伊洛瓦底江（塞梅孔）河港码头项目	10 000	缅甸	涉海第二产业
阳江海水养殖饲料加工基地	1 500	马来西亚	涉海第一产业

续表

项目名称	投资金额	投资国家	投资行业
甘孟清真园	1 000	马来西亚	涉海第二产业
丹绒·阿加斯油气物流工业园	20 000	马来西亚	涉海第二产业
马六甲太子岛酒店	1 100	马来西亚	涉海第三产业
海滩度假酒店/度假村	6 410	马来西亚	涉海第三产业
巴基斯坦 35MW 水电投资—EPC—运维项目	6 098	巴基斯坦	涉海第二产业
中国交建巴基斯坦瓜港（瓜达尔港口）300MW 发电项目	350 000	巴基斯坦	涉海第二产业
瓜拉丹容海港码头建设	50 000	印度尼西亚	涉海第三产业
丹那安普游轮码头	21 600	印度尼西亚	涉海第三产业
云峰国际中转港铁路项目	8 162	越南	涉海第三产业
海防国际港口铁路项目	72 018	越南	涉海第三产业
印度水电站项目	30 000	印度	涉海第二产业
亚丁港升级改造项目	30 000	也门	涉海第二产业
沙特阿拉伯延布工业城项目	2 100 000	沙特阿拉伯	涉海第二产业
生产钢丝绳	1 976	巴林	涉海第二产业

资料来源：笔者根据各国招商投资网、中国商务部投资项目信息库资料手动整理所得。

10. 2. 3. 1　涉海企业对海上丝绸之路沿线国家海洋第一产业的投资选择

根据前面对涉海企业的定义，本书认为海洋渔业、海洋捕捞业、海水养殖业等产业在海洋产业中属于涉海第一产业，由于受传统海洋渔业的影响，中国涉海企业在海洋渔业的对外直接投资中显得甚为薄弱。在上述收集到的项目资料中，仅有对阿曼、文莱和马来西亚三个国家关于海洋第一产业的直接投资。因此，本节根据现有材料对涉海第一产业的投资选择做描述性分析，进而总结出影响涉海第一产业对外直接投资的产业选择特征。

阿曼具有得天独厚的海洋渔业资源，振兴海洋渔业也是阿曼国民经济的重要战略目标之一。渔业是阿曼重要的非石油经济部门，中国选择在阿曼投资渔业加工厂不仅与当地渔业资源丰富有关，也与当地的政府政策有关。(1) 实施渔业资源优化利用政策。海洋渔业的可持续发展，可以通过维持和发展渔业与渔业单位来限制捕捞生产、发展海洋养护和水产养殖。同时，通过开展海洋渔业的投资合作，不仅能够满足当地人民的食品需求，还可以为当地未就业者创造良好的就业机会，改善当地渔民的家庭生活，增加国民收入。(2) 推动水产品加工、销售、出口和渔具制造等相关产业的发展，提高渔业在国民经济中的比重。涉海企业对阿曼海洋渔业的投资，既增加了我国海洋渔业的对外投资规模，也促进了双方国家的水产品贸易流通，这将推动两国相关产业的发展，增加国民经济中海洋渔业的重要性。(3) 阿曼政府成立多个休渔委员会，为渔民提供答疑解惑的通道。其负责执行政府的休渔政策、解决渔民面临的问题和为渔业立法提供咨询，很好地保障了渔民的利益，这也是吸引外来投资的优势所在。阿曼政府还制定了关于渔船生产管理的特别规定，主要是为了控制商业渔船的活动，例如限定捕捞地点和上岸的鱼的种类和数量等。阿曼农业和渔业部正在努力推广"理智捕鱼"的概念，确保在渔区内，渔业资源可以长期地、非过度地合理捕捞。通过对阿曼海洋渔业的投资，反映了中国涉海企业进行投资时，注重本地政府对外来投资扶持力度的产业选择模式。

文莱重视发展外海养殖。早在20世纪80年代，文莱就敏锐地意识到需要使其经济结构多样化。因此，石油天然气相关产业的扩张和发展以及完整产业链的形成是文莱政府经济发展的重大转变。作为东盟成员国之一的文莱，根据本国地理特点筹谋利用其优势来发展海洋经济，制定了不同的政策发展不同的海洋产业，这也是吸引中国涉海企业进行投资的产业选择原因。文莱属热带雨林气候，优良的海洋环境适合鱼类的生长，渔业资源丰富，水产养殖和加工业是其重要产业，这也是与中国合作发展的重要产业领域。根据从中国商务部投资项目信息库等渠道收集到的数据可以发现，中国涉海企业2015年在斯里巴加湾（Bandar Seri Begawan）海域投资发展外海养殖，在Salambigar工业园（简称SIP）投资发展藻类产品和虾青素加工提炼，两个产业项目分别投资了1亿美元。对文莱水产业的投资，体现了中国涉海企业在对外投资时注重选择东道国重点培育产业的产业选择模式。

马来西亚与中国合资建立阳江海水养殖饲料加工基地。马来西亚是一个农业国，农业是其国内生产总值、政府收入和劳动就业方面的主导产业，海洋渔业在农业中发挥着重要作用，对马来西亚的经济和社会发展起着至关重要的作用。新经济政策实施后，马来西亚实施了系统的“多元化”农业政策，强调在发展农业作物产业的同时，全面发展林业、畜牧业和副渔业也是必要的，其中重点强调发展海洋捕捞业。渔业对马来西亚经济的重要性体现在三个方面：（1）提供2/3的国家动物性蛋白质来源；（2）为销售、中间商、运输、网具和设备工业等与渔业相关的行业提供就业机会和产生间接影响；（3）积极出口，赚取外汇，如20世纪90年代初的渔业产值占国内生产总值的约3%，占全国总出口额的0.8%[①]。中国选择与马来西亚投资合作建立海水养殖饲料加工基地，也是基于海洋渔业在马来西亚经济发展中所占的比重，利用其海洋渔业引领的相关产业发展来进一步带动海水养殖饲料基地的开发和盈利。

因此，随着中国与沿线国家的海洋合作发展，未来沿线各国的海洋渔业倾向于保持平稳较快增长，涉海第一产业也将呈现出产业选择发展的新特征。在全球渔业发展可持续、环境友好发展的大趋势下，中国涉海企业对沿线国家的海洋产业投资更会倾向于东道国切合实际、更加有效的政策，促进该地区海洋第一产业的健康合理发展。

10.2.3.2 涉海企业对海上丝绸之路沿线国家海洋第二产业的投资选择

基于收集到的中国与沿线国家对外直接投资项目的信息，发现涉海企业对沿线国家涉海第二产业的投资主要涉及产业园区建设、海洋供给基地建设、港口制造业建设等产业的选择。通过研究典型国家投资项目的具体特征来总结概括涉海企业对沿线国家海洋第二产业投资选择的特征，为中国对沿线国家直接投资提供政策性的指导。

涉海企业可在文莱的投资项目选择。石油和天然气一直都是文莱政府发展经济的基石，随着文莱对石油和天然气的过度依赖，使得石油和天然

① 资料来源：中国远洋渔业信息网。

气的支柱产业地位在未来发展战略中发生改变。随着 21 世纪海上丝绸之路倡议的提出，互联互通政策的出台，亚洲基础设施投资银行的成立，这些为文莱带来了新机遇，为中国企业带来了更多商机。（1）对于文莱来说，园区产业链的设置有着很大的社会效益。它不仅有助于实现文莱巩固上游生产商的重要作用，还可以扩大石油和天然气行业价值链的目标，推动当地经济发展。它还可以通过在项目早期阶段进行设施建设，来促进当地经济发展和增加当地就业机会。大量海外人员的涌入也将带动当地房地产租赁业、医疗及服务业的发展。在现有企业的基础上，中国企业应加强与当地企业的合作，共同为海洋经济发展项目的建设做出贡献。从中国的实际情况来看，文莱产业园区的这些关键领域不是中国的优势，行业规模和发展前景将成为中国企业必须考虑的投资成本。因此，从各国海外投资实践来看，我国涉海企业对文莱进行投资时，入驻产业园区无疑是对本国企业最为有利的投资方式，把目光转向园区的配套设施建设领域，充分发挥我国对外直接投资的产业优势，不失为中国涉海企业对文莱投资的主要选择模式。(2）在斯里巴加湾市的东北侧，海洋产业的重心集中在海洋产业发展的供应上。为了配合大摩拉岛的建设，文莱政府将在大摩拉岛产业园区（PMB）建立一个大型造船维修厂和综合海洋供给基地，该项目规划面积各为 30～50 公顷，为文莱及周边投资国家的石油和天然气勘探提供相应的配套设施[①]。该海洋供给基地的建成将为海上油气业的开采提供许多便利之处，也是吸引外来投资建厂的优势条件。文莱政府积极引进外国投资，并增加了摩拉岛园区的配套建设。为了吸引外国投资，文莱政府在斯里巴加湾市建立了一个金融中心，在都东区的墨林本湖和淡布隆区的乌鲁淡布隆国家森林公园建立了两个生态旅游产业园区，2014 年，文莱农业科技园（BATP）正式更名为“文莱生物创新走廊”。产业园区配套设施的建设也表明，大摩拉岛是未来文莱政府的重点发展区。(3）文莱采取了外资引入的优惠政策。第一，免税政策。在文莱投资的项目可申请获得先锋产业资格，并享受长达 11 年的免税待遇。如果是在邻国投资，该项

① 资料来源：中国—东盟研究院网站。

目可申请出口导向服务行业，并享受长达20年免税政策[①]。免税政策的优惠将会减少中国涉海企业对文莱的投资成本。第二，融资平台。文莱财政部下属的股权投资机构可为项目提供可靠的融资平台，这也是政府对外资项目投入的财务担保。第三，政府补贴。在每个国家的项目投资完成后，如果同时在文莱开发新产品，可以申请研发补助金，可以享受高达500万文币的补贴[②]。外国直接投资公司选择雇用当地雇员，对当地雇员进行技术培训可以申请一定的培训补助金。第四，东盟经济共同体成员。文莱作为东盟成员国，可以在投资于该国的项目中享受东盟经济共同体的贸易税收政策。第五，优惠的价格成本。文莱作为基础设施完备的东盟成员国，在用水、用电和用地的成本上会更加低廉，使得中国涉海企业节省投资成本。第六，宽松的雇佣政策。文莱的就业政策宽松，允许外国投资企业在合理的情况下雇用外国劳工。所有这些优惠政策都促使中国涉海企业对该国进行直接投资，不仅可以为当地创造就业机会、带动文莱经济发展，也满足了中国对外直接投资的需求。

涉海企业对菲律宾苏比克湾自由港船舶维修的投资。苏比克湾是菲律宾的一个海湾，是不可多得的深水港口码头基地，由于海湾位于吕宋岛西南部，拥有天然的风浪保护屏障，得天独厚的地理优势为港口码头的运输提供良好稳定的投资环境。菲律宾航运局数据资料显示，来往于商业和贸易中心货物和服务总量的运输额大约95%都是通过海上运输完成的。在菲律宾这样的群岛国家，港口、货船以及其他船舶的需求量非常大，所以，菲律宾应该将造船设施的建设作为海洋战略建设重点，建设各类企业的、停泊各种船舶型号的营运码头。据菲律宾苏比克湾港务管理局介绍，政府将会专门行使对苏比克湾自由港的行政管辖和发展规划，计划把苏比克湾自由港建设成为菲律宾规模最大，也是东南亚地区最大的集装箱转运枢纽港。该计划的实施也为我国涉海企业进行投资建厂提供了强有力的吸引。中国涉海企业选择在苏比克湾投资海洋产业项目合作，主要基于苏比克湾世界级的基础设施：拥有15个正在运营的码头，其中年吞吐能力达30万

①② 资料来源：中华人民共和国商务部网站—对外投资合作国别（地区）指南。

标准箱的新集装箱码头；高品质的生活和工作环境：保护完好的自然环境，高生产率、低成本且精通英语的工人；高度可靠的服务：充足的饮用水供应，稳定的电源供应。此外，苏比克湾大都会将给予合格的入驻港区的企业各种财政和非财政奖励。

涉海第二产业的对外直接投资产业选择也表现出中国涉海企业注重东道国基础设施建设、投资工作环境和政府的优惠政策。通过衡量沿线国家的投资条件，选取适合的投资项目进行直接投资，继而壮大我国涉海第二产业的对外投资水平，扩大我国海洋产业发展的对外投资需求。

10.2.3.3 涉海企业对海上丝绸之路沿线国家涉海第三产业的投资选择

涉海第三产业主要涉及自由港区的设计和创新、港口码头配套设施建设和高科技园区的设计，对所有涉海第三产业的投资选择将基于沿线国家海洋优势产业的集群配套设施进行投资。涉海企业对外直接投资的产业选择，有助于加强与海上丝绸之路沿线国家不同海洋产业的合作，从而拓宽我国海洋产业发展的新局面。

涉海企业对印度尼西亚苏门答腊岛的港口设施建设。苏门答腊岛的瓜拉丹容位于马六甲海峡的中段，隔海与马来西亚首都吉隆坡以及其西部经济重镇槟城呈三角形，海上地理位置极为便利，西部为苏门答腊岛重要经济领域，东边是新加坡。瓜拉丹容作为2010～2025年印度尼西亚经济走廊加速扩大国家经济建设总规划中的“六大经济走廊”，它是印度尼西亚国家经济总体发展的重要组成部分。由于瓜拉丹容极为特殊的地理位置，拟建的瓜拉丹容港口被印度尼西亚政府确定为印度尼西亚西部重要的海上运输门户，在2010～2025年加速和扩大国家经济建设总体规划，被定位为区域性的国际航运中心，将成为苏门答腊岛经济走廊的重要海上出口。这一海上重要的定位，将使得印度尼西亚吸引更多外来直接投资，尤其是在实行21世纪海上丝绸之路的建设中起到了良好的带动和促进作用。瓜拉丹容港区拥有良好的自然条件，适合大型港口。印度尼西亚政府计划在距港区约80公里的地方建立一个双溪芒克国家级经济特区[①]，重点开发苏门答腊省棕榈、橡胶中、下游产业，建立区域重要经济作物生产、加工、物流和出口中心。利用其港区自然条件辐射并带动周边产业发展，作为海上地理优势的港区特征，将会使得印度尼西亚海洋产业不断发展壮大。中国的涉海企业高度致力于在北苏门答腊省政府的基础上建设瓜拉丹容港口，并积极参与直接投资和建设，合作建设的项目主要有瓜拉丹容海港码头建设和丹那安普游轮码头等。

涉海企业对菲律宾巴丹自由港区的投资建设。我国涉海企业在进行投资时，往往会注重沿线国家产业项目发展的潜力。巴丹自由港作为一个世界级的投资枢纽，靠近马尼拉以及其他国内港口和经济区，因其独特的地理位置和便利的海陆空交通，将是吸引中国涉海企业来投资建厂的原因之一。作为与菲律宾乃至该地区主要工业城市开展贸易往来的理想港口，该港区现已容纳65家出口加工企业，包括网球、游艇等。据报道，巴丹自由港是菲律宾唯一拥有1 090万立方米容量的大坝及污水处理厂的自由港，该港区用水价格较为便宜[②]。此外，园区内建有环保型污水处理厂，污水处理能力可以满足整个园区的发展需求。园区内用电价格也较为便宜，这对于港区内涉海企业的发展节省了许多用水用电成本。据菲律宾《马尼拉旗帜报》报道，巴丹自由港推出优惠政策招商引资。据自由港负责人介绍，这些政策是菲律宾目前最优惠的。例如4年内免征所得税，允许免税进口投资所需设备、配件和原材料，免征码头费和出口税；为外国投资者及其家属办理永久居留卡；位于该自由港内的财产可以自由买卖等优惠政策[③]。

基于对涉海第三产业投资选择的分析，可以了解到涉海企业在选择产业投资时，会依据港口基础设施建设的完善与否，凭借港区地理优势、港区应用技术和港区优惠政策对沿线国家进行投资，这也体现了基于外国直接投资的海洋相关企业的产业选择特征和条件吸引力。

---

① 资料来源：中华人民共和国商务部网站。

② 资料来源：中国招商引资信息网。

③ 资料来源：中国—东盟自由贸易区网站。

综上所述，通过研究中国涉海企业对沿线国家不同项目的直接投资，以此来更好地剖析影响我国涉海企业对外直接投资的产业选择特征。本节选取了涉海企业对沿线国家涉海第一产业、涉海第二产业、涉海第三产业投资选择项目的具体特征，通过分析产业选择项目的投资特点，为中国对外直接投资的产业选择提供参考。由于投资年份的残缺，因此本节按照产业类型对其投资项目进行了梳理，通过整理发现，中国对沿线国家涉海项目的投资不仅仅是对第一产业的投资，更多的是发展综合型、创新型的项目合作，利用高新科技发展信息化产业、技术化运作的港口码头项目，这也是中国走向世界海洋产业必须具备的条件。通过深入探析沿线国家的招商引资条件和政策，将会对我国涉海企业对其直接投资时产生重要的参考和引领作用，以便做出更好的投资选择。

10.3　涉海企业对外直接投资影响因素分析

21 世纪海上丝绸之路倡议的实施为中国涉海企业“走出去”提供了重要的发展机遇。如何创新涉海企业与沿线国家对外直接投资的路径，分析影响涉海企业参与对外直接投资的因素，使中国涉海企业更好地融入国际海洋经济竞争与合作具有建设性意义。环境具有不确定性，企业在进行对外直接投资时会面临不可预估的风险和挑战，只有把风险最小化，为企业对外投资打造良好的渠道，才能给沿线发展中国家带来更多的机会和效益。通过理论分析表明，各种解释变量对对外直接投资各资源环境因素的影响方式和程度各不相同，又考虑到很多因素不易量化并且东道国情况千差万别，以及涉海上市公司层面数据获得的限制性，因此本节通过对比考察中国与沿线国家的投资接受能力，从各资源环境特征方面做相关实证研究，对中国及其东道国之间的直接投资进行内部层面的剖析，从总体上把握涉海企业对外直接投资的特征效果。

10.3.1　指标选择与模型设计

在对涉海企业对沿线国家 FDI 特征因素的实证研究方面，鉴于某些因素难以量化，同时由于无法完全获得中国涉海企业对沿线国家的具体投资项目额度，因此本章利用母国和东道国之间的宏观经济因素做一般性的量化分析。基于以上条件限制和约束，在不考虑沿线国家之间贸易和要素流动的情况下，设中国海洋产业对沿线国家的对外直接投资水平为 Y_t，影响中国海洋产业对沿线国家投资的各资源特征因素为 X_i，则涉海企业对外直接投资水平和与各资源特征要素之间的总量生产函数为公式（10－1）：

$$Y_t = f(X_1, X_2, X_3, \cdots, X_n, \mu) \qquad (10-1)$$

其中，μ 表示沿线国家对外直接投资的制度因素；Y_t 为第 t 期的中国涉海企业投资产出水平；$X_i(i=1,2,3,\cdots,n)$ 表示第 t 期影响中国涉海企业对沿线国家投入产出水平的各资源环境要素。

本章选取了我国海洋科学技术获奖课题数、全国主要涉海产业就业人数、全国就业人数、中国实际利用沿线国家外资总额、中国实际利用外资总额、东道国工资水平、母国对东道国的出口总额等指标作为自变量，以中国海洋产业生产总值为投资产出水平的替代因变量，样本范围为 2008～2017 年（见表 10－7），以 2010 年市场不变价格计算，建立线性回归计量模型，即公式（10－2）：

$$Log_{10}(Y)_t = a0 + a1(\alpha)_t + a2(\beta)_t + a3(\theta)_t + a4(\gamma)_t + a5(\varepsilon)_t \qquad (10-2)$$

其中，t 表示不同的年份；a 表示方程的常数项，a1，a2，a3，a4，a5 表示回归方程的各个解释变量的系数值；$log_{10}(Y)_t$ 为中国涉海企业对外投资水平的对数值；α 为我国海洋科学技术获奖课题数（OSO），代表科技资源因素对涉海企业对外投资水平的影响；β 为我国主要涉海产业就业人数与全国从业人数之比（OQOE/CQOE），代表人力资源因素的集聚对涉海企业对外投资水平的影响；θ 为中国实际利用沿线国家外资总额与中国实际利用外资总额之比（ACFC/FC），代表资本要素的集聚对涉海企业对外投资发展水平的影响；γ 为所选东道国工资水平（ACPL），代表沿线国家接受对外直接投资的经济程度，人均国民收入常用来测量一个国家消费者的富裕程度，但由于各国的工资数据较难获得，因此用人均国民收入GNIP 做替代变量，以此检测其影响程度；ε 为中国实际利用沿线国家外资总额占中国对外出口总额的比值（ACFC/Output），借此粗略反映我国涉海企业对外直接投资的制度因素，包含政策体制环境及市场经济发达程度，代表我国政治经济宏观大环境对涉海企业对外直接投资的影响。

表 10－7　影响中国海洋产业对沿线国家直接投资的各资源因素数据

因素	2008 年	2009 年	2010 年	2011 年	2012 年	2013 年	2014 年	2015 年	2016 年	2017 年
我国海洋科技获奖课题数（个）	36	43	40	51	59	33	34	40	25	51
我国主要涉海产业就业人数（万人）	3 218.3	3 270.6	3 350.8	3 421.7	3 468.8	3 513	3 553.7	3 588.5	3 624	3 657
全国就业人数（万人）	77 480	75 828	76 105	76 420	76 856	76 977	77 253	77 451	77 603	77 640
中国对“海上丝绸之路”沿线国家直接投资流量（万美元）	264 433	241 653	408 254	551 701	527 389	710 250	787 916	1 500 699	970 313	1 285 459
中国实际利用外资总额（万美元）	9 525 300	9 180 400	10 882 100	11 769 800	11 329 400	11 872 100	11 970 500	12 626 700	12 600 100	13 630 000
中国出口额（万美元）	234.96	210.25	1 773.71	2 002.48	2 012.52	2 100	2 192.35	2 185.71	2 096.08	2 279.14
东道国工资水平（美元）	113 380	112 680	124 250	130 200	143 420	153 180	153 830	148 930	141 710	138 770
中国海洋产业总产值（亿美元）	4 268	4 680	5 678	7 054	7 938	8 760	9 762	10 380	10 619	11 481

10.3.2 数据来源

本章的数据主要来源于2008～2018年《中国对外直接投资统计公报》、国家统计局相关年份的《中国统计年鉴》、世界银行数据库、中国海洋信息网、《中国经济与社会发展统计数据库》以及中国商务部"走出去"公共服务平台、商务数据中心等平台。

10.3.3 模型参数检测与分析过程

采用一般线性回归分析方法，运用SPSS20.0软件对表10－7的原始数据进行处理。对解释变量采用逐步回归策略筛选，对其做共线性诊断并进行残差分析。SPSS的逐步回归策略模型是通过逐一建立多个模型以检测变量的相关性和显著性实现的。SPSS软件从解释变量中筛选出影响中国涉海企业对外投资水平的因素，根据模型分析结果来判断影响程度，自动输出的结果如表10－8～表10－10所示。

表10－8　关于影响中国涉海企业对外投资水平因素的回归分析结果（一）

模型汇总[c]

模型	R	R方	调整R方	标准估计的误差	更改统计量				
					R方更改	F更改	df1	df2	sig. F更改
1	0.939[a]	0.882	0.867	936.37684	0.882	59.888	1	8	0.000
2	0.974[b]	0.948	0.933	663.32179	0.066	8.942	1	7	0.020

a. 预测变量：（常量），OQCQ

b. 预测变量：（常量），OQCQ，ACFC/FC

c. 因变量：GOMI

表 10-9　　关于影响中国涉海企业对外投资水平因素的回归分析结果（二）

Anova[a]

模型		平方和	df	均方	F	sig.
1	回归	52 509 471.008	1	52 509 471.008	59.888	0.000[b]
	残差	7 014 412.726	8	876 801.591		
	总计	59 523 883.734	9			
2	回归	56 443 913.142	2	28 221 956.571	64.141	0.000[c]
	残差	3 079 970.592	7	439 995.799		
	总计	59 523 883.734	9			

a. 因变量：GOMI

b. 预测变量：(常量)，OQCQ

c. 预测变量：(常量)，OQCQ，ACFC/FC

表 10-10　　回归模型系数检验分析结果（三）

系数[a]

模型		非标准化系数		标准系数	t	sig.	共线性统计量	
		B	标准误差	试用版			容差	VIF
1	(常量)	-49 582.396	7 454.715		-6.651	0.000		
	OQCQ	12 809.844	1 655.296	0.939	7.739	0.000	1.000	1.000
2	(常量)	-33 206.850	7 607.637		-4.365	0.003		
	OQCQ	8 678.552	1 812.094	0.636	4.789	0.002	0.419	2.388
	ACFC/FC	35 730.087	11 948.593	0.397	2.990	0.020	0.419	2.388

a. 因变量：GOMI

注：sig 值在小于 5% 的水平下显著。

由表 10-8 可知，该模型对解释变量检测筛选后发现，其他解释变量虽具有相关性但显著性不强，以我国主要涉海产业就业人数与全国从业人数之比为解释变量的一元回归方程，其判定系数为 0.882，由于运用的是逐步筛选策略，因此以中国实际利用沿线国家外资总额与中国实际利用外资总额之比就成为二元线性回归模型，其判定系数增加至0.948，且调整的判定系数也有所增加，回归方程误差减小，从拟合优度来看，第二个模型的拟合效果更佳。

根据模型估计得出评价结果：R = 0.974，R^2 = 0.948，R^2值接近于1，说明模型的拟合优度比较高，中国海洋产业对沿线国家的对外直接投资水平与我国主要涉海产业就业人数占全国从业人数之比、中国实际利用沿线国家外资总额占中国实际利用外资总额之比显著相关，模型见公式（10－3）：

$$\log_{10}(Y)_t = -33\,206.85 + 8\,678.55(\beta)_t + 35\,730.08(\theta)_t \quad (10-3)$$

10.3.4　综合回归结果分析

由于受到投资地域和项目的限制，选取了部分可供查询到的中国对沿线国家的投资项目，但由于投资项目具有一定的建设周期，其数据没有延续性，因此选取了与涉海企业对外投资相关的宏观变量进行检测分析。通过回归方程，可以发现影响中国涉海企业对外直接投资的各资源环境因素指标包括我国海洋科学技术获奖课题数、全国主要涉海产业就业人数、全国就业人数、中国实际利用所选沿线国家外资总额、中国实际利用外资总额、东道国工资水平总额、母国对东道国的出口总额等宏观变量指标。在检测分析时，使用向后回归分析筛选策略可以得出各资源环境因素的R^2均接近于1，证明各资源因素与其因变量具有相关性。但经过对回归系数的检验发现，其中我国海洋科学技术获奖课题数为－7.648，存在负相关，而其他指标系数为正，但P值均大于5%，存在不显著现象，则应剔除被解释变量。只有我国主要涉海产业就业人数占全国产业从业人数之比、中国实际利用沿线国家外资总额占中国实际利用外资总额之比这两个因素与中国海洋产业对沿线国家的对外直接投资水平显著正相关。

因此，为了促进中国涉海企业对外直接投资的增长，必须充分调动影响中国涉海企业对外直接投资的环境因素。同时，通过银行、中外投资合作公司、投资基金等金融性的服务机构为涉海企业集聚资本提供支撑和高效便捷的金融服务。此外，有必要加大我国涉海人力资源的开发力度，加快涉海人才队伍的培养和建设，优化海洋劳动力结构，提高劳动者的专业素质，增加科技人才队伍中在涉海产业从业人员中的比重，促进科学技术人员的高效集聚和流动，加快涉海科技课题向现实生产力的转变，深入实施“科技兴海”战略，提升我国对外直接投资的海洋经济发展水平。值得注意的是，沿线国家对外直接投资中要避免过度投资和开发，尊重海洋资源的有限性，合理有效地利用海洋产业领域的资源。

10.4 涉海企业对海上丝绸之路沿线国家直接投资的政策建议

近年来，中国已成为世界上外国直接投资主要来源地之一，在海洋产业对沿线国家的直接投资领域中，中国涉海企业有待更进一步加快步伐。随着陆地资源的不断开发与挖掘，我国政府更加关注海洋这一重要的发展空间，而海洋产业就成为21世纪最具潜力的新型战略性产业。中国海洋产业的发展需要充分利用沿线国家这个今后最具潜力的市场。为了引导国内涉海企业进一步走向海外市场，使其更好地融入国际海洋产业发展的价值链体系，提升涉海企业的国家竞争力，中国政府有必要在引导对外投资方面加大力度。沿线国家海洋产业发展的总体水平虽低于中国，但是各国在不同维度或某一海洋产业上具有相对比较优势，因此中国与沿线国家海洋产业进行投资时应合理统筹安排，使双方优势互补，以实现更多海洋资源在更广阔空间内的有效配置，进而促进中国涉海企业对外投资向更多领域和更深层次高度发展。因此，基于前文的梳理分析和实证研究，主要从我国涉海企业对外直接投资的时机选择、国别选择和产业选择三个层面对中国政府和沿线国家提出一些有关海洋产业对外直接投资的政策性建议。

10.4.1　基于投资时机的政策制定

10.4.1.1　注重分析宏观市场环境，满足产业发展需求

本章选择的大部分沿线国家属于新兴经济体和发展中国家，注重分析国际投资的宏观市场环境，熟知国内海洋产业发展需求，对于促进与外来投资企业的合作与发展至关重要。首先，我国涉海企业应充分了解沿线国家海洋经济市场的情况，在对其进行投资时，能够有效选取本章需要的投资产业来以此提升本国涉海企业发展的水平。其次，中国应加快融入海洋领域的全球创新网络。我国应积极致力于落实国际海洋产业合作协议，加强国际海洋科技合作，聚焦海洋产业共性技术，强化国际海洋合作研究，促进各国海洋优势科技资源互联互通，支撑中国在本国涉海工程项目的顺利落地实施。最后，我国涉海企业应看准沿线国家制定的投资准入政策。中国在对沿线国家投资时会根据沿线各国的海洋经济发展水平和投资环境进行衡量，对沿线国家海洋产业项目进行援助，也会利用有些投资环境较差国家的劳动力因素。因此，沿线国家也应根据中国的投资政策和力度设定相对宽松的投资政策，以便筑造两国的海洋产业交流平台。

10.4.1.2　抓住优势海洋产业的转移，加快对外投资步伐

由于沿线国家海洋资源禀赋各异，各国资源互补性很强，大多数是新兴经济体和发展中国家，各东道国经济普遍处于工业化阶段和发展上升期，海洋产业发展潜力巨大，但大多数发展中国家受到基础设施缺乏、体制政策不完善等因素的制约，发展潜力未能得到充分释放。因此，加快优势海洋产业的输出与转移对我国涉海企业来说是一个契机。涉海企业自身在寻求投资机会时，既需要了解中国海洋产业的实际情况，也要通晓东道国语言、制度、政策和价值观的取向。生活在世界各地的华侨可以弥补这些差异，在沟通和桥梁中发挥作用。涉海产业要根据东道国不同的资源优势与自己本企业的海洋产业匹配，筛选出能满足东道国发展需求的海洋产

业进行投资。

10.4.1.3 涉海企业采取用工当地化，促进就业福利制度

通过以上对沿线国家直接投资的特征分析可知，中国对沿线国家的直接投资对促进当地人就业还存在不足。究其原因主要有二：一是中国涉海企业对东道国当地的劳动力认识不足，而且由于两国语言、宗教信仰、文化和社会价值观等方面的差异，中国企业在沿线国家投资建厂时用工本土化方面有所滞后；二是中国企业不了解当地的最低工资标准，支付的工资往往低于当地同行业其他企业的工资标准，也没有设立足够完善的就业福利保障措施。因此，中国涉海企业在对沿线国家进行投资时，应当首先关注当地的工资水平和就业福利政策，尽量优先雇用当地的劳动力，这样既可以节约劳动用工成本，也能够给沿线国家提供更多的就业机会，此乃双方互利共赢的举措。

10.4.2 基于投资国别的政策制定

10.4.2.1 加强内陆企业实施创新联动发展

涉海企业对沿线国家的投资，不仅是对中国海洋产业全球竞争力、资源配置和国际影响力的提升，更是符合国际大型跨国涉海企业的培育。基于对不同投资国别的影响，着眼于涉海企业本身发展的现实需求，鼓励企业以跨国技术创新战略联盟的形式与沿线国家企业开展长期交流与合作，提升我国涉海企业的技术创新能力。首先，根据我国涉海企业发展现状，重点推动海洋战略性新兴产业领域的对外投资，如海洋工程装备制造、海水淡化与利用、海洋生物医药等新兴产业，选择一批规模基数稳定，发展基础良好并且有从事对外海洋领域投资开发经验的跨国涉海企业给予重点支持，这将使内陆企业更加热衷“从陆地转向海洋”。其次，由于西亚的一些中东国家对石油产业过度依赖，导致工业发展水平不高，例如沙特阿拉伯、科威特、卡塔尔、巴林、阿联酋和阿曼这六个国家依靠丰富的石油

资源进阶为高收入国家。因此，中国涉海企业根据不同国家的产业发展状况对其投资，将会使得这些国家摆脱对石油的依赖，逐步实施工业多元化战略，吸引更多外来投资。最后，充分利用我国充足的外汇储备，为跨国涉海企业的对外直接投资提供充分的资金支持，保障对外投资企业的税收优惠。例如，对海洋油气企业采取税收豁免、税收抵免和税收饶让等措施，避免国际双重征税；专门为涉海企业建立延期纳税制度，促进海洋企业利用对外投资的利润进行再投资，打造一批能够在国际海洋产业链运营和在国际海洋产品市场长期发展的实力派跨国涉海企业。

10.4.2.2 注重提升企业对外投资效率

中国的直接投资对沿线部分国家的国内生产总值（GDP）影响较显著，尤其是中国重点海洋产业的投资引进最为明显。针对不同的投资国别，应注重提升中国对外直接投资的效率，一方面加大本国出口以增加国家财政收入，另一方面加大进口引进力度，改善国民生活质量。沿线国家不断引进中国涉海产业投资就是为了把这种进出口效应做大，在吸收引进中国海洋产业投资时更加注重效率的提升，在具有比较优势的海洋行业加大投入与研发力度，降低生产成本，推出更多物美价廉的海洋产品来满足本国市场需求。

10.4.2.3 吸纳未就业者在中资企业就业

在注重效率提升的同时，沿线国家政府也要鼓励国内未就业人员积极到中国投资的企业中就业。当前中国对沿线主要国家的直接投资，对这些国家的就业效应还不显著，主要原因之一是当地劳动者对中国投资的企业认识还不够充分，未就业人员特别是高新技术人员不愿意到中国企业工作，因此中国政府应当在舆论导向上加大宣传力度，积极鼓励不同国家未就业者到中国企业工作；同时要大力提高本国就业人员素质，加大岗前技能培训，加强对中国涉海企业的宣传力度，并给予就业优惠补贴政策，以及完善就业福利体系。

10.4.3 基于产业选择的政策制定

10.4.3.1 拓宽海洋产业对外扶持力度，扩大投资规模

中国的涉海企业多数是国有上市公司或者股份有限公司，影响对外直接投资规模的首要影响因素就是资金匮乏，所以政府当务之急是要不断拓宽涉海企业的融资渠道。目前，中国对沿线部分国家直接投资存量和流量在明显上升，但是不论从中国实际利用沿线国家投资总额占中国对外直接投资的比重，还是占海上丝绸之路沿线主要国家引进外商直接投资总额的比重都普遍偏低，而且投资产业化存在不均衡，缺乏集约式产业投资，距离推动中国海洋产业“走出去”的战略目标要求还相距甚远。

首先，政府应鼓励商业性银行增加对中小企业的财政支持，真正发挥政策性银行等金融机构的作用，通过吸收更多的社会资本参与，还可以通过获得债权和基金等方式，为参与“走出去”的中国涉海企业提供长期外汇资金支持。其次，必须确保涉海产业海上能源运输安全。在沿线国家中，一些国家具有重要的战略地位，即使该国投资环境较差，也能吸引中国企业的投资。因此，政府要宏观把控海上航线运输的安全性，为涉海企业能源的运输提供保障。例如，巴基斯坦是一个投资环境不佳的国家，但截至2017年末中国对巴基斯坦的直接投资存量仍达到57.1亿美元[①]，投资项目主要集中在建设中巴经济走廊，一旦建成，将会大大降低涉海企业能源运输的时间和成本。最后，对于沿线国家来说，中国的对外直接投资对其经济增长、进出口贸易和就业情况均能起到促进作用，为了实现沿线国家的建设，政府必须借助亚洲基础设施投资银行和海上丝绸之路基金会等融资平台聚集资金，让这些国家看到所带来的经济利益，才能推动本地涉海企业积极“走出去”。

---

① 资料来源：中华人民共和国商务部网站。

10.4.3.2　加强对我国海洋产业竞争力的大力培养，改善投资结构

从前文对沿线国家投资项目中可以看出，中国涉海企业对沿线国家投资领域也相对单一，主要集中在制造业、能源矿产开采、交通运输和部分服务业等领域，单一的产业投资模式给中国和沿线国家带来的经济增长效应往往有限，因此我国政府有必要扩大投资领域，改善海洋产业投资结构。

首先，继续加大对沿线国家基础设施领域的投资。路沿线国家大多数是基础设施不发达的发展中国家，中国可以利用自身强大的基础设施建设能力，帮助改善沿线国家的投资环境，这样不仅能够优化“三去一降一补”任务，还可以改善当地对原材料、劳动力等方面的巨大需求，从而增加沿线国家的财政收入和就业率。其次，积极引导中国具有传统优势的海洋产业去海外投资建厂，这样对提高沿线国家工业化水平、优化海洋产业结构、增加当地就业、改善民生等方面都有积极作用。最后，利用投资沿线国家的特色海洋产业，深化与沿线国家在海洋领域的合作，如加强海水养殖、渔业加工、海洋生物制药和海上旅游等海洋产业合作，一方面不断打造跨国产业链实现优势产能输出，另一方面促进海上资源共同开发和海洋产业的蓬勃发展。

10.4.3.3　加强海洋产业顶层设计，建立涉海企业对外投资数据库

涉海上市公司的数据目前没有一套完备的数据库可以查询到，只能在专家学者写作的基础上，运用新浪财经、深交所和上交所等途径增加一些新的上市公司，但这些公司对外投资的数据却无法查询，仅仅依靠商务部网站中的“走出去”公共平台手动整理出一些投资项目数据。从时间维度上看，海洋产业“走出去”部署既要服从和服务于国家海洋事业的发展大局，也要与国家的对外投资战略和援助策略等相互协调、相互促进。因此，综合海洋经济开放性的特征和海洋产业转型升级的战略要求，希望政府能够重视对涉海企业的划分和归类，建议政府相关部门建立涉海企业对

外投资的数据库，而且建议编制中国海洋产业“走出去”发展战略及其规划，系统化管理对外投资的涉海企业，为我国海洋产业的发展建立有据可循的资料库。

第11章　中国与海上丝绸之路沿线国家港口合作

21世纪海上丝绸之路倡议提出以来，中国与沿线部分国家经贸合作不断深化，对外投资、基础设施建设等领域合作持续加强，双边贸易额稳步提升增长。设施联通更是倡议基础设施领域的重点。2014年出台的《国务院关于促进海运业健康发展的若干意见》提出，到2020年要构建极具国际竞争力的现代港口体系。2015年出台的《推动共建丝绸之路经济带和21世纪海上丝绸之路的愿景与行动》提出，加强港口基础设施建设，提高沿线国家港口沟通合作程度，打造沿线国家港口发展命运共同体（杨忍，2018）。在此背景下，瓜达尔港、汉班托塔港、比雷埃夫斯港、哈里法港、西努哈克港等重点项目合作顺利。港口作为建设21世纪海上丝绸之路倡议的关键节点，在全球海运网络体系、海上国际贸易物流和国际供应链中发挥着关键基础性作用。

我国已经与世界200多个国家、600多个主要港口建立航线联系，海运互联互通指数保持全球第一。中国与沿线国家港口联通度明显高于其他领域基础设施联通水平，极大促进了双边贸易发展。2013～2018年，东盟成为中国第三大贸易伙伴，中国也成为东盟第一大贸易伙伴，在2017年“一带一路”双边贸易额排行榜中，越南1 218.7亿美元、马来西亚962.4亿美元、印度847.2亿美元分别位于第二名、第三名、第四名，泰国806亿美元、新加坡797.1亿美元、印度尼西亚633.8亿美元、菲律宾513.5亿美元分别位居第六名、第七名、第八名、第九名。①

---

① 资料来源：中商产业研究院数据库。

中国与沿线部分国家双边贸易额持续上升，合作领域不断深化，港口设施互联互通不断提高，在此背景下，中国与沿线部分国家的整体港口综合竞争力处于一个什么水平？港口综合竞争力水平的高低对中国与沿线部分国家的双边贸易有何影响？如何进一步提高双边港口综合竞争力？这些问题是本章研究的目的及意义。

11.1 海上丝绸之路沿线部分国家港口现状分析

11.1.1 沿线部分国家港口现状分析

11.1.1.1 中国主要港口概况

中国经济高速发展带来港口行业的快速发展，中国港口货物吞吐量已经跃居世界前列，涌现出一大批世界排名靠前的港口，如上海港、宁波舟山港、广州港、深圳港、唐山港、天津港、大连港、青岛港、日照港、湛江港等著名港口，承担了中国大部分集装箱货物吞吐量。截至 2018 年，我国已经形成环渤海港口群、长三角港口群、珠三角港口群、东南沿海港口群、西南沿海港口群等五大港口群，沿海港口 150 余个，港口货物吞吐量接近 140 亿吨。如表 11 - 1 所示，宁波舟山港是我国货物吞吐量第一大港口，沿海港口作为全国经济发展以及对外贸易的重要基础载体，作为航运体系网络的重要支撑节点，有力支撑了经济、贸易发展以及人民生活水平的提高（李雪，2015）。

表 11 - 1　　2018 年中国前十大港口货物吞吐量

排名	港口名称	吞吐量（亿吨）	增幅（%）
1	宁波舟山港	10.84	7.40
2	上海港	6.84	-3.00
3	唐山港	6.37	11.10
4	广州港	5.94	4.20

续表

排名	港口名称	吞吐量（亿吨）	增幅（%）
5	青岛港	5.43	6.10
6	苏州港	5.32	-12.00
7	天津港	5.08	1.40
8	大连港	4.68	2.80
9	烟台港	4.43	10.06
10	日照港	4.38	8.90

资料来源：福建海事局官网。

（1）环渤海港口群。

环渤海港口群是中国北方经济发展的重要支撑点，主要由辽宁大连港，河北唐山港、秦皇岛港，天津港，山东半岛的青岛港、日照港、烟台港、营口港等沿海港口组成，服务于我国北方沿海和内陆地区的社会经济发展（周雅琨，2017）。从表 11 -2 可知，大连港、天津港、唐山港、青岛港在港区数、泊位数、泊位平均水深、泊位靠泊能力等硬件基础设施完善程度方面都位居环渤海港口群前列，起到了环渤海经济发展的龙头辐射作用。

表 11 -2　　2018 年环渤海港口群主要港口概况

项目	大连港	天津港	唐山港	青岛港	秦皇岛港	日照港	烟台港	营口港
港区数（个）	12	5	3	5	4	2	7	7
泊位数（个）	163	159	39	159	73	46	203	82
泊位平均长度（米）	217	250	450	230	208	250	150	220
泊位平均水深（米）	10.80	12	14	11	9	12	8	8.50
泊位平均靠泊能力（吨）	60 000	75 000	80 000	72 000	53 000	40 000	38 000	35 000
堆场面积（万平方米）	380	950	350	108	190	380	250	460

续表

项目	大连港	天津港	唐山港	青岛港	秦皇岛港	日照港	烟台港	营口港
吞吐量（亿吨）	4.68	5.08	6.37	5.43	2.31	4.38	4.43	3.70
航道数（条）	12	5	3	5	4	2	7	7

资料来源：港口网。

（2）长江三角洲地区港口群。

如表11-3所示，长三角港口群以上海港、宁波舟山港、连云港为核心，充分发挥温州港、南京港、镇江港、南通港、苏州港等沿海沿江港口的作用，发挥长三角港口群集聚效应。截至2018年，宁波舟山港是我国港口货物吞吐量第一大港，连续十年居全球第一①，已经形成“一港，两域，十九区”的港口总体布局，一港是宁波舟山港，两域是指宁波港域与舟山港域，十九区包括宁波港域的八个港区和舟山港域的十一个港区。长三角港口群港口硬件基础设施完善，港口作业自动化水平高，背靠发达的长江三角洲经济发展带，经济腹地广阔，是中国港口发展竞争力较高的地区（孙世达，2016）。

表11-3　　2018年长三角港口群主要港口概况

项目	上海港	宁波舟山港	连云港	南通港	苏州港	镇江港	南京港	温州港
港区数（个）	9	19	5	10	3	7	20	7
泊位数（个）	355	173	43	109	234	159	110	47
泊位平均长度（米）	250	300	260	240	245	180	140	150
泊位平均水深（米）	11	13	11.59	11	12	10.80	8	9.50
泊位平均靠泊能力（吨）	66 000	77 000	55 000	60 000	50 000	35 000	33 000	25 000

① 资料来源：浙江省人民政府官网。

续表

项目	上海港	宁波舟山港	连云港	南通港	苏州港	镇江港	南京港	温州港
堆场面积（万平方米）	866.6	86.52	230.7	147.60	378.60	161	258.9	106
吞吐量（亿吨）	6.84	10.84	2.14	2.67	5.32	1.53	2.52	0.80
航道数（条）	9	19	5	10	3	7	20	7

资料来源：港口网。

（3）东南沿海地区港口群。

东南沿海港口群是推进东南国际航运中心建设，大力建设海峡西岸经济带的重要依托，服务于福建省和江西省等省份部分地区的经济社会发展和对台“三通”的需要，以厦门港、福州港为主，包括泉州港、莆田港、漳州港等港口。厦门港、泉州港、福州港等都是 21 世纪海上丝绸之路的重要始发港（张诗雨，2016）。从表 11 -4 可知，东南沿海港口群的主要港口基础设施水平相对环渤海港口群、长三角港口群较低，大力推进 21 世纪海上丝绸之路建设需进一步提升东南沿海港口群基础设施水平。

表 11 -4　　2018 年东南沿海港口群主要港口概况

项目	厦门港	福州港	泉州港	莆田港	漳州港
港区数（个）	9	19	5	10	7
泊位数（个）	355	173	43	109	159
泊位平均长度（米）	250	300	260	240	180
泊位平均水深（米）	11	13	11.59	11	10.8
泊位平均靠泊能力（吨）	66 000	77 000	55 000	60 000	35 000
堆场面积（万平方米）	866.6	86.52	230.7	147.6	161

续表

项目	厦门港	福州港	泉州港	莆田港	漳州港
吞吐量（亿吨）	2.17	1.79	1.28	0.34	0.49
航道数（条）	9	19	5	10	7

资料来源：港口网。

（4）珠江三角洲地区港口群。

如表11－5所示，珠江三角洲港口群以广州港、深圳港、珠海港为核心，相应发展汕头港、汕尾港、惠州港、虎门港、茂名港、阳江港等港口，依托粤港澳大湾区优势，构建服务于华南西南，辐射全国，面向世界的高水平港口发展集群。在2018年世界十大港口排行榜中，广州港、深圳港、维多利亚港位居前列[①]，充分显示了珠三角港口群的高竞争力。随着粤港澳大湾区以及21世纪海上丝绸之路的建设推进，珠三角港口群在推动粤港澳大湾区融合发展，拓展对外开放水平上发挥越来越重要的作用。

表11－5　2018年珠三角港口群主要港口概况

项目	广州港	深圳港	维多利亚港	珠海港	汕头港	汕尾港	惠州港
港区数（个）	4	11	2	7	3	3	3
泊位数（个）	331	144	29	114	234	55	27
泊位平均长度（米）	220	250	230	—	245	157	238
泊位平均水深（米）	—	12	13	8	12	8.80	10.90
泊位平均靠泊能力（吨）	45 000	50 000	60 000	22 000	50 000	15 000	51 000

① 资料来源：Alphainer。

续表

项目	广州港	深圳港	维多利亚港	珠海港	汕头港	汕尾港	惠州港
堆场面积（万平方米）	73.50	60	—	21.8	378.6	29.97	80
吞吐量（亿吨）	5.94	2.51	2.58	1.38	0.40	—	0.96
航道数（条）	4	11	2	7	3	3	3

资料来源：港口网。

（5）西南沿海地区港口群。

如表11－6所示，西南沿海港口群以湛江港、防城港、海口港为主，相应发展北海港、钦州港、洋浦港、三亚港等港口。湛江作为北部湾城市群中心城市、广东省域副中心城市以及广东沿海经济带、琼州海峡经济带重要支点城市，积极对接海南自由贸易区建设，是国家对接东盟自由贸易区以及21世纪海上丝绸之路建设的桥头堡城市。随着《湛江铁路枢纽总图规划（2016～2030）》正式批复，湛江将成为粤西以及北部湾城市群铁路枢纽城市，这对大力加强陆海联运，进一步发挥湛江港辐射带动作用，扩大区域港口群在西南地区的影响力起到重大作用。

表11－6　2018年西南沿海港口群主要港口概况

项目	湛江港	北海港	防城港	钦州港	海口港
港区数（个）	6	8	10	7	3
泊位数（个）	6	8	10	3	3
泊位平均长度（米）	75	25	61	43	25
泊位平均水深（米）	180	302	240	221	240
泊位平均靠泊能力（吨）	8	9.30	10.30	9.10	8.50
堆场面积（万平方米）	30 000	31 000	25 000	25 000	30 000
吞吐量（亿吨）	3.02	0.34	1.04	1.01	1.19
航道数（条）	1.49	2.50	0.83	1.05	—

资料来源：港口网。

综上所述，在中国经济高速发展的30余年中，中国沿海港口群作为中国航运体系网络的重要支撑起到了重要作用，由表11－2～表11－6可知，中国沿海港口群主要集中在经济发达的城市群，港口的兴起发展与城市群息息相关，港口基础设施比较发达的主要是环渤海港口群、长三角港口群和珠三角港口群，这三个港口群几乎集中了中国港口货物吞吐量的大部分，显示了高竞争力。东南沿海港口群、西南沿海港口群需进一步完善港口基础设施，优化港口运营流程，持续提升港口竞争力。

11.1.1.2　东盟部分国家港口概况

东盟国家水文自然条件优越，地理区位突出，是东亚连接南亚、中东、非洲以及欧洲的必经之路，扼守马六甲海峡航运咽喉，极具战略地位，孕育出一大批优良港口，如越南的海防港、岘港、胡志明港、西贡港；菲律宾的马尼拉港（吴春朗，2014）；新加坡港；马来西亚的巴生港、槟城港、丹戎帕加帕斯港；柬埔寨的西哈努克港；泰国的林查班港、曼谷港；印度尼西亚的丹戎不碌港、丹戎佩拉港；斯里兰卡的科伦坡港；缅甸的仰光港等。由于本章研究对象是沿线部分国家港口综合竞争力，总体上中国与东盟双边贸易额不断增长，双边合作持续深化，但中国与东盟每个国家贸易发展体量不一，且东盟国家港口条件发展参差不齐，故选择越南、菲律宾、马来西亚、印度尼西亚、新加坡、泰国、缅甸、文莱、柬埔寨 9 个国家为样本。

（1）越南主要港口概况。

越南国土面积为 33 万平方公里，国土形状狭长，南北走向，海岸线漫长曲折，总长约 3 000 多公里。[①] 越南沿海海运相对发达，港口数量众多，自 20 世纪 90 年代越南经济改革开放后，经济快速发展，形成了北中南三大港口群的发展格局。越南北部港口群以全国第二大港口海防港为主，包含广宁港、锦普港、雷东港、广义港等小港，构成越南北方经济发展的港口群。越南中部港口群主要以岘港、芽庄港为主，包括荣市港、边水港、顺化港、归仁港，形成越南中部港口发展群，吞吐量占越南总量的比重相对较低。南部港口群是越南对外贸易发展的重要支撑，胡志明港、

① 资料来源：新华网。

头顿港、盖梅港、美富港是重要节点，南部港口群吞吐量占越南总量的约 65%，是越南经济发展的重要增长引擎。2018 年胡志明港集装箱吞吐量为 633 万 TEU，比上年增长 6.8%，世界排名第 26 位。[①]

（2）菲律宾港口概况。

菲律宾北望中国，西眺中南半岛，东临太平洋，南与印度尼西亚、马来西亚隔海相望，是东亚连接南亚，亚洲沟通非洲的重要桥梁，扼守世界贸易最繁忙水域南中国海，具有重要的战略位置。菲律宾天然良港众多，主要有 7 个集装箱港口，其中 5 个港口规模较大，包括马尼拉港、达沃国际口岸、宿务国际口岸、苏比克港和八打雁港，设计总吞吐能力为 790 万 20 英尺当量单位，马尼拉港是菲律宾国内第一大海港，位于吕宋岛北部马尼拉湾东岸，附近有马尼拉国际机场，交通便利，地理位置优越（张洁，2021）。2016 年 10 月，中交疏浚股份有限公司与菲律宾 Mega Harbour 港口发展公司就达沃市海港开发项目签署战略合作协议[②]，达沃港项目标志着中菲双方港口合作建设进一步迈向新高度。

（3）马来西亚港口概况。

马来西亚面积为 33 万平方公里，人口约 3 000 万人，全国分为马来半岛与沙砂半岛，北与泰国接壤，西濒马六甲海峡，东临南中国海，南濒柔佛海峡，与新加坡毗邻，扼守全球战略水道马六甲海峡，地处全球航运最繁忙的区域之一，海陆交通便利，海岸线曲折漫长，岛屿众多，孕育出一批比较著名且竞争力较强的港口（周巧琳，2017）。马来西亚目前主要的港口有巴生港、关丹港、丹戎帕拉帕斯港、槟城港、皇京港、柔佛港等。英国劳氏日报发布 2019 年全球百大集装箱港口最新榜单，巴生港位居第 2 位，丹戎帕拉帕斯港位居第 18 位。

（4）印度尼西亚主要港口概况。

印度尼西亚，简称印尼，全国有 7 000 多个岛屿，有大小港口 167 个，雅加达港、丹绒不碌港、泗水港、三宝垄港、勿拉湾港、潘姜港、巴厘巴

① 资料来源：港口网—“一带一路”视野中的越南胡志明港。
② 资料来源：江苏省进出口商会官网。

板港为 7 个最主要港口（李湘纯，2015）。其中，丹绒不碌港是雅加达的外港，是印度尼西亚国内最大的港口集装箱以及货物吞吐港口。上述港口是印尼具有战略性地位的港口，它们分别由四大印尼港务公司经营，港口主要分布在爪哇岛、苏门答腊岛、苏拉威西岛、加里曼丹岛等。印尼港口发展呈现出以下特点：一是发展速度较快。二是港口基础设施建设力度加大。印度尼西亚港口除了雅加达港、泗水港、丹绒不碌港等主要港口基础设施相对完善外，其他港口整体上设施较为落后。2014 年印尼进一步提出“全球海洋支点”战略，重点领域是加强基础设施领域建设，尤其是港口基础设施，建立海洋高速公路，开发大型商业港口，加强国内港口与主要国家港口互联互通。

（5）新加坡港口概况。

新加坡港扼守马六甲海峡，地理位置优越，港口自然条件优越，操作运营自动化水平高，贸易流通顺畅，是世界著名的中转港，是亚太地区繁忙的贸易港口之一，港口集装箱吞吐量位居亚太前列。新加坡港口赖以生存发展的是港口中转贸易，而港口业也是新加坡国民经济的支柱。随着近年来马来西亚关丹港、丹戎帕拉斯港的有力崛起，新加坡港面临日趋严峻的竞争，东亚区域国家为缓解“马六甲困境”寻找更多替代港口。新加坡港为保持在东南亚地区的港口竞争优势，近年来大力加强港口智能化建设，降低港口流通壁垒。

（6）泰国主要港口概况。

泰国，全称泰王国，位于中南部和马来半岛北部，国土面积约为 51.4 万平方公里。泰国实行自由经济政策，经济发展方面以农业为主，工业呈现逐步发展态势，农产品对外贸易繁荣发展（马荣伟，2017）。港口运输是泰国对外贸易的主要运输方式，泰国港口众多，全国共有 47 个港口，其中海港有 26 个，国际港口有 21 个，泰国最主要的港口有曼谷港、林查班港、普吉港、宋卡港、清孔港、清盛港、是拉差港和拉农港等。[①] 2018 年《劳氏日报》发布 2017 年全球百强港口排行榜，泰国林查班港以 778

① 资料来源：沈阳市人民政府外事办公室官网。

万 TEU 位居第 20 位。2019 年 1 月 23 日，第一届东南亚港口发展大会在曼谷举行，会议重点讨论东南亚区域港口基础设施更新建造、融资、规划、运营和新技术应用等热点话题。2016 年，泰国政府提出“泰国 4.0”发展战略，2018 年提出“东部经济走廊发展战略”（常翔，2017）。泰国政府大力推动林查班港口和马达普港口基础设施建设，这与中国 21 世纪海上丝绸之路倡议大力推进区域国家基础设施互联互通高度契合，双边面临重大合作机遇。

11.1.1.3　南亚部分国家港口概况

（1）印度主要港口概况。

印度是南亚次大陆最大国家，国土面积约为 298 万平方公里，海岸线长 5 560 公里[①]，东临孟加拉湾，与东南亚隔海相望，西接阿拉伯海至中东，南向印度洋，扼守海域航线众多，地理位置优越，印度国内海港众多，大小港口约有 200 个，主要海运港口有 12 个。印度港口虽然众多，但是 12 个主要港口垄断了印度绝大部分海运货物贸易。[②] 莫迪政府上台后，大力推动“印度制造”，印度港口总体上基础设施比较落后，港口运营操作效率低下，12 个主要港口虽然在印度国内基础设施相对较好，但是对比国际同类港口却是远远落后。2017 年全球百强吞吐量港口排名中，印度蒙德拉港口以 345 万 TEU 仅排在第 48 位，这也是印度国内唯一上榜的港口。[③] 为进一步推动印度港口发展建设，莫迪政府启动了新建现代化港口计划，通过大力兴建港口基础设施，优化港口运营操作流程，提升海港自动化水平，提高港口通关效率。

（2）巴基斯坦主要港口概况。

巴基斯坦是海上丝绸之路沿线的重要支点国家，双边合作除重点推进海上丝绸之路建设外，也重点推进中巴经济走廊建设，是中国全天候战略合作伙伴。巴基斯坦国内港口不多，大小港口约 15 个，海运贸易集中在

---

① 资料来源：中华人民共和国中央人民政府官网—印度概况。

② 资料来源：中国港口网 http：//www. chinaports. com/portlspnews/2244。

③ 资料来源：中国港口协会—2017 年全球集装箱港口 100 强榜单。

卡拉奇港和卡西姆港两个主要港口，承担了巴基斯坦 90% 的货物吞吐量（赵亚芬，2019）。另外，瓜达尔港是巴基斯坦境内唯一的深水港，2012 年由中国企业开工建设，2016 年 11 月 13 日，巴基斯坦中资港口瓜达尔港正式开航。[①]

（3）孟加拉国主要港口概况。

孟加拉国位于南亚次大陆东北部，西接印度，东邻缅甸，南向孟加拉湾，海岸线资源丰富。吉大港、达卡港、蒙格拉港是孟加拉国最主要的三个港口，其中蒙格拉港与达卡港是河港，吉大港是孟加拉国内最大、国际化程度最高、集装箱吞吐量最大的港口，持续增长的货物吞吐量给吉大港带来了一系列问题：一是驳船短缺，港口拥堵严重。二是港口水深过浅，无法停靠大型货轮。吉大港泊位水深在 6.4～8.5 米[②]，对于大型集装箱货船无法停靠，这需要足够多的驳船连接母船。三是港口码头岸线严重超载。2018 年吉大港集装箱吞吐量为 280 万 TEU[③]，超过吉大港设施处理能力。目前吉大港港务局正在推动吉大港扩建工程。

（4）斯里兰卡主要港口概况。

斯里兰卡位于亚洲南部，西邻阿拉伯海，东面孟加拉湾，南向印度洋，地处太平洋和印度洋交界处及亚太航运贸易繁忙区域，地理位置优越。斯里兰卡主要港口有科伦坡港、汉班托塔港、高尔港和亭可马里港[④]。斯里兰卡港是斯里兰卡国内最大、历史最悠久，也是世界上最大的人工港口之一。2011 年，中国招商局港口与斯里兰卡政府签署科伦坡港口建设协议，建设科伦坡港口南部集装箱码头（王聪，2015）。2017 年全球百强港口排行榜中，科伦坡港以 621 万 TEU 集装箱吞吐量位居第 24 名，相比 2016 年集装箱 574 万 TEU 吞吐量增长了 8.2%，科伦坡港口的振兴发展带动了斯里兰卡经济。[⑤]

---

① 资料来源：中国一带一路网。
② 资料来源：昆明市人民政府外事办公室官网。
③ 资料来源：中华人民共和国商务部官网。
④ 资料来源：中华人民共和国外交部官网。
⑤ 资料来源：中国港口协会。

11.1.1.4　西亚及北非部分国家港口概况

西亚，位于亚洲西部，包括的国家有伊朗、伊拉克、阿塞拜疆、格鲁吉亚、亚美尼亚、土耳其、叙利亚、约旦、以色列、巴勒斯坦、沙特、巴林、卡塔尔、也门、阿曼、阿拉伯联合酋长国、科威特、黎巴嫩、塞浦路斯、阿富汗共 20 国（左世超，2018）。基于数据获取的可行性、完整性以及中国与西亚国家在海上丝绸之路建设上的合作成果，西亚及北非的样本国家主要以埃及、伊朗、沙特阿拉伯、阿拉伯联合酋长国、阿曼、约旦、土耳其、巴林 8 个国家为主。

（1）阿拉伯联合酋长国主要港口概况。

阿拉伯联合酋长国，简称阿联酋，位于阿拉伯半岛，北濒波斯湾，海岸线长 734 公里，东北与阿曼毗连，西南与沙特阿拉伯交界，面积为 83 600 平方公里，是波斯湾沿岸的著名产油国，扼守霍尔木兹海峡，港口石油贸易繁忙，阿联酋主要港口年货物吞吐量达 10 540 万吨，集装箱吞吐能力为每年 2 650 万 TEU。阿布扎比的哈利法港的自动化程度在中东地区排名第一，将建成世界最大产业集群区，迪拜杰拜勒·阿里港是中东地区最大港，也是世界最大人造港。① 拉希德港位于阿联酋东北沿海，波斯湾南侧，是阿联酋国内最大的港口，是世界大型集装箱港口之一，是中东地区最大的自由贸易港，是海湾地区的修船中心，拥有位居世界前列的超大型干船坞，港区主要码头泊位有 18 个，岸线长 4 265 米，最大水深 13.5 米②。在 2018 年《劳氏日报》公布的全球百强港口中，拉希德港以 1 495 万 TEU 吞吐量位居第 11 位。1991 年，迪拜设立迪拜港务局，作为港口专业管理机构，对拉希德港和杰拜勒·阿里港进行统一管理③。

（2）沙特阿拉伯主要港口概况。

沙特阿拉伯是中东地区总面积较大的国家，是中东最大产油国，国土东北海岸毗邻波斯湾，面向霍尔木兹海峡，西部国土位于红海沿岸，紧靠

---

①　资料来源：中华人民共和国外交部官网。

②③　资料来源：中国港口网。

苏伊士运河，地理位置优越，毗邻世界航运贸易最发达的两个地区之一，石油贸易发达。吉达港位于沙特阿拉伯西海岸中部，是沙特阿拉伯的最大集装箱港口之一，海陆空交通发达。达曼港位于沙特阿拉伯东北沿海，波斯湾沿岸，是沙特东部地区最大海港，因石油工业而兴起，分东、西两个港区，2018 年港口集装箱吞吐量为 154 万 TEU，相对 2017 年略有下降。[①]

（3）阿曼主要港口概况。

阿曼苏丹国，简称阿曼，位于阿拉伯半岛的东南沿海，西北与阿拉伯联合酋长国接壤，西面毗邻沙特阿拉伯，西南靠近也门。主要港口有马斯喀特卡布斯苏丹港、苏哈尔港、萨拉拉港、杜库姆港、法赫勒港等，其中马斯喀特卡布斯苏丹港已不再承担货运任务，正逐渐转型为旅游港；苏哈尔港和萨拉拉港主要从事集装箱等货运业务；杜库姆港尚在建设中；法赫勒港为原油运输专用港。[②] 苏哈尔港位于马斯喀特西北 200 公里处，共有 21 个泊位，可停靠 10 万吨级游轮，重点从事苏哈尔工业区业务，集装箱年处理能力有望增加至 200 万 TEU，2021 年，被列为中东最大的散货港[③]。

（4）埃及主要港口概况。

埃及，全称阿拉伯埃及共和国，地处非洲大陆东北部，横跨亚、非两大洲，是沟通大西洋与印度洋的交通要道，地理位置十分重要。埃及目前共有大小港口 62 个，其中最主要港口是亚历山大港、塞得港、苏科纳港（赵军，2018）。

11.1.2　海上丝绸之路沿线部分国家港口相关情况

11.1.2.1　海上丝绸之路沿线部分国家港口集装箱吞吐量

本章基于世界银行数据库，系统整理了中国、东盟、南亚、中东、西

---

① 资料来源：Alphaliner。

② 资料来源：中华人民共和国外交部官网。

③ 资料来源：中华人民共和国商务部—中华人民共和国驻阿曼苏丹国大使馆经济商务处。

亚、北非、南非、中东欧、南欧、西欧部分区域共46个国家2007～2018年港口集装箱吞吐量基本情况。港口集装箱吞吐量是国家港口综合竞争力的重要衡量指标，直接反映一个国家对外贸易的繁荣程度，是国家经济发展的窗口（郭敏，2017）。在中国与东盟区域中，如表11－7所示，2007～2018年，中国集装箱吞吐量都位居第一位，其次是新加坡与马来西亚，因优越的地理位置，扼守马六甲战略通道使得新加坡与马来西亚吞吐量位居海上丝绸之路沿线东盟区域前列，2018年新加坡3 660万TEU的吞吐量是新加坡港优质的港口设施、高效的作业效率以及便利化环境的反映，更是作为亚洲国际航运枢纽中心，国际第一大港口中转中心的综合体现。马来西亚从2007年的1 400万TEU吞吐量上升到2018年的2 496万TEU，增长了约44%。其他沿线国家的吞吐量则保持相对缓慢增长水平，吞吐量2008～2018年基本维持在百万TEU的幅度范围。

表11－7　　2007～2018年沿线国家港口集装箱吞吐量（中国与东盟九国）

单位：百万TEU

年份	中国	越南	菲律宾	马来西亚	新加坡	印度尼西亚	泰国	缅甸	柬埔寨	文莱
2007	103.83	4.01	4.35	14.83	28.77	6.58	6.33	1.70	0.25	0.09
2008	115.95	4.39	4.47	16.09	30.89	7.40	6.72	1.09	0.26	0.09
2009	108.80	4.93	4.30	15.92	26.59	7.25	5.90	1.18	0.21	0.08
2010	142.97	5.96	5.08	18.14	29.14	9.70	7.55	1.35	0.22	0.09
2011	157.42	6.53	5.31	20.06	30.64	10.41	8.3	1.41	0.22	0.11
2012	166.51	8.36	5.64	20.89	32.34	11.54	8.41	1.42	0.22	0.11
2013	175.93	8.96	5.82	21.37	33.39	11.86	8.90	1.49	0.23	0.12
2014	186.68	10.18	6.17	22.64	34.69	11.61	9.42	1.64	0.34	0.13
2015	195.27	11.48	7.20	24.25	31.71	11.98	9.52	2.04	0.39	0.13
2016	199.55	11.85	7.62	24.57	32.67	12.48	9.95	2.37	0.40	0.13
2017	213.71	12.84	8.19	24.71	33.60	13.86	10.73	2.58	0.49	0.12
2018	225.83	16.37	8.64	24.96	36.60	12.85	11.19	1.29	0.74	0.12

资料来源：世界银行数据库。

如表11－8所示，在中东与西亚区域，由于部分国家常年受到国际制裁与战乱影响，基于数据的完整性与可获得性，中东与西亚区域选取了阿联酋、沙特阿拉伯、阿曼、巴林、卡塔尔、伊朗、土耳其7个国家为代表。在表11－8中，阿联酋港口集装箱吞吐量从2007年的1 318万TEU到2018年的1 905万TEU，连续11年保持该区域第一位，反映了阿联酋国内港口的竞争力。其次是土耳其、沙特阿拉伯与阿曼三个国家，土耳其从2007年的468万TEU的吞吐量到2018年994万TEU，增长了1倍，这与土耳其横跨欧亚的良好地理位置有关，它是欧洲连接亚洲，中亚连接西亚的战略通道，港口转运贸易相对发达。卡塔尔与巴林由于国土面积相对较小，地缘整治优势上相对较小，港口集装箱吞吐量2007～2018年增长趋势不明显（梁雪娇，2018）。

表11－8　　2007～2018年沿线国家港口集装箱吞吐量（中东与西亚区域）

单位：百万TEU

年份	阿联酋	沙特阿拉伯	阿曼	巴林	卡塔尔	伊朗	土耳其
2007	13.18	4.21	2.88	0.23	0.35	1.72	4.68
2008	14.76	4.65	3.43	0.27	0.40	2.00	5.22
2009	14.43	4.43	3.77	0.28	0.41	2.21	4.52
2010	15.18	5.81	3.94	0.27	0.42	3.05	6.60
2011	16.87	7.00	3.75	0.27	0.42	3.42	7.39
2012	18.12	7.95	4.33	0.27	0.42	2.66	8.17
2013	18.69	7.81	4.02	0.27	0.42	2.13	9.43
2014	20.22	7.44	3.89	0.27	0.46	2.27	9.34
2015	21.23	7.57	3.57	0.27	0.57	2.16	8.83
2016	20.61	7.59	4.08	0.27	0.57	2.56	8.58
2017	21.28	8.40	4.78	0.27	1.27	3.09	9.92
2018	19.05	8.67	4.22	0.43	1.84	3.79	9.94

资料来源：世界银行数据库。

表11－9中北非、东非及南非区域，埃及、摩洛哥、南非三国集装箱吞吐量相对较高，这也与三国经济发展水平相符。埃及拥有良好的地理位置，苏伊士运河是世界上最繁忙的航线之一，港口中转贸易发达。埃及港口集装箱吞吐量从2007年518万TEU到2018年747万TEU，在整个非洲

区域保持较高水平。利比亚、突尼斯两国由于近年来的战乱或局势动荡，国家对外贸易长期处于低水平。

表 11－9　　2007～2018 年沿线国家港口集装箱吞吐量

（北非、东非及南非区域）

单位：百万 TEU

年份	埃及	利比亚	阿尔及利亚	突尼斯	摩洛哥	尼日利亚	肯尼亚	南非
2007	5. 18	0. 12	0. 20	0. 42	0. 84	0. 07	0. 58	3. 65
2008	6. 10	0. 17	0. 22	0. 42	0. 91	0. 07	0. 61	3. 87
2009	6. 25	0. 16	0. 25	0. 42	1. 22	0. 08	0. 61	3. 72
2010	6. 83	0. 07	1. 11	0. 35	2. 80	1. 23	0. 69	3. 95
2011	6. 51	0. 43	1. 08	0. 37	3. 03	1. 51	0. 77	4. 38
2012	7. 43	0. 49	1. 08	0. 38	2. 96	1. 72	0. 90	4. 35
2013	7. 35	0. 43	1. 14	0. 39	3. 52	1. 58	0. 89	4. 69
2014	7. 90	0. 46	1. 24	0. 47	4. 07	1. 70	1. 01	4. 56
2015	7. 19	0. 46	1. 24	0. 57	3. 96	1. 40	1. 07	4. 66
2016	7. 38	0. 45	1. 25	0. 67	3. 97	1. 43	1. 07	4. 45
2017	7. 43	0. 47	1. 40	0. 94	4. 57	1. 65	1. 20	4. 63
2018	7. 47	0. 09	1. 47	0. 49	4. 76	1. 21	1. 30	4. 89

资料来源：世界银行数据库。

在表 11－10 的南亚及其他区域中，印度与澳大利亚处于较高水平，印度从 2007 年的 739 万 TEU 到 2018 年的 1 638 万 TEU，12 年间共增长超过 1 倍，这与印度十年间经济快速增长，以及莫迪政府一系列港口发展计划相符合。澳大利亚与新西兰作为大洋洲经济相对发达的国家，港口集装箱吞吐量保持相对高位水平，澳大利亚集装箱吞吐量从 2007 年的 629 万 TEU 到 2018 年的 875 万 TEU，整体上保持上升趋势。斯里兰卡在南亚区域中，港口集装箱处于相对较高水平，这与斯里兰卡科伦坡港、汉班托塔港的外来投资有关，中国与斯里兰卡的科伦坡港口合作项目使得斯里兰卡港口基础设施水平大幅度提高。孟加拉国与巴基斯坦港口集装箱吞吐量处于较低水平，两国 2007～2018 年增长幅度不大，孟加拉国 2018 年吞吐量为 283 万 TEU，巴基斯坦 2018 年吞吐量为 328 万 TEU。

表 11 - 10　　2007～2018 年沿线国家港口集装箱吞吐量

（南亚及其他区域国家）　　单位：百万 TEU

年份	孟加拉国	巴基斯坦	印度	斯里兰卡	澳大利亚	新西兰
2007	1. 00	1. 87	7. 39	3. 68	6. 29	2. 31
2008	1. 09	1. 93	7. 67	3. 68	6. 10	2. 31
2009	1. 18	2. 05	8. 01	3. 46	6. 20	2. 32
2010	1. 37	2. 14	8. 92	4. 10	6. 41	2. 52
2011	1. 41	2. 27	9. 92	4. 26	5. 94	2. 62
2012	1. 42	2. 22	10. 07	4. 32	7. 25	2. 83
2013	1. 48	2. 26	10. 62	4. 31	7. 17	2. 89
2014	1. 64	2. 53	11. 32	4. 90	7. 40	3. 00
2015	2. 04	2. 75	11. 88	5. 18	7. 63	3. 17
2016	2. 37	2. 75	12. 08	5. 55	7. 68	3. 16
2017	2. 58	2. 98	13. 25	6. 00	7. 69	3. 22
2018	2. 83	3. 28	16. 38	7. 00	8. 75	3. 33

资料来源：世界银行数据库。

表 11 - 11 的中东欧区域中，马耳他、波兰两国港口集装箱吞吐量相对较高，增长也较快，这与其地理位置优势是相关联的。马耳他港口集装箱吞吐量从 2007 年 1. 95 万 TEU 增长到 2018 年 3. 31 万 TEU，在中东欧区域国家中保持最高水平。保加利亚、罗马尼亚、立陶宛和斯洛文尼亚等国的港口集装箱吞吐量较少，这与其经济总量有关，而乌克兰的港口集装箱吞吐量则受不稳定政局的影响而有所波动。当然，相对其他区域，中东欧区域港口集装箱吞吐量总量较小。

表 11 - 11　　2007～2018 年沿线国家港口集装箱吞吐量

（中东欧区域国家）　　单位：百万 TEU

年份	乌克兰	波兰	罗马尼亚	保加利亚	立陶宛	斯洛文尼亚	马耳他
2007	0. 99	0. 76	1. 41	0. 13	0. 32	0. 30	1. 95
2008	1. 12	0. 85	1. 38	0. 20	0. 37	0. 35	2. 40
2009	0. 51	0. 67	0. 59	0. 13	0. 24	0. 34	2. 32

续表

年份	乌克兰	波兰	罗马尼亚	保加利亚	立陶宛	斯洛文尼亚	马耳他
2010	0.07	1.05	0.56	0.16	0.29	0.47	2.45
2011	0.81	1.35	0.67	0.05	0.38	0.60	2.43
2012	0.81	1.65	0.69	0.09	0.38	0.60	2.61
2013	0.78	1.96	0.67	0.18	0.40	0.60	2.82
2014	0.66	2.13	0.67	0.19	0.45	0.64	2.94
2015	0.47	1.86	0.69	0.20	0.39	0.79	3.02
2016	0.58	2.02	0.72	0.20	0.44	0.84	3.17
2017	0.62	2.45	0.75	0.20	0.47	0.91	3.20
2018	1.18	2.83	0.68	0.22	0.75	0.99	3.31

资料来源：世界银行数据库。

在表11－12的西欧区域国家中，西班牙、德国、英国、意大利、荷兰、比利时总体上港口集装箱吞吐量保持较高水平，西班牙2007年港口集装箱吞吐量为1 334万TEU，2018年为1 719万TEU，保持较高水平增长趋势。德国2018年港口集装箱吞吐量为1 960万TEU，处于欧洲最高水平，比荷兰2018年1 483万TEU高近500万TEU。在西欧区域众多国家中，希腊港口集装箱吞吐量处于较低水平，这与希腊债务危机导致经济低迷有一定关系。

表11－12　2007～2018年沿线国家港口集装箱吞吐量

（西欧区域国家）

单位：百万TEU

年份	西班牙	法国	德国	英国	意大利	希腊	荷兰	比利时
2007	13.34	4.98	16.64	8.62	10.61	1.82	11.29	10.25
2008	13.46	4.88	17.18	8.23	10.53	0.67	11.36	10.93
2009	11.80	4.67	13.29	7.67	9.53	0.93	10.06	9.70
2010	12.55	5.21	14.71	7.86	8.68	1.13	11.41	11.05
2011	13.91	5.20	18.74	8.40	9.34	1.97	12.03	10.94
2012	14.04	5.50	18.93	7.83	9.08	3.05	12.10	10.67
2013	13.89	5.70	19.26	8.15	10.17	3.48	11.80	10.67
2014	14.21	5.91	20.12	9.36	10.24	3.93	12.47	11.06

续表

年份	西班牙	法国	德国	英国	意大利	希腊	荷兰	比利时
2015	14.27	5.91	19.18	9.59	10.01	3.67	12.40	11.23
2016	15.26	6.37	19.36	9.76	10.26	4.05	12.65	11.48
2017	17.06	6.71	19.44	10.53	10.69	4.46	13.95	11.85
2018	17.19	6.37	19.60	11.70	12.70	5.32	14.83	12.68

资料来源：世界银行数据库。

中国港口集装箱吞吐量从2007年开始保持高位增长，这与中国经济保持高增长与港口基础设施水平大幅度改善呈现正相关。经济的发展，港口基础设施的完善，港口吞吐量的提升，推动港口综合竞争力的上升。在东南亚区域中，新加坡与马来西亚的港口吞吐量处于该区域较高水平，这得益于两国良好的地理位置优势，扼守马六甲海峡，沟通太平洋与印度洋，中转贸易发达。在南亚区域，印度与斯里兰卡港口集装箱吞吐量水平较高，印度的经济发展带动港口吞吐量的直接上升；港口外来投资及港口基础设施的改善推动斯里兰卡港口集装箱吞吐量上升。在中东及西亚区域，阿联酋及沙特、阿曼三国港口集装箱吞吐量较高，这与三国发展对外石油贸易有一定关系。在北非区域，除了埃及港口集装箱水平较高之外，其他国家吞吐量均处于较低水平，这与长期受国际制裁或者战乱影响有关，比如伊朗、叙利亚、突尼斯等国（王成，2018）。在西欧区域，西班牙、德国、意大利、荷兰、英国经济发展水平高，港口基础设施相对完善，港口集装箱吞吐量连年保持增长趋势。

11.1.2.2 海上丝绸之路沿线部分国家班轮运输效率水平

班轮线性运输指数（LSCI）是联合国贸易与发展会议（UNCTAD）公布的班轮运输相关性指数，通过班轮运输的相关性指数了解一个国家（地区）在世界班轮运输网络中的整合水平，反映出一个国家的港口与全球港口网络的通达性，根据联合国贸发会议公布的年度LSCI指数，本章整理了2007～2018年中国与沿线部分国家LSCI指数。

由表11－13可知，从2007～2018年，中国、马来西亚、新加坡三国的 LSCI 指数都位居该区域前列，中国 2018 年 LSCI 指数达到 151.91，位居该区域第一位，反映出中国港口与世界港口航线的密切程度，与中国巨大的对外贸易量相关。缅甸、柬埔寨、文莱三国 LSCI 指数从 2007 ~ 2018 年都是沿线国中比较低的水平，一方面与政治环境有关，另一方面更重要的是与规模较小的对外贸易量有关。从年份平均上看，2007 年，中国与 9 个东盟区域国家 LSCI 平均指数是 40.531，其中东盟 9 国平均指数为 30.75，综合上看，2007 年沿线国家 LSCI 指数除了中国、新加坡、马来西亚三国外都没有超过平均线，整体处于较低水平。相较于 2007 年，2018 年该区域沿线国 LSCI 指数整体出现较大幅度提升。2018 年，该区域 LSCI 指数平均为 61.305，增长约 49%，其中中国、越南、印度尼西亚、新加坡水平提升较快，缅甸、柬埔寨、文莱三国增长幅度较低（王晓伟，2017）。

表 11－13　2007～2018 年沿线国家班轮线性运输指数（中国与东盟区域）

年份	中国	越南	菲律宾	马来西亚	新加坡	印尼	泰国	缅甸	柬埔寨	文莱
2007	128.56	17.59	18.42	81.58	87.53	26.20	35.3	3.12	3.25	3.76
2008	137.38	18.73	30.26	77.60	94.47	24.85	36.48	3.63	3.47	3.68
2009	132.47	26.39	15.9	81.21	99.47	25.68	36.78	3.79	4.67	3.94
2010	143.57	31.36	15.19	88.14	103.76	25.60	43.76	3.68	4.52	5.12
2011	152.06	49.71	18.56	90.96	105.02	25.91	36.70	3.22	5.36	4.68
2012	156.19	48.71	17.15	99.69	113.16	26.28	37.66	4.20	3.45	4.44
2013	157.51	43.26	18.11	98.18	106.91	27.41	38.32	6.00	5.34	4.61
2014	165.05	46.08	20.27	104.02	113.16	28.06	44.88	6.25	5.55	4.30
2015	167.13	46.36	18.27	110.58	117.13	26.98	44.43	6.23	6.69	4.56
2016	169.2	66.89	27.16	108.88	118.47	32.12	46.39	10.03	8.63	8.69
2017	169.56	65.61	27.28	104.80	121.63	44.1	44.59	7.35	8.66	6.04
2018	151.91	68.82	28.98	109.86	133.92	47.76	47.95	9.29	9.29	5.27

注：LSCI 指数打分范围是 1～170，得分数值越大表明一个国家的航运网络与全球港口通达性联系越紧密。表 11－14～表 11－18 同。

资料来源：UNCTAD 数据库。

表11－14中，阿联酋、沙特阿拉伯、阿曼、土耳其2018年LSCI指数都处于该区域相对较高水平，阿联酋72.87得分处于该区域第一位，反映出阿联酋港口网络通达性较好，与世界港口互联互通水平相对较高。2018年得分中，卡塔尔与巴林处于该区域较低水平，但是两国12年间成为该区域增长幅度最大的国家。从整体维度看，2007年，该区域国家平均水平为26.854，2018年平均水平为54.916，整体上提升了1倍，表明该区域港口网络通达性水平有所提升，但该区域由于部分国家受国际政治因素影响，在国际航运贸易上受到一定限制。

表11－14　2007～2018年沿线国家班轮线性运输指数（中东与西亚区域）

年份	阿联酋	沙特阿拉伯	阿曼	巴林	卡塔尔	伊朗	土耳其
2007	48.21	45.04	28.96	5.99	3.59	23.59	32.6
2008	48.80	47.44	30.42	5.75	3.21	22.91	35.64
2009	60.45	47.30	45.32	8.04	2.17	28.97	31.98
2010	63.37	50.43	48.52	7.83	7.67	30.73	36.18
2011	62.56	59.97	49.33	9.77	3.67	30.27	39.48
2012	61.09	60.40	47.25	17.86	6.53	22.62	53.15
2013	66.97	59.67	48.46	17.90	3.35	21.30	52.13
2014	66.48	61.25	49.88	27.01	3.86	5.85	52.37
2015	70.40	64.83	48.37	26.72	5.20	11.91	51.97
2016	72.22	60.66	49.13	21.72	7.18	33.16	56.46
2017	67.86	61.99	62.02	33.57	31.46	40.63	56.13
2018	72.87	66.62	62.97	38.10	41.69	42.47	59.69

资料来源：UNCTAD数据库。

在表11－15中主要是北非、东非及南非部分区域8个国家，在北非区域国家中，埃及、摩洛哥得分水平较高，埃及从2007年的45.37到2018年的70.28，增长了近35.54%；摩洛哥从2007年的9.02到2018年的71.5，增长了近6倍，成为该区域班轮线性运输水平增长幅度最高的国家。在该区域的整体平均水平上，2007年该区域平均得分为16.021，

2018年平均水平为31.301，增长了48.8%，表明该区域整体上处于上升趋势。但是利比亚、阿尔及利亚、突尼斯三国整体上处于较低水平，甚至出现下降趋势，这与利比亚、突尼斯国内政治局势动荡，基础设施破坏严重有关。整体上看，该区域国家班轮线性运输指数得分较低，这与该区域港口基础设施落后，国家对外贸易量相对较小有关。

表11-15　2007~2018年沿线国家班轮线性运输指数（北非、东非及南非区域）

年份	埃及	利比亚	阿尔及利亚	突尼斯	摩洛哥	尼日利亚	肯尼亚	南非
2007	45.37	6.59	7.86	7.23	9.02	13.69	10.85	27.56
2008	52.53	5.36	7.75	6.95	29.79	18.30	10.95	28.49
2009	51.99	9.43	8.37	6.52	38.40	19.89	12.83	32.07
2010	47.55	5.38	31.45	6.46	49.36	18.28	13.09	32.49
2011	51.15	6.59	31.06	6.33	55.13	19.85	12.00	35.67
2012	57.39	7.51	7.80	6.35	55.09	21.81	11.75	36.83
2013	57.48	7.29	6.91	5.59	55.53	21.35	11.38	43.02
2014	61.76	6.82	6.94	7.52	64.28	22.91	11.94	37.91
2015	61.45	5.93	5.92	5.71	68.28	21.44	11.34	41.41
2016	62.3	6.41	10.47	6.27	61.89	20.85	13.19	35.01
2017	58.65	8.39	8.80	6.61	69.35	20.53	15.33	38.71
2018	70.28	11.71	10.36	6.30	71.50	18.96	21.19	40.11

资料来源：UNCTAD数据库。

在表11-16的南亚区域中，无论是2007年还是2018年，印度及斯里兰卡的班轮线性运输指数得分水平均相对较高，印度2007年的得分水平是40.47，2018年为59.90，整体上保持稳健上升趋势。斯里兰卡是该区域得分水平较高的区域，2018年斯里兰卡得分为72.46，远远高于印度的59.90，斯里兰卡的高得分背后与中国和斯里兰卡港口合作建设项目有一定关系。在大洋洲区域，澳大利亚及新西兰整体处于该区域中等水平，这与其地理位置、国家人口、经济发展水平有关。

表 11－16　　　　2007～2018 年沿线国家班轮线性运输指数（南亚及其他区域）

年份	孟加拉国	巴基斯坦	印度	斯里兰卡	澳大利亚	新西兰
2007	6. 35	22. 37	40. 47	42. 43	26. 77	20. 60
2008	6. 48	24. 61	42. 18	46. 08	38. 21	20. 48
2009	7. 91	26. 58	40. 97	34. 74	28. 80	10. 59
2010	7. 55	29. 48	41. 40	40. 23	28. 11	18. 38
2011	8. 15	30. 54	41. 52	41. 13	28. 34	18. 50
2012	8. 02	28. 12	41. 29	43. 43	28. 81	19. 35
2013	7. 96	27. 71	44. 35	43. 01	29. 87	18. 95
2014	8. 40	27. 50	45. 61	53. 04	31. 29	21. 05
2015	9. 31	32. 33	45. 85	54. 43	32. 02	20. 07
2016	10. 95	34. 82	58. 21	61. 21	29. 34	18. 42
2017	11. 87	34. 86	56. 95	70. 62	29. 70	35. 28
2018	12. 07	38. 20	59. 90	72. 46	31. 01	20. 16

资料来源：UNCTAD 数据库。

表 11－17 是中东欧区域国家 LSCI 指数水平，整体上看，该区域国家得分水平较低，2007 年，该区域得分最高的马耳他为 29. 53，保加利亚、立陶宛、波兰均低于 10。2018 年，该区域国家均有不同幅度的增长，乌克兰、波兰、马耳他成为该区域增长幅度较高的国家，其中波兰 63. 10 得分水平较高，保加利亚、立陶宛两国十年间增长水平较低。

表 11－17　　　　2007～2018 年沿线国家班轮线性运输指数（中东欧区域国家）

年份	乌克兰	波兰	罗马尼亚	保加利亚	立陶宛	斯洛文尼亚	马耳他
2007	16. 73	7. 86	22. 47	4. 83	6. 83	12. 87	29. 53
2008	23. 62	9. 32	26. 35	5. 09	7. 76	15. 66	29. 92
2009	22. 81	9. 21	23. 34	5. 78	8. 11	19. 81	37. 71
2010	21. 06	26. 18	15. 48	5. 46	9. 55	20. 61	37. 53
2011	21. 35	26. 54	21. 37	5. 37	9. 77	21. 93	40. 95
2012	24. 47	44. 62	23. 28	6. 36	9. 55	21. 94	45. 02
2013	26. 72	38. 03	25. 73	5. 89	5. 84	20. 82	49. 79

续表

年份	乌克兰	波兰	罗马尼亚	保加利亚	立陶宛	斯洛文尼亚	马耳他
2014	27.72	51.08	26.66	4.98	6.14	24.25	50.51
2015	30.06	51.19	28.77	5.01	6.14	29.64	54.68
2016	28.30	55.69	28.71	6.82	16.04	31.31	53.11
2017	27.62	56.09	29.97	6.02	13.88	36.10	49.40
2018	30.15	63.10	29.80	6.83	21.03	39.32	52.00

资料来源：UNCTAD 数据库。

表11－18是西欧区域国家的班轮线性运输指数，整体上西欧区域国家得分水平较高，2007年德国以88.95的得分位居该区域第一，其次是荷兰的84.79，希腊以30.70位居最后。2018年，荷兰以98分位居该区域第一。总体上该区域的西班牙、法国、德国、英国、意大利、荷兰、比利时无论是2007还是2018年，都保持较高水平，且保持总体上升趋势。

表11－18　2007～2018年沿线国家班轮线性运输指数（西欧区域国家）

年份	西班牙	法国	德国	英国	意大利	希腊	荷兰	比利时
2007	71.26	64.84	88.95	76.77	58.84	30.70	84.79	73.93
2008	67.67	66.24	89.26	77.99	55.87	27.14	87.57	77.98
2009	70.22	67.01	84.30	84.82	69.97	41.91	88.66	82.80
2010	74.32	74.94	90.88	87.53	59.57	34.25	89.96	84.00
2011	76.58	71.84	93.32	87.46	70.18	32.15	92.10	88.47
2012	74.44	70.09	90.63	84.00	66.33	45.50	88.93	78.85
2013	70.40	74.94	88.61	87.72	67.26	45.35	87.46	82.21
2014	70.80	75.24	93.98	87.95	67.58	47.25	94.15	80.75
2015	84.89	77.06	97.79	95.22	67.43	46.81	96.33	86.96
2016	80.21	70.25	94.09	92.31	65.54	49.76	89.88	84.57
2017	88.01	75.69	89.75	89.38	66.07	51.56	90.63	90.24
2018	90.11	84.00	97.09	95.57	67.22	59.41	98.00	91.08

资料来源：UNCTAD 数据库。

11.1.2.3　海上丝绸之路沿线部分国家港口基础设施效率水平

港口基础设施水平指数全面衡量一个港口的硬件设施水平，是港口泊位数、塔桥调机数、航道水深以及作业环境、作业效率的综合体现，本章根据世界银行数据库整理了中国与沿线部分国家 2007 ~2018 年港口基础设施水平指数（张鹏举，2018）。

从表 11 －19 可知，中国与东盟区域九国 2007 ~2018 年港口基础设施水平中，新加坡始终位居该区域第一名，马来西亚整体上处于第二名，在沿线国得分排位仅次于新加坡，这与马来西亚发达的对外港口中转贸易有关。整体上得分水平最低的是缅甸，长年处于 3. 0 以下水平。2007 年，中国 4. 23 分，马来西亚 4. 6 分，新加坡 6. 12 分，缅甸以 2. 3 分处于该区域得分最低水平，马来西亚的巴生港、丹戎帕拉斯港，以及新加坡港扼守马六甲海峡，地处世界航运最繁忙区域之一，港口中转贸易发达，港口基础设施水平较高。2018 年，该区域各国得分均有不同程度增长，菲律宾、越南、印度尼西亚、泰国低于该区域平均水平。

表 11 －19　2007 ~2018 年沿线部分国家港口基础设施水平指数（中国与东盟区域）

年份	中国	越南	菲律宾	马来西亚	新加坡	印尼	泰国	缅甸	柬埔寨	文莱
2007	4. 23	2. 78	3. 08	4. 60	6. 12	3. 08	4. 08	2. 30	3. 42	4. 45
2008	4. 322	2. 826	3. 158	5. 707	6. 778	3. 045	4. 425	2. 40	3. 35	4. 56
2009	4. 279	3. 284	3. 004	5. 523	6. 781	3. 396	4. 686	2. 50	3. 49	4. 52
2010	4. 321	3. 60	2. 76	5. 577	6. 765	3. 623	5. 031	2. 60	3. 91	4. 81
2011	4. 50	3. 40	3	5. 70	6. 80	3. 60	4. 70	2. 70	4. 14	4. 78
2012	4. 40	3. 40	3. 30	5. 50	6. 80	3. 60	4. 60	2. 80	4. 24	4. 67
2013	4. 50	3. 70	3. 40	5. 40	6. 80	3. 90	4. 50	2. 90	4. 25	4. 98
2014	4. 60	3. 70	3. 50	5. 60	6. 70	4	4. 50	3. 00	3. 63	4. 97
2015	4. 549	3. 914	3. 221	5. 566	6. 665	3. 813	4. 49	3. 10	3. 78	5. 01
2016	4. 50	3. 90	3. 20	5. 60	6. 70	3. 80	4. 50	3. 20	3. 81	5. 02
2017	4. 60	3. 70	2. 90	5. 40	6. 70	4	4. 30	3. 30	3. 91	5. 23
2018	4. 70	3. 80	3. 10	5. 50	6. 70	3. 90	4. 40	4	4. 50	5. 12

注：港口基础设施水平指数得分范围为 1 ~7，数值越高代表一个国家港口基础设施越完善。表 11 －20 ~表 11 －24 同。

资料来源：世界银行数据库。

表 11 －20 中，2007 年阿联酋得分 5. 99，巴林 5. 33，阿曼 4. 84，沙特

阿拉伯4.49，卡塔尔4.37，该区域2007年平均水平为4.54，伊朗3.30，土耳其3.44明显低于平均水平。2018年该区域平均水平为5.07，阿联酋、巴林、卡塔尔三国超过平均水平，伊朗的4.11分远低于5.07的平均水平。总体上看，海湾地区国家港口基础设施指数从2007～2018年保持整体上升趋势，伊朗长年受西方国家贸易制裁，国际港口合作有限，港口基础设施更新升级存在一定影响。阿联酋与巴林是该区域国家港口基础设施水平相对较高的国家，侧面表明两国国际港口贸易比较发达，尤其是石油贸易。

表11－20　　2007～2018年沿线国家港口基础设施水平指数（中东与西亚区域）

年份	阿联酋	沙特阿拉伯	阿曼	巴林	卡塔尔	伊朗	土耳其
2007	5.99	4.49	4.84	5.33	4.37	3.30	3.44
2008	6.12	4.50	5.08	5.36	4.40	3.40	3.42
2009	6.24	4.72	5.19	5.55	4.99	3.70	3.74
2010	6.16	5.20	5.31	5.84	5.41	3.85	4.10
2011	6.20	5.40	5.40	6.00	5.40	3.90	4.20
2012	6.40	5.30	5.40	6.00	5.20	4.00	4.40
2013	6.40	5.10	5.50	5.80	5.20	4.10	4.30
2014	6.50	5.00	5.20	5.70	5.40	4.00	4.40
2015	6.47	4.84	4.85	5.40	5.60	3.90	4.49
2016	6.50	4.80	4.90	5.40	5.60	3.90	4.50
2017	6.20	4.70	4.60	5.10	5.60	4.00	4.50
2018	6.30	4.75	4.80	5.25	5.70	4.11	4.60

资料来源：世界银行数据库。

表11－21是非洲区域沿线国家港口基础设施水平指数得分，主要是北非、东非及南非区域国家，2007年该区域国家港口基础设施平均得分3.59，突尼斯4.82，摩洛哥4.05，南非4.25超过平均水平，利比亚、尼日利亚远远低于3.59的平均水平，表明该区域国家港口基础设施水平较为落后。2018年该区域平均得分3.92，与2007年平均水平相比增长较少。2018年南非得分4.93，摩洛哥4.90，埃及4.50，肯尼亚4.35，比2007年都有不同幅度的增长。整体上看，2007～2018年，该区域港口基

础设施水平增长较慢，反映出该区域港口基础设施水平较为落后，应大力加强港口基础设施建设。

表 11 - 21　　2007 ~ 2018 年沿线国家港口基础设施水平指数（北非、东非及南非区域）

年份	埃及	利比亚	阿尔及利亚	突尼斯	摩洛哥	尼日利亚	肯尼亚	南非
2007	3.49	2.65	3.27	4.82	4.05	2.69	3.42	4.35
2008	3.86	2.84	3.08	4.83	4.18	2.62	3.50	4.40
2009	4.31	3.25	2.90	4.87	4.24	2.80	3.65	4.66
2010	4.20	3.18	3.20	5.04	4.39	2.98	3.85	4.74
2011	4.00	3.30	3.00	4.60	4.50	3.30	3.80	4.76
2012	4.00	3.50	3.12	4.50	4.80	3.60	3.80	4.78
2013	4.10	3.00	2.70	4.00	5.00	3.40	4.10	4.79
2014	4.20	2.60	2.80	3.90	4.90	3.20	4.30	4.94
2015	4.32	2.70	2.98	3.56	4.77	2.98	4.15	4.87
2016	4.30	3.00	3.00	3.60	4.80	3.00	4.20	4.98
2017	4.70	3.30	3.40	3.30	5.00	2.80	4.50	4.89
2018	4.50	3.15	3.20	3.45	4.90	2.90	4.35	4.93

资料来源：世界银行数据库。

表 11 - 22 是南亚四国及澳大利亚、新西兰区域国家港口基础设施水平指数，整体上看，南亚区域国家整体上得分偏低，2007 ~ 2018 年增长幅度不大。澳大利亚和新西兰得分较高，整体上居于相对较高水平，反映出澳大利亚和新西兰港口基础设施水平相对较高。

表 11 - 22　　2007 ~ 2018 年沿线国家港口基础设施水平指数（南亚及其他区域）

年份	孟加拉国	巴基斯坦	印度	斯里兰卡	澳大利亚	新西兰
2007	2.45	3.56	3.315	4.35	5.05	5.43
2008	2.55	3.70	3.331	4.51	4.77	5.35
2009	2.97	3.96	3.472	4.788	4.65	5.47
2010	3.39	4.04	3.86	4.892	4.86	5.42
2011	3.42	4.15	3.90	4.90	5.10	5.50
2012	3.39	4.45	4	4.90	5.10	5.50

续表

年份	孟加拉国	巴基斯坦	印度	斯里兰卡	澳大利亚	新西兰
2013	3. 59	4. 56	4. 20	4. 20	5. 00	5. 50
2014	3. 79	4. 48	4	4. 20	5. 00	5. 80
2015	3. 59	4. 08	4. 207	4. 275	4. 99	5. 47
2016	3. 69	4. 19	4. 20	4. 30	5. 00	5. 50
2017	3. 69	4. 76	4. 60	4. 50	4. 90	5. 50
2018	3. 70	4. 81	4. 73	4. 60	5. 10	5. 60

资料来源：世界银行数据库。

表11－23是中东欧7国国家港口基础设施得分水平，整体上中东欧国家得分偏低，2007～2018年增长幅度也不大。马耳他、斯洛文尼亚得分水平较高，反映出其港口基础设施水平相对较高。乌克兰、罗马尼亚得分水平较低，港口基础设施有待改善。

表11－23　2007～2018年沿线国家港口基础设施水平指数（中东欧区域国家）

年份	乌克兰	波兰	罗马尼亚	保加利亚	立陶宛	斯洛文尼亚	马耳他
2007	3. 36	3. 20	3. 02	3. 58	4. 07	4. 45	4. 87
2008	3. 47	2. 62	3. 13	3. 67	4. 55	4. 81	5. 19
2009	3. 71	2. 82	3. 26	3. 62	4. 73	5. 25	5. 44
2010	3. 64	3. 26	2. 97	3. 79	4. 74	5. 30	5. 57
2011	3. 70	3. 40	2. 80	3. 80	4. 90	5. 20	5. 60
2012	4. 00	3. 50	2. 60	3. 70	5. 20	5. 20	5. 70
2013	3. 70	3. 70	3. 00	3. 90	5. 10	5. 10	5. 80
2014	3. 30	4. 00	3. 40	4. 20	4. 90	5. 00	5. 50
2015	3. 16	4. 02	3. 42	3. 91	4. 85	4. 97	5. 23
2016	3. 20	4. 00	3. 40	3. 90	4. 90	5. 00	5. 20
2017	3. 50	4. 20	3. 50	4. 10	4. 80	5. 00	5. 30
2018	3. 50	4. 31	3. 52	4	4. 90	5. 12	5. 30

资料来源：世界银行数据库。

在表11－24的西欧区域中，西班牙、法国、德国、英国、荷兰、比利时从2007～2018年整体都处于较高水平，且整体上处于上升趋势，表明西欧区域国家港口基础设施比较完善，尤其是荷兰2017年的6.80得分几乎接近满分水平。荷兰的鹿特丹港是世界著名港口，集装箱吞吐量长年位居世界前列，港口基础设施完善，具备高度自动化的港口作业设施。2007年，西班牙、法国、英国、德国、荷兰、比利时保持较高得分水平。从整体上看，只有意大利、希腊两国在该区域处于相对较低水平，这与前些年爆发的债务危机有关，总体上西欧区域其他国家都显示出较高的竞争力。

表11-24　2007~2018年沿线国家港口基础设施水平指数（西欧区域国家）

年份	西班牙	法国	德国	英国	意大利	希腊	荷兰	比利时
2007	5.34	5.87	6.53	5.43	3.06	4.39	6.67	6.38
2008	5.05	5.94	6.42	5.13	3.26	4.25	6.61	6.30
2009	5.18	5.89	6.38	5.22	3.66	4.14	6.60	6.34
2010	5.62	5.87	6.39	5.49	3.91	4.04	6.57	6.40
2011	5.80	5.60	6.10	5.60	3.90	4.10	6.60	6.50
2012	5.80	5.40	6.00	5.80	3.90	4.20	6.80	6.30
2013	5.80	5.40	5.80	5.70	4.30	4.50	6.80	6.30
2014	5.80	5.20	5.70	5.60	4.50	4.70	6.80	6.40
2015	5.65	5.28	5.61	5.67	4.32	4.59	6.77	6.31
2016	5.70	5.30	5.60	5.70	4.30	4.60	6.80	6.30
2017	5.50	5.10	5.50	5.50	4.40	4.50	6.80	6.10
2018	5.60	5.22	5.70	5.60	4.55	4.71	6.80	6.23

资料来源：世界银行数据库。

11.1.3　海上丝绸之路沿线部分国家港口合作概况

21世纪海上丝绸之路倡议自提出到建设以来，中国从资金保障、技术水平、法律政策等方面大力支持中国港口企业积极开展对外港口合作，中国与沿线部分国家港口合作成果丰硕，中国海外港口合作企业主要以中国港口工程建设企业、勘察规划设计企业、港口机械制造等国有企业为主，其中最具代表性的企业是中国交通建设集团、招商局港口和中远海运港口三大港口企业。

11.1.3.1　中国与海上丝绸之路沿线部分国家港口合作模式

21世纪海上丝绸之路倡议是一个开放、包容、全方位的合作平台，自2013年正式提出以来，设施互联互通作为优先建设合作的重点，成为沿线国家产业合作的先行领域。中国港口企业参与港口合作形式多样，领域不断拓展。以中国交通建设集团（以下简称“中国交建”）、招商局港口、中远海运港口三大企业为代表积极布局沿线国家，根据中国港口协会2018年底的统计数据，中国参与了全球34个国家42个港口的建设经营，海运服务覆盖沿线所有沿海国家。中国与沿线部分国家港口合作成果如表11－25所示，合作模式如图11－1所示。

表11－25　中国与沿线国家港口合作成果一览

地区	国家	港口项目	合作模式
东南亚	缅甸	2015年青岛港与皎漂港签署友好港协议	港口联盟
		2018年中缅正式签署缅甸皎漂深水港建设项目协议	投资建港
	新加坡	2015年深圳港与印尼国家港口集团缔结友好港	港口联盟
	印度尼西亚	2017年中远海运投资新加坡三个大型泊位的协议	投资参股
		2016年河北港投资印度尼西亚占碑钢铁工业园国际港口项目	基建投资
	柬埔寨	2017年宁波舟山港投资印度尼西亚丹戎不碌港的扩建工程	基建投资
	泰国	2015年青岛港与西哈努克港签署友好港协议	港口联盟
	马来西亚	2015年广州港与林查班港签订缔结友好港的意向书	港口联盟
		2016年中国电建投资建设皇京港	投资建港
		2013年广西北部湾正式参股马来西亚关丹港建设	港口联盟
		2015年深圳港与巴生港缔结友好港（赵旭等，2017）	港口联盟
		2015年广西北部湾港与巴生港缔结友好港	港口联盟
南亚	孟加拉国	2016年中国港湾投资建设吉大港中国经济产业经济园区	投资参股
	巴基斯坦	2013年中国港控集团投资建设瓜达尔港	投资建港
	斯里兰卡	2011年招商局获得科伦坡港集装箱码头35年经营权	股权控制
		2014年中国交建投资开发科伦坡港口城	投资建港
		2017年招商局获得斯里兰卡汉班托塔港99年的运营权	投资建港

续表

地区	国家	港口项目	合作模式
中东及西亚	以色列	2015 年上海港取得以色列海法港为期 25 年的租借权	股权控制
	吉布提	2013 年招商局投资建设吉布提港，经营年限为 99 年	投资建港
	阿联酋	2016 年中远海运获得哈里发港二期集装箱码头经营权	股权控制
	伊朗	2016 年中国投资建设伊朗格什姆岛石油码头	基建投资
	沙特	2018 年中国电建中标萨勒曼国王国际综合港务设施项目	基建投资
	卡塔尔	2015 年中国港湾承建多哈新港一期码头工程落成开港	基建投资
	土耳其	2015 年招商局收购昆波特码头约 65% 的股份	股权控制
非洲	尼日利亚	2010 年招商局收购尼日利亚拉各斯庭堪岛港口码头 B（费春蕾，2017）	股权控制
		2018 年中国港湾承建尼日利亚莱基深水港项目开工	基建投资
	坦桑尼亚	2013 年中国投资建设巴加莫约新港并升级旧港口	投资建港
	科特迪瓦	2015 年中国港湾承建科特迪瓦阿比让港口项目开工	基建投资
	多哥	2012 年招商局获得多哥洛美集装箱码头 50% 的股权	股权控制
	几内亚	2019 年中国烟台港投资几内亚金波联合港口建设项目（丁莉，2018）	投资建港
欧洲	乌克兰	2018 年中国港湾中标建设乌克兰黑海港疏浚项目	基建投资
	阿尔及利亚	2016 年中国投资建设阿尔及利亚的舍尔沙勒港口	投资建港
	希腊	中远海运取得希腊比雷埃夫斯港 50 年经营权	股权控制
	荷兰	2016 年中远海运收购鹿特丹 EUROMAX 码头 35% 的股权	股权控制
	意大利	2016 年青岛港收购意大利瓦多港 9.9% 的股权	股权控制
		2016 年中远海运投资建设意大利瓦多集装箱码头	投资参股
	西班牙	2017 年中远海运收购西班牙 Noatum 港口 51% 的股权	股权控制
其他	巴拿马	2016 年中国岚桥集团收购巴拿马玛格丽特岛港口	股权控制
	巴西	2018 年招商局收购巴西巴拉那瓜港口营运商 90% 的股权	股权控制
	澳大利亚	2016 年中投公司获墨尔本港 50 年租赁权的 1/5 份额	股权控制
		2015 年中国岚桥集团取得达尔文港 99 年的租赁权	股权控制

资料来源：根据中国一带一路网公开数据整理。

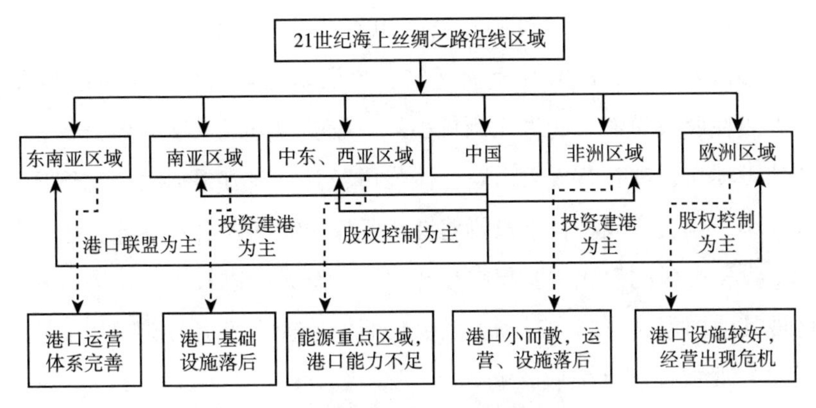

图 11－1　中国与沿线部分国家港口合作模式

（1）投资建港。

投资建港是中国企业参与海上丝绸之路基础设施领域的重点推进方向，也是中国推进海上丝绸之路建设的重要战略枢纽点建设的关键。中国推进海上丝绸之路沿线港口布局主要以招商局港口、中远海运、中国交建等国有港口基建企业为主体，通过海外港口投资建设实现中国海上丝绸之路港口布局（赵飞飞和周昌仕，2018）。由表 11－25 可知，投资建港数量为 9 个，主要为缅甸的皎漂港、马来西亚皇京港、巴基斯坦的瓜达尔港、斯里兰卡科伦坡港口城和汉班托塔港、吉布提港、阿尔及利亚的舍尔沙勒港口、坦桑尼亚的巴加莫约新港。从中国港口企业投资建港的区域国家可知，一是投资建港的目标港口地理位置重要突出，处于世界航运水道关键咽喉点。二是海外投资建港，影响因素综合复杂，不仅涉及经济、自然地理等传统因素，更与两国政治关系、意识形态及地缘政治等息息相关。三是投资建港的海外布局在港口的选择上主要以海上丝绸之路沿线重要枢纽港和干线港为主。投资建港是中国与海上丝绸之路沿线区域国家港口领域合作层次的加深，中国海外投资建港的布局与《“一带一路”建设海上合作设想》所提出的蓝色经济带走向高度吻合，投资建港是中国推进 21 世纪海上丝绸之路倡议的重要合作方向（姚芳芳等，2018）。

（2）投资参股。

投资参股是中国港口企业海上丝绸之路沿线港口布局的常见模式，主要以投资股份、参与港口运营的方式进行合作。2016 年中远海运投资意大利瓦多集装箱码头的建设和运营，2016 年中国港湾投资建设吉大港中国产业经济园区，2017 年中远海运签署投资新加坡三个大型泊位的协议。投资参股在股权份额上所占比例较小，一般以双方成立联合体公司，共同出资建设项目，项目落成后由联合体公司经营，双方根据出资比例享有收益权大小。投资参股相较于投资建港、股权控制两种合作模式，阻力相对较小，投资参股的模式主要集中在新加坡、意大利以及孟加拉国，相较于该区域其他国家，三国在对华关系上长期保持较为稳定的友好合作关系。

（3）股权控制（兼收并购）。

股权控制是中国港口企业进行沿线国家港口海外布局的主要方式，也是中国港口企业参与海上丝绸之路海外港口布局取得实质控制权的措施。股权控制的模式主要通过收购港口股份的方式从而取得目标港口的运营管理权或租借使用权（卢虎，2017）。在股权控制的模式中，中国港口企业能够取得对目标港口的实质运营管理权。由表 11 - 25 可知，股权控制的模式主要集中在欧洲区域国家，该区域国家经济发达，港口货物吞吐量较大且稳定，港口基础设施、运营网络完善丰富，是传统老牌的港口国，但由于该区域受经济低迷影响，市场有限，竞争激烈，新建港口项目发展前景不被看好，港口经营出现一定危机，欧洲区域大港正积极寻找中国资本，与中国港口企业建立不同程度的合作关系。21 世纪海上丝绸之路倡议的实施推进，中国港口企业的进入为该区域国家港口带来资本与活力，主要集中在港口等基础设施领域，重点领域在港口经营权的合作。中国港口企业积极布局欧洲区域国家港口，将有助于提升中国港口企业在欧洲区域的竞争力，进一步推进 21 世纪海上丝绸之路倡议在欧洲区域的建设。

（4）港口联盟。

港口联盟是指港口之间通过签订双边友好合作协议或者契约，规定双边港口在港口物流、港口运营、港口资讯互通、基建合作等方面的互惠互利。港口联盟合作模式是持续深化海上丝绸之路的重要方式。中国与沿线国家港口联盟的合作模式主要集中在东南亚区域国家。2015 年中国与马来西亚共同签署了两国间《建立港口联盟关系的谅解备忘录》。“中马港口联盟”成员涵盖大连港、太仓港、上海港、宁波舟山港、福州港、厦门港、广州港、深圳港、北部湾港、海口港 10 个中方港口以及巴生港、民都鲁港、柔佛港、关丹港、马六甲港、槟城港 6 个马方港口。中马港口联盟通过双边港口项目合作、信息技术共享、运营管理水平交流、人员培训等方式推动双边港口联盟发展，提升两国港口基础设施领域互联互通建设，进一步打造中国与沿线国港口合作示范窗口。

（5）基建项目。

基建项目建设是海上丝绸之路基础设施领域互联互通的重要部分，中国企业参与海上丝绸之路基建投资项目成果丰硕。截至 2018 年底，中央企业已在“一带一路”相关国家承担了 3 116 个项目，中央企业承担的项目数占比达 50% 左右[①]，在基础设施建设、能源资源开发、国际产能合作等领域，承担一大批重大基建项目，对推动 21 世纪海上丝绸之路倡议从愿景到现实起到重大作用。2016 年河北港投资印尼占碑钢铁工业园国际港口项目，2017 年宁波舟山港投资印尼丹戎不碌港的扩建工程，2016 年中国投资建设伊朗格什姆岛石油码头，2018 年中国电建中标萨勒曼国王国际综合港务设施项目，2015 年中国港湾承建多哈新港一期码头工程落成开港，2018 年中国港湾承建尼日利亚莱基深水港项目开工，2015 年中国港湾承建科特迪瓦阿比让港口项目开工，2018 年中国港湾中标建设乌克兰黑海港疏浚项目。[②]

11.1.3.2 中国与海上丝绸之路沿线部分国家港口合作典型案例

（1）中巴瓜达尔港合作。

瓜达尔港位于巴基斯坦西南部，南临印度洋的阿拉伯海，位于霍尔木兹海峡湾口处。瓜达尔深水港是巴基斯坦第三大港口，有水深、距离主航道近、不堵港等天然优势，2002 年中国港口企业开始投资建设瓜达尔港，2013 年中国海外港口控股公司、招商局国际有限公司和中国远洋运输集

---

① 资料来源：中华人民共和国中央人民政府网。
② 资料来源：中国一带一路网。

团3家企业正式接管瓜达尔港运营权，2015年瓜达尔港正式开港运营，中国企业获得40年运营权（李佳其，2016）。瓜达尔港开港运营对21世纪海上丝绸之路在该区域的建设布局具有重要推动作用，瓜达尔港扼守霍尔木兹海峡，对中国缓解马六甲海峡困境，保障中国海外能源运输安全提供重要的安全屏障。①

（2）中斯汉班托塔港合作。

斯里兰卡位于南太平洋，扼守印度洋与太平洋航线要冲，是21世纪海上丝绸之路倡议推进的重要节点，是中国海上丝绸之路沿线南亚区域重要合作国家（于鑫洋，2019）。2005年斯里兰卡提出了“马欣达愿景”，大力加强斯里兰卡港口、航空、能源、商业中心建设，这与中国21世纪海上丝绸之路倡议的设施联通相互契合（司聃，2016）。2007年10月，中国与斯里兰卡正式达成合作协议，共建汉班托塔港。2016年4月，斯里兰卡向中国提出以“债转股”的方式将汉班托塔港交给中方的请求。2017年7月29日，中国招商局港口与斯里兰卡就汉港特许经营权签订协议，新成立的两家斯港务局的合资公司，中资在两家合资公司中的总占股比例将达到70%，协议有效期为99年，10年后双方将逐步调整股权比例，最终调整为各占50%（王腾飞，2018）。科伦坡港、汉班托塔港是中斯两国港口合作重点，加强对斯里兰卡的投资，对中国与南亚、东南亚地区国家合作，以及21世纪海上丝绸之路倡议在这些区域的顺利推进具有巨大的示范效应。②

（3）中吉吉布提港合作。

吉布提特殊的地理位置优势使其成为21世纪海上丝绸之路建设的重要节点国家，吉布提连接“亚、欧、非”三大地区，也是国际主要航线之一，以港口合作为代表的中吉两国海上丝绸之路建设合作项目已成为中国与沿线国家海洋产业合作的重要范例。2013年，招商局港口收购吉布提港口公司23.5%的股份，成为该港第二大股东。2014年，中国建筑集团有限公司与中国土木工程集团有限公司共同建设吉布提港下属的多哈雷多

---

①② 资料来源：中国一带一路网。

功能新港，这是中国在东北非区域最大的港口基建工程项目。2016年1月，中国和吉布提签订合作备忘录，租用吉布提后勤保障基地，为期十年。吉布提港是中国招商局港口参考深圳蛇口港开发经验，首次将“前港—中区—后城”的模式应用于国外港口开发（丁莉，2018）。这是一种港口综合开发模式，以港口基建为抓手，以临港的产业园区为依托，打造国际产能合作平台。主要项目包括：建设一个新港口——多哈雷多功能新港；建设一个自由贸易区——吉布提国际自贸区项目；打造新的城市中心，建设商业、办公、酒店及旅游设施等，打造吉布提新的商业中心。

（4）中希比雷埃夫斯港。

比雷埃夫斯港（以下简称“比港”）是希腊国内最大的港口，位于雅典西南部，在2008年国际金融危机以及希腊债务危机后，希腊国内经济发展低迷，包括比雷埃夫斯港在内的港口经营不善，港口设备老化，港口发展面临困境。2008年中远太平洋中标比港二号、三号集装箱码头35年特许经营权，2016年中远海运集团成功中标比港港务局私有化项目，正式成为港务局控股股东并接手运营管理，同年中远海运完成对比港港务局67%股权的收购，比港集装箱操作量已从2010年的88万标准箱增加到了2016年的374万标准箱，全球排名也从第93位升至第38位。比港是中国与希腊“一带一路”合作的旗舰项目，中希比港的合作给比港带来了生机与活力，该港现已成为地中海地区最大港口和全球发展最快的集装箱码头之一，大大提升了比港在地中海沿岸的竞争优势。[①]

11.2　中国与海上丝绸之路沿线部分国家港口综合竞争力分析

随着海上丝绸之路建设推进，双边经贸合作不断深化，对外贸易迅速

① 资料来源：中国一带一路网。

发展，港口作为连接海上丝绸之路沿线国的关键节点，在全球物流供应价值链以及国际海运通道上价值地位愈发重要。

11.2.1 港口综合竞争力评价指标体系的构建

11.2.1.1 港口综合竞争力的影响因素

影响港口综合竞争力的因素包括自然因素和社会经济因素两个方面，在构建海上丝绸之路港口综合竞争力评价指标体系之前，分析影响港口综合竞争力的因素显得尤为重要。

（1）自然因素。

在自然地理因素中，首先是港口的地理区位因素，航运货物公司在选择停泊港口时首要考虑的是货物运输成本，港口所在地理区位的不同，影响港口货轮商船停靠率。我国地域辽阔，自北向南分布五大港口群，从最北端环渤海港口群到最南端的西南港口群集中发展了我国大部分对外贸易，如果港口靠近经济发达地区，配套交通设施完善，港口物流流通率高，将大大减少货物总成本（叶潇潇，2016）。我国的珠三角港口群及长江三角洲港口群，背靠中国经济发展最活跃地区，交通运输网络完善，水路、公路、铁路、航空运输发达，在地理区位上具有明显优势。是否靠近国际航线主航道也是一个重要条件，新加坡港扼守马六甲海峡，靠近国际主航道的优势大大增加了新加坡港的竞争力。

（2）港口硬件基础设施。

港口硬件基础设施是港口生产作业的基础，基础设施越完善，港口运营越高效。港口硬件基础设施具体包括港口作业塔吊机数量、货物堆场面积、仓库面积、自动化作业设备、航道水深、泊位多少等条件。港口航道水深及泊位数量的多少是港口基础设施的首要硬件（李欣芷，2017）。港口航道越深，可停靠的大型船舶吨位就越大，通航性能就越高。港口泊位、塔吊机数量的多少直接决定可停靠商船数量的多少，影响港口装卸作业效率。其次是港口的堆场及仓库面积，堆场面积影响港口货物周转率，在堆场面积有限的情况下，集装箱堆层越高，作业效率相对降低，大面积的堆场及仓库储存可提供较为充裕的作业场所，提高港口作业效率。

（3）港口运营管理水平。

港口运营管理水平涵盖港口通关手续便利化、通关手续负担成本、物流管理系统、智能化操作管理平台等方面。通关手续、手续负担成本可以衡量港口要素流通的便捷程度，反映港口在运营管理水平方面的软实力。

（4）港口腹地经济发展水平。

港口腹地经济发展水平具体包括港口所在地经济发展水平、总人口、市场环境等社会经济因素。港口腹地经济发展水平对港口发展前景和竞争力影响较大，比如宁波舟山港背靠长江三角洲，经济发展活跃，发展水平高，交通网络完善，以上海为首的超大都市圈市场广阔，强大的腹地经济发展给宁波舟山港提供持续的支撑动力。深圳港、广州港背靠粤港澳大湾区，经济发展水平高，毗邻港澳，深圳、广州外贸进出口额占了珠江三角洲外贸进出口总额的1/2，珠三角不仅外贸产业发达，而且第二产业制造业发展水平占比也高，外商直接投资总额较高，这些推动港口腹地经济发展的驱动力将大大提高港口竞争力及发展水平。

11.2.1.2　港口综合竞争力评价指标体系构建原则

（1）科学性原则。

港口综合竞争力评价指标体系的构建首要遵循科学性原则。评价指标的选取必须要科学反映出评价对象的客观特征以及代表性。影响港口综合竞争力的因素很多，但是必须要基于科学客观的维度，选取能全面衡量港口竞争力特征的指标，而且要遵循指标数据的可量化原则（程允杰，2019）。

（2）系统性原则。

港口综合竞争力是一个系统性的概念，涉及港口各个方面，所选指标要系统性反映港口竞争力特征。港口竞争力的影响因素分为港口自身与外围两个方面，港口自身因素包括港口硬件基础设施以及软件方面的港口运营管理水平等；港口外围因素包括港口腹地经济发展水平、港口所在地交通网络通达性、营商环境、政府发展政策等因素。港口综合竞争力评价指标的选取系统性地全面衡量港口综合竞争力。

（3）可获得性原则。

港口综合竞争力的评价指标的选取要考虑数据的完整性与可获得性。评价指标的数据获取要考虑数据的统一时间口径，使得评价指标数据具有时空上的可对比性。论文数据类型分时间序列数据、截面数据及面板数据，尤其是面板数据，不仅要求横截面的时间年份，更对纵向截面的观测值有更大的要求。这使得在设置评价指标上必须考虑数据的完整性及可获得性（朱俊敏，2019）。

（4）实用性原则。

数据的实用性原则要求数据具备广泛使用且使用方便、操作可行的特征，这样才能够指导实践活动。在对类似评价对象进行评价时，应能够方便直接使用，使评价指标体系更加实用。

11.2.1.3 港口综合竞争力评价指标体系

港口综合竞争力是一个系统性的概念，是港口在生产与运营过程中对自身要素配置优化，形成相对于其他港口可产生的超额利润优势的能力。影响港口综合竞争力的因素分为内部因素和外部因素，内部因素主要有港口发展基础设施水平、港口内部运营管理体系、港口服务效率、清关程序便捷性等。外部因素包括腹地经济生产总值、经济政策、腹地对外贸易量、贸易关税等，这些因素共同构成影响港口综合竞争力的指标体系（郭琦，2019）。根据港口综合竞争力评价指标体系构建原则以及数据的可获得性、完整性，本章建立了中国与沿线部分国家港口综合竞争力评价指标体系（见表11－26），测算2007～2018年海上丝绸之路沿线46个国家的港口综合竞争力水平。

表 11－26　　中国与海上丝绸之路沿线部分国家港口综合竞争力评价指标体系

总目标	一级指标	二级指标
港口综合竞争力	生产能力	港口集装箱吞吐量
	硬件设施	港口基础设施质量指数
		班轮线性联通指数
	腹地经济	所在国 GDP
		外商直接投资总额
		外贸进出口总额
	环境便利化	经济自由度指数
		政府清廉指数
		清关效率指数
		物流绩效得分指数
		贸易与运输基础设施质量指数

本章基于 4 个一级指标、11 个二级指标维度构建了中国与沿线部分国家港口综合竞争力评价指标体系。一级指标港口生产能力，是衡量港口综合竞争力的重要指标，反映港口贸易的规模与速度。本章选取港口集装箱吞吐量（TEU，20 英尺标箱）作为其二级指标，集装箱是国际海运的重要运输方式之一，吞吐量规模全面衡量港口的综合实力。

港口硬件设施是指港口生产运营过程中所必需的基本硬件设备，具体包括泊位数、航道水深、塔吊机数量等，硬件水平的高低影响港口作业效率，进而影响港口竞争力。基于数据的可获得性和完整性，本章选取港口基础设施质量指数衡量港口综合硬件设施水平。

衡量港口的综合竞争力除了港口自身生产运营与港口硬件设施水平外，与港口所在国经济发展水平、外贸发展、经济政策等也息息相关，在港口腹地经济一级指标中，本章选取了港口所在国 GDP、外贸进出口总额、外商直接投资总额 3 个二级指标，这些指标直接或间接影响港口综合实力。

良好通畅的贸易环境可以高效促进港口物流，在港口贸易环境中，经济自由度指数描述一个国家政治权力对经济生活的干预程度，也意味着资本、人力、技术等生产或资本要素自由流动的壁垒程度，经济自由度越高的国家，会拥有越高的经济增长速度或者更繁荣。政府清廉指数来源于透明国际组织发布的年度报告，得分越高，表明政府机构越清廉，意味着政府在工作效率、积极显著的经济政策方面产生积极影响，这有利于国家外贸发展，进而推动港口经济。

11.2.2 港口综合竞争力评价方法选择

港口综合竞争力的评价方法可以分为主观和客观两个方面，主观方法有专家打分法、标杆分析法、TOPSIS 法、模糊综合评价法、层次分析法和证据推理法等。客观分析法主要有因子分析法、主成分分析法、结构方程模型以及数据包络分析等方法。

11.2.2.1 主成分分析法

主成分分析法是利用“降维”的思想对变量进行处理，在设置变量时，部分变量往往存在较大相关性，主成分分析利用降维的方法，将所有变量综合为几个能够代表因变量特征的新变量，对于这些新的综合性变量，往往称之为“第一主成分、第二主成分、第三主成分”。各主成分之间彼此不相关，即所代表的信息不重叠。

主成分分析法的基本原理是基于样本数据的 M 个观测值，设定每个观测值有 N 个特征变量，则可以组合成 N 行 M 列的矩阵，并且每一行都减去该行的均值，得到矩阵 X。并按行把 X 整理成 N 个行向量的形式，即用 $X_1, X_2, \cdots, X_n$ 来表示 N 个原始变量。主成分可以由协方差矩阵的单位特征向量和原始变量进行线性组合得到。将 X 的协方差矩阵最大特征根 λ_1 的单位特征向量 e_1 转置（列向量变为行向量），于是第一主成分就是公式（11－1）：

$$Y_1 = e_1 X_1 + e_2 X_2 + \cdots + e_n X_n \tag{11-1}$$

第二主成分见公式（11－2）：

$$Y_2 = e_{21}X_1 + e_{22}X_2 + \cdots + e_{2n}X_n \tag{11-2}$$

同理，第 k 个主成分的表达式为公式（11－3）；

$$Y_K = e_{k1}X_1 + e_{k2}X_2 + \cdots + e_{kn}X_n \tag{11-3}$$

主成分的方差来衡量其所能解释的数据集的方差，而主成分的方差就是 X 的协方差矩阵的特征值 λ，所以第 k 个主成分的方差就是 λ_κ。需要定义一个指标，叫作主成分 Y_κ 的方差贡献率，它是第 k 个主成分的方差占总方差的比例，见式（11－4）：

$$\frac{\lambda_\kappa}{\lambda_1 + \cdots + \lambda_n} \tag{11-4}$$

那么前 k 个主成分的方差累计贡献率为式（11－5）：

$$\frac{\lambda_1 + \cdots + \lambda_\kappa}{\lambda_1 + \cdots + \lambda_n} \tag{11-5}$$

如果前 k 个主成分的方差累计贡献率超过 85%，那么说明用前 k 个主成分去代替原来的 n 个变量后，不能解释的方差不足 15%，没有损失太多信息，于是可以把 n 个变量减少为 k 个变量，达到降维的目的。

11.2.2.2　基于主成分分析的港口综合竞争力

（1）评价指标体系原始数据。

考虑数据的完整性与可获得性，本章选取了 11 个衡量中国与沿线部分国家港口综合竞争力的二级指标，其数据来源见表 11－27，采用的是 2007～2018 年 46 个国家的面板数据。

表 11－27　　港口综合竞争力评价指标体系数据来源

变量名称	指数范围或单位	代号	数据来源
港口基础设施质量指数	1～7	X1	世界银行数据库
港口集装箱吞吐量	百万 TEU	X2	世界银行数据库
班轮航运联通指数	1～170	X3	联合国贸易和发展会议
所在国 GDP	亿美元	X4	世界银行数据库

续表

变量名称	指数范围或单位	代号	数据来源
外国直投资总额	亿美元	X5	联合国贸易和发展会议
外贸进出口总额	亿美元	X6	世界贸易组织数据库
经济自由度指数	1~100	X7	美国传统基金会报告
政府清廉指数	1~5	X8	透明国际
清关效率指数	1~5	X9	世界银行数据库
物流绩效得分指数	1~5	X10	世界银行数据库
贸易与基础设施质量指数	1~100	X11	世界银行数据库

（2）原始数据的标准化处理。

基于各评价指标数据单位不同，数据量纲大小不一，为尽量减少量纲对数据统计的影响，本章利用 SPSS25.0 对原始数据进行标准化处理，受限于篇幅不在此处展示，标准化数据以 2018 年数据为例，详情见附录 1。

（3）主成分分析可能性检验。

鉴于并非所有样本与数据都适合进行主成分分析，在进行主成分分析前必须进行相关性以及效度检验，将 11 个评价指标数据输入 SPSS 25.0 进行相关系数矩阵分析以及 KMO、Bartlett 检验，结果见表 11－28。

表 11－28　　变量相关性矩阵

变量	X1	X2	X3	X4	X5	X6	X7	X8	X9	X10	X11
X1	1	0.138	0.552	0.153	0.48	0.442	0.73	0.785	0.751	0.718	0.787
X2	0.138	1	0.661	0.817	0.428	0.029	0.007	0.076	0.225	0.248	0.28
X3	0.552	0.661	1	0.667	0.624	0.461	0.361	0.447	0.615	0.661	0.68
X4	0.153	0.817	0.667	1	0.551	0.416	0.051	0.196	0.352	0.402	0.415
X5	0.48	0.428	0.624	0.551	1	0.537	0.394	0.552	0.605	0.617	0.628
X6	0.442	0.029	0.461	0.416	0.537	1	0.355	0.539	0.597	0.625	0.641
X7	0.73	0.007	0.361	0.051	0.394	0.355	1	0.845	0.766	0.745	0.73
X8	0.785	0.076	0.447	0.196	0.552	0.539	0.845	1	0.841	0.802	0.829
X9	0.751	0.225	0.615	0.352	0.605	0.597	0.766	0.841	1	0.956	0.95
X10	0.718	0.248	0.661	0.402	0.617	0.625	0.745	0.802	0.956	1	0.957
X11	0.787	0.28	0.68	0.415	0.628	0.641	0.73	0.829	0.95	0.957	1

从表11－28相关性矩阵来看，X1变量港口基础设施质量指数与X7经济自由度指数、X8政府清廉指数、X9清关效率指数、X10物流绩效指数、X11贸易与基础设施质量指数的相关系数均大于0.55，说明变量之间具有较强的相关性，信息重叠较多。X2港口集装箱吞吐量在矩阵上与X4所在国GDP的相关系数均比较高，表明二者信息重叠较高，总的来看，各变量之间相关系数均较大，信息重叠可能比较高（吴祖军，2019）。

如表11－29所示，根据KMO与巴特利特球度检验，KMO值为0.847，大于0.5的水平，表明变量间适合主成分分析；sig显著性也小于0.005，表明样本变量数据来源于正态分布，综合来看，变量的设置适合做主成分分析。

表11－29　　KMO与Bartlett's检验

KMO值		0.847
Bartlett's检验	近似卡方	6 948.851
	自由度	55
	显著性	0.000

（4）主成分的确定与解释。

将数据输入SPSS 25.0进行主成分分析，提取公因子，得到结果总方差解释（见表11－30），第一主成分特征值为6.661，解释总方差的60.559%，说明这是极大因子，第二主成分初始特征值为2.072，解释总方差18.836%，第三主成分初始特征值为0.783，三个主成分总方差累计达到86.515%，高于85%的标准。参考陈伟（2014）在《中国农业对外直接投资影响因素研究》一文中的方法标准，本章提取前三个主成分是合理的。

表11－30　　总方差解释

成分	初始特征值			提取载荷平方和		
	总计	方差百分比	累积%	总计	方差百分比	累积%
1	6.661	60.559	60.559	6.661	60.559	60.559
2	2.072	18.836	79.395	2.072	18.836	79.395
3	0.783	7.12	86.515	0.783	7.12	86.515

续表

成分	初始特征值			提取载荷平方和		
	总计	方差百分比	累积%	总计	方差百分比	累积%
4	0.418	3.799	90.314			
5	0.358	3.252	93.566			
6	0.27	2.458	96.024			
7	0.182	1.658	97.682			
8	0.111	1.007	98.689			
9	0.071	0.65	99.339			
10	0.042	0.386	99.724			
11	0.03	0.276	100			

提取方法：主成分分析法。

表11－31是旋转成分矩阵表，列示出前面提取的3个主成分的构成。

表11－31　旋转成分矩阵

变量	成分		
	1	2	3
X1	0.808	－0.288	0.22
X2	0.382	0.831	0.344
X3	0.765	0.458	0.106
X4	0.521	0.782	－0.101
X5	0.742	0.278	－0.19
X6	0.677	－0.02	－0.693
X7	0.755	－0.465	0.27
X8	0.859	－0.359	0.07
X9	0.938	－0.175	0.024
X10	0.943	－0.118	－0.015
X11	0.96	－0.105	0

提取方法：主成分分析法。

表11－32是主成分载荷矩阵表，第一主成分在变量X1港口基础设施质量指数、X3班轮运输联通指数、X4所在国GDP、X5外国直接投资总额、X6外贸进出口总额、X7政府自由度指数、X8政府清廉指数、X9清关效率指数、X9物流绩效得分、X11贸易与运输基础设施质量指数等变

量上存在较大载荷，因此可将其看作反映港口发展规模、港口基础设施条件和港口腹地经济条件的主成分。第二主成分在变量X2港口集装箱吞吐量、X4所在国GDP上具有相对较高的载荷。第三主成分在X2港口集装箱吞吐量、X7经济自由度指数上具有较高的载荷。

表11－32　　　　成分得分系数矩阵

变量	成分		
	1	2	3
X1	0. 121	－0. 139	0. 281
X2	0. 057	0. 401	0. 439
X3	0. 115	0. 221	0. 135
X4	0. 078	0. 377	－0. 129
X5	0. 111	0. 134	－0. 242
X6	0. 102	－0. 01	－0. 885
X7	0. 113	－0. 224	0. 345
X8	0. 129	－0. 173	0. 089
X9	0. 141	－0. 084	0. 03
X10	0. 142	－0. 057	－0. 02
X11	0. 144	－0. 051	－0. 001

提取方法：主成分分析法。

（5）主成分的计算与得分。

一是特征向量的计算。

$$eij = \frac{\alpha ij}{\sqrt{\lambda i}} \qquad (11-6)$$

$$\ell_1 = \left(\frac{0.121}{\sqrt{6.661}}, \frac{0.057}{\sqrt{6.661}}, \frac{0.115}{\sqrt{6.661}}, \frac{0.078}{\sqrt{6.661}}, \frac{0.111}{\sqrt{6.661}}, \frac{0.102}{\sqrt{6.661}}, \frac{0.113}{\sqrt{6.661}}, \frac{0.129}{\sqrt{6.661}}, \frac{0.141}{\sqrt{6.661}}, \frac{0.142}{\sqrt{6.661}}, \frac{0.144}{\sqrt{6.661}}\right)$$

$$\ell_2 = \left(-\frac{0.139}{\sqrt{2.072}}, \frac{0.401}{\sqrt{2.072}}, \frac{0.221}{\sqrt{2.072}}, \frac{0.377}{\sqrt{2.072}}, \frac{0.134}{\sqrt{2.072}}, -\frac{0.01}{\sqrt{2.072}}, -\frac{0.224}{\sqrt{2.072}}, -\frac{0.173}{\sqrt{2.072}}, -\frac{0.084}{\sqrt{2.072}}, -\frac{0.057}{\sqrt{2.072}}, -\frac{0.051}{\sqrt{2.072}}\right)$$

$$\ell_3=\left(\frac{0.281}{\sqrt{0.783}},\frac{0.439}{\sqrt{0.783}},\frac{0.135}{\sqrt{0.783}},-\frac{0.129}{\sqrt{0.783}},-\frac{0.242}{\sqrt{0.783}},-\frac{0.885}{\sqrt{0.783}},\frac{0.345}{\sqrt{0.783}},\frac{0.089}{\sqrt{0.783}},\frac{0.03}{\sqrt{0.783}},-\frac{0.02}{\sqrt{0.783}},-\frac{0.001}{\sqrt{0.783}}\right)$$

主成分特征向量的计算公式见式（11－6），其中，αij 表示旋转前主成分载荷矩阵中第 j 个变量在第 i 个主成分的载荷系数；λi 表示第 i 个主成分的特征值；eij 表示标准化正交向量所对应的值。3 个主成分对应的标准正交化特征向量见表 11－33。

表 11－33　　标准化特征向量矩阵

变量	成分		
	1	2	3
X1	0.047	-0.097	0.318
X2	0.022	0.279	0.496
X3	0.045	0.154	0.153
X4	0.030	0.262	-0.146
X5	0.043	0.093	-0.273
X6	0.040	-0.007	-1.000
X7	0.044	-0.156	0.390
X8	0.050	-0.120	0.101
X9	0.055	-0.058	0.034
X10	0.055	-0.040	-0.023
X11	0.056	-0.035	-0.001

提取方法：主成分分析法。

通过表 11－33，可以得出三个主成分的得分函数，见式（11－7）～式（11－9）：

$$F1=0.047ZX1+0.022ZX2+0.045ZX3+0.030ZX4+0.043ZX5+0.040ZX6+0.044ZX7+0.050ZX8+0.055ZX9+0.055ZX10+0.056ZX11 \quad (11-7)$$

$$F2=-0.097ZX1+0.279ZX2+0.154ZX3+0.262ZX4+0.093ZX5-0.007ZX6-0.156ZX7-0.120ZX8-0.058ZX9-0.040ZX10-0.035ZX11 \quad (11-8)$$

$$F3 = 0.318ZX1 + 0.496ZX2 + 0.153ZX3 - 0.146ZX4 - 0.273ZX5 - 1.00ZX6 + 0.39ZX7 + 0.101ZX8 + 0.034ZX9 - 0.023ZX10 - 0.001ZX11 \quad (11-9)$$

其中，F1、F2、F3 分别代表各个国家港口综合竞争力第一主成分、第二主成分、第三主成分得分；ZX(1,2,3,…,10) 代表各个国家港口竞争力变量指标的标准化数据。

二是主成分权重确定。主成分权重采用各主成分的方差贡献率，根据表 11-30 可知，第一主成分的方差贡献率为 60.559%，第二主成分方差贡献率为 18.836%，第三主成分方差贡献率为 7.12%，所以可得第一主成分权重 $\beta_1 = 0.60559$；第二主成分权重 $\beta_2 = 0.18836$；第三主成分权重 $\beta_3 = 0.0712$。

三是主成分综合得分计算。主成分综合得分计算见式（11-10）：

$$F = \beta_1 F_1 + \beta_2 F_2 + \beta_3 F_3 \quad (11-10)$$

利用 SPSS 直接计算 2018 年各个国家港口竞争力综合得分，各主成分得分、排名以及综合得分见表 11-34。

表 11-34　2018 年中国与海上丝绸之路沿线部分国家港口综合竞争力各主成分得分

国家	F1	F2	F3	F
中国	0.919	4.229	-2.933	1.144
越南	-0.098	0.307	-0.235	-0.019
菲律宾	-0.264	0.037	-0.022	-0.155
马来西亚	0.134	0.052	1.383	0.189
新加坡	0.771	-0.236	1.270	0.513
印度尼西亚	-0.104	0.179	-0.057	-0.033
泰国	-0.005	-0.089	0.132	-0.010
缅甸	-0.121	-0.418	-3.042	-0.369
柬埔寨	-0.485	0.062	-0.085	-0.288
文莱	-0.391	-0.036	0.282	-0.223
孟加拉国	-0.386	0.026	-0.003	-0.229

续表

国家	F1	F2	F3	F
巴基斯坦	-0.370	0.111	0.273	-0.183
印度	0.044	0.525	-1.004	0.054
斯里兰卡	-0.213	0.106	0.726	-0.057
阿联酋	-0.026	-0.229	0.424	-0.028
南非	0.277	-0.347	1.051	0.177
沙特阿拉伯	-0.059	0.036	0.252	-0.011
阿曼	-0.013	-0.219	0.836	0.011
巴林	-0.182	-0.238	0.682	-0.106
卡塔尔	0.036	-0.473	0.702	-0.017
伊朗	-0.188	0.131	-1.535	-0.198
土耳其	-0.029	0.014	0.319	0.008
埃及	-0.388	0.606	-1.048	-0.195
利比亚	-0.726	0.830	-2.120	-0.434
阿尔及利亚	-0.299	0.056	-1.469	-0.275
突尼斯	-0.333	-0.269	0.462	-0.220
摩洛哥	-0.306	0.226	0.158	-0.131
尼日利亚	-0.378	0.016	0.130	-0.217
肯尼亚	-0.309	-0.031	-0.086	-0.199
乌克兰	-0.324	0.043	-0.031	-0.190
波兰	0.078	-0.207	-0.018	0.007
罗马尼亚	-0.157	-0.250	0.247	-0.125
保加利亚	-0.153	-0.474	0.631	-0.137
立陶宛	-0.100	-0.550	0.858	-0.103
斯洛文尼亚	0.031	-0.475	0.714	-0.020
马耳他	-0.061	-0.360	1.176	-0.021
西班牙	0.372	0.064	-0.012	0.236
法国	0.463	-0.036	-0.904	0.209
德国	0.726	-0.047	-1.794	0.303
英国	0.592	-0.014	-0.763	0.302
意大利	0.237	0.035	0.668	0.197
希腊	0.025	-0.261	1.072	0.042

续表

国家	F1	F2	F3	F
荷兰	0.630	-0.293	0.120	0.335
比利时	0.401	-0.405	0.451	0.199
澳大利亚	0.368	-0.654	0.641	0.145
新西兰	0.363	-1.081	1.499	0.123

表11-34是对2018年中国与部分沿线国家港口综合竞争力的测算，基于前文建立的国家港口竞争力评价指标体系及方法，本章对2007~2018年中国与沿线国家港口综合竞争力进行了依次测算。

表11-35是2007~2018年中国与沿线东盟九国港口综合竞争力，无论在2007年还是2018年的得分水平中，中国、马来西亚、新加坡均位于该区域前三位，凸显出这三个国家的港口综合竞争力处于高水平，这与三国经济发展水平及港口基础设施的完善、港口网络通达性有关。新加坡扼守马六甲海峡，作为世界著名贸易中转港，新加坡港货物中转贸易发达，港口自动化作业水平高，这与其显示出的高竞争力水平相符合。在12年的得分中，缅甸、柬埔寨及文莱处于该区域最低水平，且在增长幅度上保持相对平稳的上升水平。从总体上看，在2007~2018年的得分中，该区域国家中国、越南、新加坡、印度尼西亚、泰国、缅甸及文莱综合得分保持上升趋势，其中中国和新加坡得分水平最高。

表11-35　2007~2018年中国与沿线国家港口综合竞争力（中国与东盟区域）

年份	中国	越南	菲律宾	马来西亚	新加坡	印度尼西亚	泰国	缅甸	柬埔寨	文莱
2007	0.828	-0.191	-0.176	0.686	0.503	-0.107	-0.013	-0.357	-0.250	-0.253
2008	1.178	-0.155	-0.120	0.236	0.535	-0.087	0.016	-0.355	-0.251	-0.256
2009	1.211	-0.132	-0.157	0.233	0.534	-0.098	0.011	-0.365	-0.256	-0.252
2010	1.232	-0.126	-0.171	0.214	0.546	-0.088	0.024	-0.354	-0.267	-0.204
2011	1.265	-0.103	-0.175	0.250	0.557	-0.096	-0.010	-0.360	-0.252	-0.228
2012	1.283	-0.105	-0.174	0.258	0.583	-0.099	-0.023	-0.354	-0.254	-0.222
2013	1.299	-0.101	-0.172	0.253	0.562	-0.082	-0.012	-0.375	-0.250	-0.214

续表

年份	中国	越南	菲律宾	马来西亚	新加坡	印度尼西亚	泰国	缅甸	柬埔寨	文莱
2014	1. 292	-0. 085	-0. 156	0. 270	0. 560	-0. 068	0. 010	-0. 371	-0. 267	-0. 208
2015	1. 324	-0. 090	-0. 177	0. 258	0. 541	-0. 098	-0. 009	-0. 344	-0. 266	-0. 194
2016	1. 326	-0. 102	-0. 181	0. 254	0. 547	-0. 104	-0. 018	-0. 307	-0. 259	-0. 201
2017	1. 326	-0. 073	-0. 202	0. 196	0. 510	-0. 064	-0. 041	-0. 348	-0. 264	-0. 206
2018	1. 114	-0. 019	-0. 155	0. 189	0. 513	-0. 033	-0. 01	-0. 288	-0. 223	-0. 369

中东与西亚区域是海上丝绸之路亚洲与欧洲的连接枢纽，波斯湾沿岸国家扼守世界能源中心，石油贸易发达。在表 11－36 中，2007 年的得分中阿联酋、沙特阿拉伯、巴林得分水平相对较高，显示出在该区域较高的竞争力。伊朗、卡塔尔得分处于该区域较低水平，伊朗的低水平得分与常年受国际制裁导致对外贸易受到限制有关。2007 年，阿联酋、卡塔尔、土耳其得分水平较高，伊朗、阿曼、巴林综合得分较低。从 2007～2018 年，阿联酋港口综合竞争力得分水平始终处于该区域第一的位置，这与其国内港口发展呈正相关，迪拜港是中东与西亚地区最大的港口，无论是港口吞吐量还是港口基础设施，迪拜港都位于该区域前列。从总体上看，该区域的阿联酋、沙特阿拉伯、卡塔尔以及土耳其四个国家的港口综合竞争力处于平稳上升的趋势。

表 11－36　2007～2018 年沿线国家港口综合竞争力（中东与西亚区域）

年份	阿联酋	沙特阿拉伯	阿曼	巴林	卡塔尔	伊朗	土耳其
2007	0. 164	0. 014	-0. 024	0. 018	-0. 147	-0. 169	-0. 020
2008	0. 173	0. 023	-0. 020	-0. 027	-0. 185	-0. 216	-0. 025
2009	0. 200	0. 044	0. 021	-0. 019	-0. 169	-0. 188	-0. 042
2010	0. 172	0. 041	0. 030	-0. 022	-0. 113	-0. 185	-0. 025
2011	0. 188	0. 065	0. 027	0. 006	-0. 103	-0. 193	0. 006
2012	0. 192	0. 033	0. 009	-0. 006	-0. 064	-0. 218	0. 053
2013	0. 188	0. 039	-0. 007	-0. 015	-0. 065	-0. 224	0. 044
2014	0. 174	0. 030	-0. 031	-0. 013	-0. 056	-0. 242	0. 043
2015	0. 196	0. 029	-0. 028	-0. 012	-0. 026	-0. 223	0. 032

续表

年份	阿联酋	沙特阿拉伯	阿曼	巴林	卡塔尔	伊朗	土耳其
2016	0.222	0.038	-0.005	-0.010	-0.013	-0.196	0.026
2017	0.136	0.038	-0.014	-0.025	0.037	-0.209	0.035
2018	0.177	-0.011	0.011	-0.106	-0.017	-0.198	0.008

表 11-37 是非洲区域国家的港口综合竞争力得分，非洲区域是沿线国家中经济发展水平相对缓慢、基础设施相对落后的地区。在 2007~2018 年，埃及、摩洛哥、南非三国港口综合竞争力处于该区域国家相对较高的水平，利比亚、突尼斯两国近年受国内局势动荡及战乱影响，国家对外贸易受到严重影响，港口发展处于非常缓慢的状态。

表 11-37　2007~2018 年沿线国家港口综合竞争力（北非、东非及南非区域）

年份	埃及	利比亚	阿尔及利亚	突尼斯	摩洛哥	尼日利亚	肯尼亚	南非
2007	-0.125	-0.315	-0.293	-0.133	-0.203	-0.222	-0.204	-0.014
2008	-0.085	—	-0.290	-0.123	-0.160	-0.225	-0.215	0.024
2009	-0.079	—	-0.291	-0.147	-0.132	-0.220	-0.219	0.030
2010	-0.086	—	-0.243	-0.154	-0.085	-0.221	-0.214	0.035
2011	-0.081	—	-0.288	-0.172	-0.065	-0.225	-0.252	0.038
2012	-0.052	—	-0.332	-0.146	-0.042	-0.240	-0.253	0.050
2013	-0.059	-0.355	-0.321	-0.199	-0.026	-0.232	-0.269	0.032
2014	-0.061	-0.355	-0.304	-0.280	-0.017	-0.223	-0.251	0.036
2015	-0.060	-0.371	-0.274	-0.286	-0.046	-0.243	-0.201	0.022
2016	-0.047	-0.397	-0.285	-0.287	-0.101	-0.253	-0.126	0.034
2017	-0.048	-0.370	-0.270	-0.267	-0.030	-0.273	-0.133	0.037
2018	-0.195	-0.434	-0.275	-0.22	-0.131	-0.217	-0.199	-0.028

南亚是海上丝绸之路沿线布局的重点区域，是中国在海上丝绸之路沿线推进与区域国家港口合作的重点区域，中国与巴基斯坦的瓜达尔港建设合作、中国与孟加拉国吉大港援建合作、中国与斯里兰卡科伦坡港和汉班托塔港合作等，都是中国与该区域国家港口合作典型。从表 11-38 中可以看出，孟加拉国、巴基斯坦、斯里兰卡三国港口综合竞争力得分虽然较低，但是从 2007~2018 年该三国港口竞争力得分总体上保持平稳上

升，一方面与三国经济发展，港口集装箱吞吐量增长有关，另一方面也与区域外大国的基建合作有关，尤其是中国与三国在港口领域的合作，大幅度提升了该区域国家港口基础建设及港口运营水平。在大洋洲区域的澳大利亚和新西兰两国，港口综合竞争力得分水平相对较高，总体呈上升趋势。澳大利亚和新西兰是中国在海上丝绸之路沿线大洋洲区域的重要合作伙伴，中澳在矿产和农产品的贸易占两国贸易的重要份额，随着中国企业获得澳大利亚达尔文港99年租借经营权，两国在港口领域的合作进一步深化。

表11－38　2007～2018年沿线国家港口综合竞争力（南亚及其他区域国家）

年份	孟加拉国	巴基斯坦	印度	斯里兰卡	澳大利亚	新西兰
2007	－0.302	－0.189	0.009	－0.148	0.180	0.120
2008	－0.281	－0.175	0.035	－0.130	0.186	0.110
2009	－0.259	－0.180	0.037	－0.164	0.149	0.107
2010	－0.259	－0.196	0.037	－0.130	0.159	0.125
2011	－0.258	－0.150	0.032	－0.128	0.188	0.085
2012	－0.277	－0.136	0.006	－0.090	0.172	0.072
2013	－0.294	－0.144	0.015	－0.126	0.176	0.112
2014	－0.288	－0.155	0.008	－0.134	0.172	0.135
2015	－0.277	－0.142	0.031	－0.129	0.185	0.153
2016	－0.252	－0.131	0.069	－0.101	0.190	0.154
2017	－0.241	－0.121	0.044	－0.112	0.188	0.169
2018	－0.229	－0.183	0.054	－0.057	0.145	0.123

表11－39是中东欧区域国家的2007～2018年港口综合竞争力得分，中东欧区域国家是欧洲国家中最早与中国签署“一带一路”双边合作文件的国家，中东欧区域国家港口规模较小，区域内无著名港口。在2007年得分中，乌克兰、保加利亚、波兰、立陶宛得分较低，显示出较低的港口综合竞争力；在2018年得分中，乌克兰、罗马尼亚、保加利亚三国处于区域较低水平。从2007～2018年，乌克兰与罗马尼亚两国综合得分水平

提升不高，整体保持平稳。斯洛文尼亚与马耳他是该区域得分水平相对较高的国家，从 2007 ~ 2018 年，两国港口综合竞争力得分总体保持平稳上升趋势。

表 11 - 39　2007 ~ 2018 年沿线国家港口综合竞争力（中东欧区域国家）

年份	乌克兰	波兰	罗马尼亚	保加利亚	立陶宛	斯洛文尼亚	马耳他
2007	-0. 200	-0. 143	-0. 124	-0. 162	-0. 138	-0. 080	-0. 031
2008	-0. 199	-0. 154	-0. 139	-0. 179	-0. 121	-0. 092	-0. 043
2009	-0. 220	-0. 149	-0. 165	-0. 195	-0. 114	-0. 058	-0. 031
2010	-0. 240	-0. 081	-0. 191	-0. 190	-0. 094	-0. 068	-0. 012
2011	-0. 232	-0. 086	-0. 197	-0. 204	-0. 123	-0. 067	-0. 014
2012	-0. 207	-0. 058	-0. 199	-0. 175	-0. 129	-0. 039	0. 008
2013	-0. 209	-0. 070	-0. 172	-0. 160	-0. 122	-0. 039	0. 015
2014	-0. 216	-0. 034	-0. 148	-0. 162	-0. 100	-0. 032	0. 021
2015	-0. 244	-0. 043	-0. 153	-0. 101	-0. 070	-0. 043	-0. 007
2016	-0. 262	-0. 036	-0. 141	-0. 031	-0. 029	-0. 023	-0. 021
2017	-0. 161	-0. 031	-0. 122	-0. 024	-0. 014	-0. 011	-0. 019
2018	-0. 19	0. 007	-0. 125	-0. 137	-0. 103	-0. 02	-0. 021

表 11 - 40 是海上丝绸之路西欧区域国家港口综合竞争力得分，西欧区域国家经济发达，市场经济体系完善，港口基础设施完备，作业自动化水平高，但受限于欧洲债务危机及经济发展低迷影响，欧洲区域国家港口经营出现一定危机。西班牙港口综合竞争力得分从 2007 年的 0. 280 到 2018 年的 0. 236，有一定程度下降。2007 ~ 2017 年法国和德国港口综合竞争力得分总体保持平稳并略有上升，2018 年略有下降。英国港口综合竞争力得分处于该区域较高水平，意大利和希腊得分处于该区域国家较低水平，显示出较低的竞争力，荷兰和比利时港口综合竞争力得分在 2007 ~ 2017 年整体处于上升趋势，而且荷兰港口综合竞争力维持在高位水平。

表 11－40　　2007～2018 年沿线国家港口综合竞争力（西欧区域国家）

年份	西班牙	法国	德国	英国	意大利	希腊	荷兰	比利时
2007	0.280	0.292	0.377	0.493	0.135	－0.017	0.360	0.264
2008	0.265	0.361	0.345	0.379	0.131	－0.067	0.427	0.274
2009	0.221	0.320	0.336	0.387	0.152	－0.054	0.384	0.291
2010	0.233	0.320	0.319	0.314	0.085	－0.098	0.349	0.266
2011	0.228	0.221	0.319	0.299	0.105	－0.102	0.392	0.278
2012	0.206	0.279	0.265	0.284	0.085	－0.088	0.373	0.252
2013	0.206	0.285	0.358	0.299	0.080	－0.056	0.371	0.259
2014	0.187	0.278	0.378	0.306	0.079	－0.001	0.383	0.247
2015	0.189	0.287	0.381	0.313	0.072	－0.016	0.397	0.239
2016	0.191	0.293	0.396	0.346	0.055	－0.022	0.390	0.226
2017	0.193	0.318	0.392	0.331	0.063	－0.010	0.391	0.282
2018	0.236	0.209	0.303	0.302	0.197	0.042	0.335	0.199

11.3　基于港口综合竞争力的贸易效应

11.3.1　模型构建

贸易引力模型是用来解释双边贸易流量的常用工具，传统的引力模型变量主要由国内生产总值、人口总数、外国直接投资总额等主要因素构建，在后来的模型发展中，双边贸易距离、共同语言文化、国界是否相邻接壤、是否签订双边自由贸易协定等虚拟变量逐渐加入引力模型，使其进一步完善丰富（杨青，2016）。基于海上丝绸之路建设推进情况以及本章研究的实际需要，本章对贸易引力模型做出一定修改，将海上丝绸之路沿线区域国家的港口综合竞争力水平纳入模型，着重考察港口综合竞争力高低对中国与沿线国家双边贸易额的影响效应，得到以下贸易引力模型如式（11－11）所示：

$$\ln y_{ijt} = \alpha_0 + \beta_1 \ln gdp_{tj} + \beta_2 \ln gkj_{tj} + \beta_3 \ln pop_{tj} + \beta_4 dis_{ij} + \ell \quad (11-11)$$

其中，y_{ijt}表示 t 年中国向 j 国出口的水产品贸易总额，α_0 是常数项，gdp_{tj} 是 t 年 j 国 GDP 发展水平，gkj_{tj}表示 t 年 j 国港口综合竞争力得分水平，pop_{tj}表示 t 年 j 国总人口数，dis_{ij}表示 i 国到 j 国的双边贸易距离（以两国首都直线距离为基准）。

11.3.2　样本数据选取及理论说明

11.3.2.1　样本选取

基于数据的完整性及可获得性，本章选取 2007 ~ 2018 年中国对海上丝绸之路沿线 45 个国家的水产品出口总额为样本数据，45 个样本国家中几乎涵盖了海上丝绸之路沿线主要区域国家，包括南线及西线国家，具体包括东南亚的越南、菲律宾、马来西亚、新加坡、印度尼西亚、泰国、缅甸、柬埔寨、文莱 9 国，南亚的印度、巴基斯坦、孟加拉国、斯里兰卡 4 国，中东及西亚的阿联酋、沙特阿拉伯、阿曼、巴林、卡塔尔、伊朗、土耳其 7 国。非洲区域主要是北非、东非及南非区域国家，包括埃及、利比亚、阿尔及利亚、突尼斯、摩洛哥、尼日利亚、肯尼亚、南非 8 个国家。本章按研究需要，考虑中东欧和西欧区域国家，中东欧包括乌克兰、波兰、罗马尼亚、保加利亚、立陶宛、斯洛文尼亚、马耳他 7 个国家，西欧包括西班牙、法国、德国、英国、意大利、希腊、荷兰、比利时 8 个国家。另外，还包括南线的澳大利亚和新西兰 2 国。

11.3.2.2　数据来源及理论说明

在上述构建的理论方程模型中，解释变量 gdp_{tj}数据来自世界银行数据库，数据年限为 2007 ~ 2018 年，数据完整性较好；gkj_{tj}数据基于第 11.2 节测算的海上丝绸之路沿线区域国家港口综合竞争力结果；pop_{tj}数据来源于世界银行数据库，时间维度是 2007 ~ 2018 年，dis_{ij}表示 i 国和 j 国两国的贸易直线距离（以两国首都直线距离为标准），数据来源于时间地图网（24 timemap. com）（谭秀杰和周茂荣，2015）。被解释变量 y_{itj} 表示 t 年中国对 j 国的水产品出口贸易总额，数据来源于联合国商品贸易统计数据库。在数据的获取中，伊朗、利比亚、突尼斯等部分国家个别年份贸易数据缺失，本章采取线性插补法填补空缺数值。在港口综合竞争力测算结果中，本章借鉴 STATA 官网日志提示方法，在引力模型中对港口综合竞争力变量所有数值整体加上一个常数值 1，方便后续对变量取对数，只是比较变量数值大小，并没有改变港口竞争力变量性质含义。解释变量的预期符号及理论说明如表 11 -41 所示。

表 11 -41　　解释变量的预期符号及理论说明

解释变量	预期符号	理论说明
y_{itj}		中国对海上丝绸之路沿线区域主要国家水产品出口额
gdp_{tj}	正	进口国国内生产总值越大，国内经济越发达，进口能力越强
gkj_{tj}	正	港口综合竞争力越高，港口航运体系越发达完善，进口效率越高
pop_{tj}	正	进口国总人口数量越多，表明潜在市场越大，需求越高
dis_{ij}	负	两国间双边贸易距离越远，运输成本越高，开展贸易难度越大

11.3.3　实证分析

基于 stata15. 0 软件对模型的样本数据进行回归分析，面板数据的时间维度是 2007 ~2018 年，45 个沿线国家共 540 个样本观测值。模型参数回归结果如表 11 -42 和表 11 -43 所示。

表 11 -42　　2007 ~2018 年中国与沿线区域国家水产品进出口贸易引力模型参数回归结果

变量	混合效应		
	系数估计	t 值	P 值
gkj	4. 4222	10. 32	0. 000 ***
gdp	0. 3131	3. 03	0. 003 ***

续表

变量	混合效应		
	系数估计	t 值	P 值
pop	0.5089	6.20	0.000 ***
dis	-1.9545	-8.17	0.000 ***
R^2	0.5152		
调整后 R^2	0.5116		

注：*** 表示在 1% 的水平上显著。

表 11-43　2007~2018 年中国对沿线区域国家水产品出口贸易引力模型参数回归结果

变量	固定效应			随机效应		
	回归系数	t 值	P 值	回归系数	z 值	p 值
gkj	2.4179	5.57	0.000 ***	3.0261	7.48	0.000 ***
gdp	1.5003	6.64	0.000 ***	1.1269	6.55	0.000 ***
pop	0.7997	1.16	0.245	0.1384	0.70	0.484
dis	811.484	3.35	0.001 ***	-2.5787	-3.52	0.000 ***
R^2	0.2608			0.4799		
模型统计量	F（4 490）=43.22 Prob > F = 0.0000			Wald chi2（4）=188.98 Prob > chi2 = 0.0000		
霍斯曼检验	chi2（3）=14.66 Prob > chi2 = 0.0007					

注：*** 表示在 1% 的水平上显著。

上述表 11-42、表 11-43 对模型分别采取混合效应、固定效应和随机效应三种回归方式。

（1）无论是混合效应、固定效应还是随机效应，港口综合竞争力变量对中国与沿线区域国家的双边水产品贸易量均有正向显著效应。混合效应中，港口综合竞争力提高 1 个百分点，整体上将带动中国对沿线区域主要国家水产品出口 4.4222 个百分点；固定效应中，港口竞争力提高 1 个百分点，将带动中国对沿线国水产品出口 2.4179 个百分点；随机效应中，港口竞争力提高 1 个百分点，将带动中国对沿线国水产品出口 3.0261 个百分点。港口综合竞争力的提高意味着国家港口硬件基础设施以及港口运营管理水平得到有效改善，贸易流通壁垒将进一步减少（王凤婷等，2019）。

（2）国内生产总值是贸易引力模型的基础性影响因素，在上表的三种回归效应中，国内生产总值对中国与沿线区域国家的水产品贸易量具有显著的正向效应。混合效应回归系数是0.3131，固定效应为1.5003，随机效应为1.1269（徐奔，2018）。三种回归效应中，固定效应的回归系数较大，表明国内生产总值提高1个百分点，将提升中国与其水产品双边贸易1.5003个百分点。

（3）在总人口变量中，混合效应对总人口对双边贸易均具有显著的正向效应，混合效应总人口变量回归系数为0.5089，总人口增加1个百分点将有效提高双边贸易量0.5089个百分点；在固定效应和随机效应中，总人口变量对水产品贸易的拉动效应比较弱，表明在双边贸易中，人口数量的多少并不能直接影响水产品市场大小，消费偏好、国内生产总值等因素的影响可能比人口更明显。

（4）在双边贸易距离变量中，三种回归方法对距离变量的回归结果呈现不一致。在混合效应和随机效应中，距离变量的回归系数分别为-1.9545和-2.5787，显著性均为0.000，表明双边贸易距离增加1个百分点将分别减少1.9545个和2.5787个百分点，这表明在混合效应和随机效应中，距离变量对双边贸易起阻碍作用，符合传统贸易引力模型对贸易距离的认知；但在固定效应的回归中，距离变量回归系数为811.484，这与预期符号不一致，综合以上变量考虑，其中一方面原因可能是中国水产品出口区域较为集中，主要分布于东南亚以及欧洲区域，在中东及西亚区域有相对较小部分出口；另一方面原因是港口交通基础设施的完善，航运网络的通达性大大提高，贸易距离已经不是影响双边贸易的显著因素（张瑛，2018）。

（5）在霍斯曼检验中，Prob > chi2 = 0.0007，远远小于0.1的标准，故强烈拒绝原假设，采用固定效应模型对方程回归置信水平较高。

11.4　结论及启示

11.4.1　研究结论

本章以沿线国家港口综合竞争力为研究对象，通过构建港口综合竞争力评价指标体系，系统测算评价沿线区域国家港口综合竞争力高低，并进一步研究沿线国家港口综合竞争力高低与中国双边贸易的关系效应，研究结论如下所述。

一是从沿线整体维度上看，各区域沿线国港口综合竞争力在 2007 ~ 2017 年处于平稳上升阶段，但是也有伊朗、利比亚、突尼斯、希腊等部分国家因常年遭受国际制裁、战乱动荡以及债务危机等因素影响，港口综合竞争力略有下降。

二是从区域角度上看，不同沿线区域国家港口综合竞争力高低差距相对较大。在研究对象中，中国、东盟区域的马来西亚及新加坡，南亚区域的斯里兰卡，中东区域的阿联酋、沙特，北非的埃及、马耳他、摩洛哥，西欧的英国、德国、法国、荷兰、比利时等国家港口综合竞争力处于该区域较高水平。一方面与国内经济发达有关，外贸进出口量大，港口基础设施完善，港口运营作业智能化水平较高，另一方面由于港口处于良好的地理位置，港口中转贸易发达。东南亚区域的越南、菲律宾、柬埔寨、泰国，南亚区域的孟加拉国、巴基斯坦，中东欧区域的乌克兰、波兰等国家港口综合竞争力水平较低。

三是研究表明，无论是混合效应、固定效应还是随机效应，港口综合竞争力对中国与沿线国水产品双边贸易额均具有显著的正向效应，港口综合竞争力的提高将有效带动中国与沿线国家双边贸易（水产品）的提升，在三种回归效应中，混合效应的港口综合竞争力提高对双边水产品的贸易拉动效应最大，提升 1 个百分点的港口综合竞争力，将有效提高双边水产品贸易额 4. 4222 个百分点；其次是随机效应，提高 1 个百分点的港口综合竞争力将有效提高双边水产品贸易额 3.0261 个百分点；固定效应中港口综合竞争力的拉动效应相对较低。总的来看，在引力模型回归结果中，港口综合竞争力、国内生产总值、国内人口总数三个变量对中国与沿线国家双边水产品贸易额都具有显著的正向效应，这也符合双边经济贸易发展的现实。在贸易距离变量的回归效应中，固定效应、随机效应回归系数为负，这符合传统贸易对距离变量的认知，但在固定效应中，回归系数为正，交通运输网络体系的方便快捷使得距离不再是阻碍双边贸易的影响因素。

11.4.2 政策启示

11.4.2.1 加强政府间国际合作，搭建双边港口合作的顶层设计

港口是 21 世纪海上丝绸之路倡议推进实施的关键载体，是加强沿线区域国家基础设施领域互联互通的重要节点，提高沿线国家港口综合竞争力，促进双边港口合作，必须从各国政府间加强港口领域合作，搭建双边港口合作的顶层规划设计入手。提高港口综合竞争力，加强双边港口合作，以国家政府为主体，以龙头工程基建企业、港口运营企业为重要依托，沿线国家层面，通过政府间双边合作文件的签署，为沿线港口合作搭建指导总纲；相关行业协会机构出台行业规范指导文件，比如港口行业投资指南、基建行业工程行业合作规范等专业性规范文件，对沿线双边企业合作予以行业规范保障；沿线国家出台相关法律规范制度，破除双边港口合作壁垒，保障合作成果持续有效。企业层面，龙头基建企业、港口运营企业抓住 21 世纪海上丝绸之路倡议的重要契机，积极谋划，切实推动海外港口基建、港口运营、海外建港等项目布局，加强同沿线港口国沟通联系，建立港口企业间合作的顶层制度，为进一步提高港口综合竞争力，深化双边港口合作打下坚实基础。

11.4.2.2 加强双边港口互联互通，构建双边港口联盟发展机制

推进沿线国家设施领域互联互通建设是 21 世纪海上丝绸之路倡议建设

的重要方向，港口基础设施领域互联互通更是先行领域。沿线国家提高港口综合竞争力，就要进一步加强港口双边互联互通建设，构建港口联盟发展机制。港口领域的互联互通具体包括港口物流信息的联通共享、双边通关程序的效率优化、港口作业技术的互助共享、港口操作运营管理经验交流、港口发展战略的依存支持等。加强双边港口互联互通，提高港口综合竞争力，要以国内龙头港口基建企业、港口运营企业为主体，依托政府双边合作文件、行业规范文件为指导，积极谋划海外港口布局，深入加强国内外港口联系，构建港口联盟发展机制。国内大连港、青岛港、唐山港、天津港、宁波舟山港、深圳港、广州港以及招商局、中国交建、中远海运等国内港口基建运营龙头企业积极与新加坡港、马来西亚关丹港和巴生港、泰国林查班港、缅甸皎漂港、荷兰鹿特丹港等海外港口构建联盟发展机制，签署一系列双边港口联盟文件，全面加强双边港口物流信息、通关程序优化、港口作业技术支持等全方面合作。

11.4.2.3　加强港口基础设施建设，提高港口运营作业水平

港口硬件基础设施水平是衡量港口综合竞争力的一个重要指标，港口硬件基础设施是港口立港之本，是开展港口生产经营的基础要素。加强港口硬件基础设施建设，全面提高港口综合竞争力，要以政府为主体，以港口基建运营企业为实施抓手，以政府出台港口发展宏观规划文件规范为契机，加大财政投入力度，开展有针对性的港口基建设施提升计划，在港口作业塔吊机数量、航道数量、航道水深、泊位停靠数、仓库堆场面积等基础设施方面予以提高改善，有计划、有层次、全方位提高完善港口基础设施。港口运营企业通过与海外港口建立合作机制，借助港口基建项目、港口参股、港口投资等模式开展港口合作，依托外来资金及技术，在港口硬件基础设施上升级更新，在港口运营管理理念上参考先进，全面提高港口硬件基础设施及港口运营作业水平。

11.4.2.4　加大财政投入支持力度，建立多维度港口发展融资机制

港口综合竞争力的提高涉及港口发展的硬件基础设施升级，涉及港口

作业智能化操作水平，涉及港口经营管理运营理念，涉及港口发展宏观战略等。沿线国家要提高港口综合竞争力，就需要国家政府加大财政投入支持力度，探索建立港口发展融资多边机制，以国家政策性银行为主体，通过建立发展基金以及国际金融机构等多边机制，建立港口发展融资机制。中国积极推动海上丝绸之路建设，通过设立亚洲基础设施投资银行（简称亚投行）为主体，以国家开发银行及世界银行贷款为辅助，借助国内国际市场融资，对积极进行海外布局的港口企业实施低息贷款及税收优惠等多种举措，为港口互联互通提供资金保障。港口运营企业作为港口经营实施主体，积极通过金融市场募集港口融资发展资本，借助“外来资本＋社会资本”，为港口发展提供保障支持。

11.4.2.5 提高港口科技操作水平，打造新一代智慧智能型港口

港口运营操作的科技水平是港口综合竞争力的重要因素，沿线国家要提高港口综合竞争力，就要持续加大港口科技投入，对港口操作运营设备升级换代，大量采用高智能自动化操作设备，运用新技术新理念，借助“互联网＋”“大数据”“智慧云”等新一代智能网络数据打造智慧型港口。同时，提高港口科技智能化水平，港口运营企业要依托高校、科研院所等专业智库力量，加强产学研合作，运用最新科技、最新理念提高港口智慧水平，另外，通过举办技术培训班，提高港口作业人员技术水平，提高港口运营操作效率。港口运营管理企业要重视对外交流，通过与沿线著名港口建立港口联盟发展机制，对港口智能化操作技术、设施升级换代、技术工人的操作培训等内容进行定期交流，借鉴先进经验，积极建立港口发展专家团队及智库力量，加强对港口运营现状及新技术的走向运用研究，预测港口行业发展模式，示范推广先进技术经验，完善港口运营操作监测统计，强化统计数据分析运用，预测行业发展趋势，引领行业发展方向。

第 12 章　中国与海上丝绸之路沿线国家税收合作

“一带一路”的理论本质是经济一体化（谢来辉，2019），为促进要素自由流动、提升经济一体化水平，各区域经济一体化组织如欧盟与北美自由贸易区都致力于深化税务合作（魏升民等，2019）。属地税制、数字化税收、国际税收新秩序正成为当前国际税收的三大挑战（张文春，2019），任何国家都难以单独应对这些挑战。随着沿线国家经济融合度不断提高，为应对挑战、降低海外投资税务风险、促进一体化水平提升，税收合作逐渐进入“一带一路”核心议程。如何在降低税收成本吸引外资的同时防止税基侵蚀与利润转移，是各国共同追求的目标，但与中国签订“一带一路”合作文件的国家遍及四大洲，沿线各国政府治理与经济发展水平不同、税制结构差异明显（朱为群和刘鹏，2016）。现有税收合作面临合作成本高、税收法制化偏低、征管能力不足、合作平台建设滞后的困境。避免双重征税可以有效保护投资者利益，征管能力建设可以降低纳税人的遵从成本，税收征管协助可以提升税收透明度防止税收流失，税收合作机制可以常态化、规范化以上税收合作，为应对税收合作面对的挑战需要从以上四点解析中国与沿线国家合作的现状。

12.1 中国与海上丝绸之路沿线国家税收合作的领域

12.1.1 避免重复征税

税收协定是国际税收合作的重要表现形式，其中由《对所得避免双重征税和防止偷漏税协定》组成的双边税收协定网络对生产要素的跨国流动产生的积极与消极投资所得、个人劳务所得、财产所得等税收管辖权与避免双重征税有较为详细的规定，极大地提高了税收征管的确定性，增强了投资者的信心，降低了跨国投资的风险。截至2020年底，中国与沿线36国已签订并生效的避免双重征税和防止偷漏税协定31份，对跨国股权投资、债券工具投资、工程建设、海运空运等制定了较为详细的税收利益分配规则（见表12－1）。

表12－1　　海上丝绸之路沿线36国31份避免双重征税双边税收协定概览

判定标准	常设机构（建筑与劳务）
≥6月或183天	泰国、菲律宾、科威特、马来西亚、孟加拉国、摩洛哥、葡萄牙、沙特阿拉伯、斯里兰卡、文莱、意大利、印度尼西亚、印度、越南、阿尔及利亚、巴基斯坦、突尼斯、埃塞俄比亚
≥9个月	阿尔巴尼亚、阿曼、柬埔寨
≥12个月	埃及、克罗地亚、南非、塞舌尔、土耳其、老挝、津巴布韦与新加坡（雇员>6个月）
≥18个月	苏丹
≥24个月	阿联酋
税率	**海运与空运**
船舶减半	泰国、柬埔寨、马来西亚、孟加拉国、斯里兰卡、印度尼西亚（免除增值税等）
免税	新加坡、埃及、阿尔巴尼亚、阿曼、克罗地亚、南非、塞舌尔、土耳其、文莱、印度、越南

续表

判定标准	常设机构（建筑与劳务）
实际管理机构或总机构所在地、母港	阿尔及利亚、阿联酋、巴基斯坦、科威特、摩洛哥、葡萄牙、沙特阿拉伯、苏丹、突尼斯、意大利、老挝、埃塞俄比亚
≤所得1.50%	菲律宾
税率	**股息**
≤2.5%、≤5%、≤7.5%、≤10%、≤20%	受益人拥有居民公司25%以上股权的：新加坡、阿尔及利亚、泰国不超过5%，津巴布韦不超过2.5%。其他：新加坡、阿尔及利亚不超过10%，泰国不超过20%，津巴布韦不超过7.5%
≤10%、≤15%	菲律宾：受益人拥有居民公司超过10%股权的，不超过10%，其他不超过15%
≤10%	阿尔巴尼亚、巴基斯坦、柬埔寨、马来西亚、孟加拉国、摩洛哥、葡萄牙、斯里兰卡、土耳其、印度尼西亚、印度、越南、意大利
≤8%	埃及、突尼斯
≤7%或免税	阿联酋
≤5%或免税	阿曼、科威特、克罗地亚、南非、塞舌尔、沙特阿拉伯、苏丹、文莱、老挝、埃塞俄比亚
税率	**利息**
≤10%或免税	泰国、埃及、阿尔巴尼亚、阿曼、巴基斯坦、菲律宾、柬埔寨、克罗地亚、马来西亚、孟加拉国、摩洛哥、南非、葡萄牙、塞舌尔、沙特阿拉伯、斯里兰卡、苏丹、突尼斯、土耳其、意大利、印度尼西亚、印度、越南
≤7%或≤10%	新加坡
7.5%或免税	津巴布韦
≤7%或免税	阿尔及利亚、阿联酋、埃塞俄比亚
≤5%或免税	科威特、老挝
	税收抵免与饶让
税收饶让	新加坡、泰国、阿曼、巴基斯坦、柬埔寨、科威特、马来西亚、摩洛哥、葡萄牙、塞舌尔、沙特阿拉伯、斯里兰卡、突尼斯、文莱、意大利、印度、越南、埃塞俄比亚
间接抵免	新加坡、泰国、阿尔及利亚、巴基斯坦、柬埔寨、科威特、克罗地亚、马来西亚、孟加拉国、葡萄牙、苏丹、突尼斯、土耳其、意大利、印度尼西亚、印度、越南、津巴布韦、埃塞俄比亚

资料来源：中国一带一路网和中华人民共和国商务部网站。

12.1.2 税收征管能力建设

高效的税收征管可以有效提高税收协定执行和税收协助的效率，提升税收合作的水平（崔晓静和熊昕，2019；容光亮和施宝龙，2019）。2019 年 4 月 20 日首届“一带一路”税收征管合作论坛在浙江乌镇召开，论坛发布了《乌镇声明》与《乌镇行动计划（2019～2021）》，提出建立培训学院、通过调查问卷识别能力建设重点领域、通过“征管能力促进联盟”进行现场教学、提高税收法制等计划以提升各国税收征管能力。为具体化各国税收征管能力，深入了解各国税收征管能力发展现状和问题，本章在前人研究基础之上尝试量化各国税收征管能力构建税收征管能力综合评价指数。

（1）税收征管能力评价指标选取。

为探究税收征管能力对中国对外直接投资的影响机理，将纳税人的税收成本分为显性成本（T：东道国税收）与隐性成本（TY：纳税遵从成本），则实际税收成本支出为：

$$TF = T + TY \tag{12-1}$$

假设我国对外资本输出面对的税收是中性的，即在各国直接投资的实际税率是相同的，那么问题将简化为在成本（效用）相同的情况下显性成本与隐性成本相互替代的问题，TY 越小则东道国税率调整空间越大，企业纳税遵从过程中的成本也越小。当税制惯性较大时，TY 越小事实上扭曲了资源配置，有利于东道国吸引资本流入，故本章从降低纳税遵从成本角度考察东道国税收征管能力。

高效的税收征管体系具有较高的税收法定性与确定性，可以提升税收协定执行、情报交换、争端解决的效率并最终减少投资者纳税遵从过程中的时间与行政成本。本章从税制、信息化、征管三个维度选取评价指标。

首先，税制简化。研究认为简化的税制便于纳税人掌握、学习、理解税制的内容，纳税项与纳税时间反映了一国税种设置与征纳的繁简程度，纳税项与纳税时间越小则征管效率越高，故选取纳税项（TN）与纳税时间（TT）作为第一、第二项评价指标，数据来自世界银行发展指标（WDI）数据库。

其次，信息化水平。信息化与数字经济不断发展，高信息化水平将提升税收透明度与纳税便捷度，故将每百万人安全服务器台数（TI）作为第三指标，数据来自 WDI 数据库。

最后，征管体制效能。政府效率与廉洁度一定程度上反映了税务部门的服务能力与征纳人员素质，故将政府效率（TE）与腐败控制（TC）作为第四、第五评价指标，数据来自世界银行治理指标（WGI）数据库。

各国历年税收征管能力五指标具体数值差异较大，显示出海上丝绸之路沿线各国政府治理水平、税制体系、信息化程度的差异性，各指标描述统计结果如表 12 -2 所示。

表 12 -2　征管能力指标描述统计结果

指标	观测值	最小值	最大值	均值	标准偏差
纳税项（个）	468	3.00	71.00	28.3552	15.8141
筹纳税时间（小时）	468	12.00	1050.00	244.4427	160.2980
安全服务器数量（台/每百万人）	468	0	264 256.63	1 717.9730	15 072.6514
腐败控制（百分比得分）	468	0.9479	99.0385	42.7626	23.7526
政府效率（百分比得分）	468	0.4808	100.00	48.6215	23.3814

（2）测算税收征管能力综合评价指数。

首先，对纳税项与筹纳税时间进行正向化处理；其次，对指标进行标准化处理后运用 SPSS.26 进行因子分析，借鉴张友棠和杨柳（2018）构建税收竞争力指数做法以各指标共同度作为权重对各标准化后指标进行赋权计算征管能力综合评价指数 ICMC（comprehensive evaluation index of tax collection and management capacity），如式（12 -2）所示：

$$ICMC = 0.1473TN + 0.2135TT + 0.2240TI + 0.2056TE + 0.2096TC \quad (12-2)$$

各国税收征管能力 2006 ~ 2018 年 ICMC 均值计算结果如表 12 -3 所

示。其中，阿联酋受益于简化的税制与高信息化水平，居于首位。具体各年测算数值见附录2。

表12-3　　2006~2018年各国ICMC均值与排名

排名	国家	均值	排名	国家	均值	排名	国家	均值
1	阿联酋	0.6317	13	科威特	0.2870	25	坦桑尼亚	0.1529
2	新加坡	0.5344	14	突尼斯	0.2810	26	埃及	0.1399
3	葡萄牙	0.4040	15	摩洛哥	0.2476	27	莫桑比克	0.1383
4	沙特阿拉伯	0.3675	16	泰国	0.2428	28	马达加斯加	0.1263
5	文莱	0.3653	17	印度	0.2155	29	肯尼亚	0.1222
6	塞舌尔	0.3473	18	斯里兰卡	0.2125	30	巴基斯坦	0.1023
7	马来西亚	0.3411	19	菲律宾	0.2001	31	孟加拉国	0.0954
8	阿曼	0.3292	20	越南	0.1833	32	老挝	0.0882
9	南非	0.3251	21	印度尼西亚	0.1783	33	柬埔寨	0.0805
10	意大利	0.3037	22	阿尔巴尼亚	0.1772	34	也门	0.0497
11	克罗地亚	0.2955	23	埃塞俄比亚	0.1579	35	苏丹	0.0393
12	土耳其	0.2940	24	阿尔及利亚	0.1553	36	津巴布韦	0.0357

12.1.3　税收征管协助

税收征管协助主要指税收情报交换、追索协助与文书送达。中国与沿线各国的税收征管协助一般在双边与多边税收协议框架内展开：双边协议主要指与中国签订的《对所得避免双重征税和防止偷漏税协定》；多边税收协议主要指经济合作与发展组织（OECD）制定的《多边税收征管互助公约》（Convention on Mutual Administrative Assistance in Tax Matters）、《金融账户涉税信息自动交换标准》（Standard for Automatic Exchange of Financial Account Information in Tax Matters）、《金融账户涉税信息自动交换的多边主管当局协议》（Multilateral Competent Authority Agreement on Automatic Exchange）、《税基侵蚀与利润转移行动计划》（Base Erosion and Profit Shifting Action Plan）等多边文件。

双边税收协议中的征管协助主要以税收情报交换为主要形式，税收情报交换是指各国约定通过一定形式对掌握或搜集的信息进行交换的过程，可以有效防止纳税人利用与征管部门的信息不对称通过协定滥用、转让定价等手段侵蚀各国税基，以达到跨国税收征管目的。效仿熊昕（2018）在分析中国与沿线国家双边税收协定情报交换的做法，根据双边税收协定情报交换条款的内容范围将中国与沿线 31 国双边税收协定中情报协定条款分为协定规定信息、协定规定信息与协定所涉税种的国内法规信息、可以预见与执行协定规定相关的情报与协定所涉及税种的国内法律相关情报、可以预见与执行协定规定相关的情报或各税种的国内法律相关情报四类，条款与具体适用国如表 12 －4 所示。

表 12 －4　　　　双边税收协定中情报交换条款分类

序号	条款规定情报交换范围	适用国
1	协定规定信息	马来西亚
2	协定规定信息与协定所涉税种的国内法规信息	阿尔巴尼亚、阿联酋、阿曼、埃及、巴基斯坦、菲律宾、科威特、克罗地亚、孟加拉国、摩洛哥、南非、葡萄牙、塞舌尔、沙特阿拉伯、斯里兰卡、苏丹、泰国、突尼斯、土耳其、文莱、意大利、印度尼西亚、印度、越南、埃塞俄比亚、老挝
3	可以预见与执行协定规定相关的情报与协定所涉及税种的国内法律相关情报	新加坡、津巴布韦、肯尼亚
4	可以预见与执行协定规定相关的情报或各税种的国内法律相关情报	阿尔及利亚、柬埔寨

注：肯尼亚、柬埔寨双边税收协定 2018 年之前并未生效。

36 国中大部分与中国签订的双边税收协定在“一带一路”倡议提出之前已经签订并存续至今，值得一提的是，2007 年与新加坡重新签订的税收协定、2015 年与津巴布韦签订的税收协定（2016 年生效）、2018 年与肯尼亚签订的税收协定（尚未生效）都将预见性加入税收协定，显示出缔约国加强税收情报交换提升税收透明度的意愿正在不断加强。

双边税收协定难以有效应对涉及多国的逃避税行为，随着全球化的深入和数字经济的不断发展，加强国际税收合作的需要不断增强，为此，OECD 制定了《多边税收征管互助公约》。随后因为具体合作形式与程序有待完善，OECD 于 2014 年 7 月发布了《金融账户涉税信息自动交换标准》制定了统一报告标准，2014 年 10 月又发布《金融账户涉税信息自动交换多边主管当局间协议》（CRS）进一步规范了信息交换的程序和形式。2015 年 10 月为防止跨国经营者利用转让定价与恶性税收筹划侵蚀各国税基，OECD 公布了《税基侵蚀与利润转移行动计划》（BEPS）15 项成果。多边税收公约可以提升税收合作的规范性与法制性，《多边税收互助公约》（以下简称《公约》）与《金融账户涉税信息自动交换多边主管当局间协议》《转让定价国别报告多边主管当局间协议》（CbC-MCAA）（BEPS 行动计划第 13 项成果之一，英文名称：Multilateral Competent Authority Agreement on the Exchange of Country-by-Country Reports）能够很好地反映当下国际税收征管协助的内容与形式，故本章以此三份文件为例，协议主体框架与签约国如表 12 -5 所示。

表 12 -5　　《公约》、CRS、CbC-MCAA 内容主体框架与海上丝绸之路沿线国家参与情况

协议	主体内容框架		签约国
多边税收征管互助公约	情报交换	（1）一般规定：公约涵盖的税种范围内运用或实施相关国内法有预见性相关的规定； （2）专项情报交换：符合一般规定的任何具体人员或交易的情报； （3）自动情报交换：根据协商确定的程序自动交换； （4）自发情报交换：虽没收到事先请求在特殊情况下要求提供； （5）同期税务检查； （6）境外税务检查	新加坡、马来西亚、文莱、巴基斯坦、阿联酋、科威特、土耳其、阿曼、沙特阿拉伯、泰国、印度尼西亚、菲律宾、印度、南非、塞舌尔、肯尼亚、摩洛哥、突尼斯、阿尔巴尼亚、克罗地亚、葡萄牙、意大利
	追索协助	（1）税收主张的追索； （2）保全措施； （3）时效：15 年	
	文书送达	应请求国请求，送达请求国发出的涉及公约涵盖税种的相关文书	
	协助形式	（1）请求国提供的信息； （2）对协助请求的答复； （3）对人的保护和提供协助义务的限制； （4）保密与诉讼	

续表

协议	主体内容框架		签约国
金融账户涉税信息自动交换多边主管当局间协议（CRS）	需报送账户的信息交换	根据《公约》与统一报告标准适应的信息报送和尽职调查的要求报告协议规定的信息在缔约国自动交换（采取非互惠模式的除外）	2017 年首次进行情报交换：印度、南非、塞舌尔； 2018 年首次进行情报交换：新加坡、文莱、巴基斯坦、阿联酋、土耳其、沙特阿拉伯、印度尼西亚； 2019 年首次进行情报交换：科威特； 2020 年首次进行情报交换：阿尔巴尼亚
	信息交换的时间和方式	（1）时间：日历年度终了九个月内； （2）方式：由各主管当局制定并一致同意一种或多种数据传输方法	
转让定价国别报告信息交换的多边主管协议（CbC-MCAA）	交换内容	国别报告：其中包含其经营所在税务管辖区之间收入、利润、已付税款和经济活动全球分配的汇总数据	新加坡、马来西亚、巴基斯坦、阿联酋、土耳其、阿曼、沙特阿拉伯、印度尼西亚、印度、南非、塞舌尔、摩洛哥、突尼斯、克罗地亚、葡萄牙、意大利
	交换的时间与方式	时间：各国税务机关 18 月内与集团其他成员所在国交换； 自动交换：采用可扩展标记语言，XML； 传输方式：协商统一	

海上丝绸之路沿线 36 国中有 22 国签订了《多边税收征管互助公约》①，CRS 要求在《公约》基础之上进行金融账户涉税信息情报交换并需要修改国内相关实体与程序法以实现税收情报的自动交换，对税收合作基础与政府效率的要求较高，截至 2020 年，22 国中只有 12 国在 2017～2020 年进行了税收情报交换②。CbC 同样要求在公约等协定基础之上开展并修改相关国内法，22 国中有 16 国加入了这一协议③。我国于 2013 年 8 月签署《公约》，2015 年 12 月签订了 CRS 并于 2018 年首次进行 CRS 情报交换，2015 年 5 月签署了 CbC-MCAA。其中签署《公约》时，考虑到我国仍以资本输入为主且提供税收征管协助对我国税务部门税收征管能力要

① 数据根据 OECD 官方网站整理所得，http：//www. oecd. org/tax/exchange-of-tax-information/Status_of_convention. pdf。

② 数据根据 OECD 官方网站整理所得，http：//www. oecd. org/tax/automatic-exchange/crs-implementation-and-assistance/crs-by-jurisdiction/。

③ 数据根据 OECD 官方网站整理所得，http：//www. oecd. org/tax/beps/CbC-MCAA-Signatories. pdf。

求较高，我国对《公约》中的税收追索协助提出了保留，因此无权请求他国在税收管辖区域内提供税收征管协助。随着我国对外投资规模的不断扩张，我国逐渐由资本输入国转变为资本输出国，追索协助的需求不断增长。

12.2 中国与海上丝绸之路沿线国家税收征管合作机制

双边协定与多边协定构建了国际税收合作的基本框架，《公约》与CRS等协议一定程度上也具体化了国际税收合作的形式和程序。但一方面，区别于传统区域经济一体化组织如欧盟与北美自贸区以规则为导向、以统一市场为主要目标的经济一体化，“一带一路”倡议以发展为导向要求在基础设施建设、扩大贸易、资金自由流动、文化交流、政策协调方面全面发展。另一方面，沿线国家多为发展中国家，税制结构差异较大且在“中心—边缘”世界经济体系中一般处于边缘，经济结构与市场主体有着区别于发达国家的特点，而一般认为经合组织税收协定范本更有利于发达国家。作为一种主要由发展中国家组成的开放、全面的经济一体化合作平台，其税收合作在追求税收利益公平分配的同时，也要求税收合作与“一带一路”倡议提出的人类命运共同体理念相契合以促进沿线各国更好地融入全球化进程。随着经济一体化的深入推进，各国经济融合度不断提高，通过提升税收合作水平保护自身税基、应对税收挑战的意愿逐渐加强，建立“一带一路”税收合作机制逐渐进入合作议程。2018 年 5 月 14 ~ 16 日“一带一路”税收合作会议在哈萨克斯坦首都阿斯塔纳举行并提出了阿斯塔纳“一带一路”税收合作倡议。2019 年 4 月 20 日，首届“一带一路”税收征管合作论坛发布了《乌镇声明》及《乌镇行动计划（2019 ~ 2021）》，标志着“一带一路”税收合作机制正式建立。由于具体合作机制并未在计划中单独列出，本章以《乌镇行动计划（2019 ~ 2021）》的主体内容框架为例解析合作机制，如表 12 - 6 所示。

表12-6　“一带一路”税收合作机制与海上丝绸之路沿线国家参与情况

<table>
<tr><th>项目</th><th>合作机制</th><th>目的</th><th>参与国</th></tr>
<tr><td>税收征管合作论坛</td><td>（1）每年举办一次论坛；
（2）工商业税收对话</td><td>提供对话平台、应对新兴税收问题、寻求创新、获取建议与相关商业信息</td><td rowspan="6">成员国：柬埔寨、巴基斯坦、孟加拉国、阿联酋、科威特、印度尼西亚、苏丹、阿尔及利亚、摩洛哥
观察员国：新加坡、马来西亚、沙特阿拉伯、泰国</td></tr>
<tr><td>依法治税</td><td>（1）在官网向投资者提供税法解释和执行信息；
（2）开展税收确定性研究；
（3）新税法生效后为纳税人提供培训</td><td>提高税收确定性</td></tr>
<tr><td>税收争议解决</td><td>（1）提供多样的争端解决机制；
（2）开展问卷调查，完善解决方法与程序；
（3）明晰国内征管程序、配备专门协商人员、因地制宜完善相互协商程序等</td><td>减少税收争议、提升税收争议解决效率</td></tr>
<tr><td>税收征管能力建设</td><td>（1）在哈萨克斯坦、中国澳门等国家和地区建立“一带一路”税务学院；
（2）因地制宜制定能力建设短期计划与长远蓝图；
（3）充分利用“税收征管能力促进联盟”提供培训项目；
（4）举办研讨会与其他形式的讨论与学术活动</td><td>提升各国税收征管能力</td></tr>
<tr><td>税收遵从</td><td>（1）减少纳税人不必要的信息报送；
（2）涉税辅导；
（3）信息保密</td><td>简化纳税遵从、提升纳税人涉税事项的处理能力</td></tr>
<tr><td>征管数字化</td><td>（1）问卷调查，充分了解各国数字化发展阶段与环境；
（2）与企业展开对话以改进数字化战略与方法；
（3）研究试点可行性；
（4）提供信息系统升级与人员培训的帮助</td><td>建立、优化数字化征管能力</td></tr>
</table>

注：数据截至2020年10月20日。
资料来源：“一带一路”税收征管合作机制网（http：//www. britacom. org）。

沿线36国中仅有9国作为成员国参与了“一带一路”税收征管合作机制，另有4国作为观察员国。基于以上对《乌镇行动计划（2019～2021）》的分析，可以将“一带一路”税收合作机制分为领导、运行、保障三大机制，如图12-1所示。其中每个理事会成员将至少加入一个工作组，工作小组也将吸收来自专家委员会、研究机构、知名专家的意见，另外秘书处将协助工作小组主席的工作。保障机制提供了培训机构、知识共享平台、法律、调查研究机制等确保合作机制的运行。各机制相互支持构成了有机的税收征管合作系统，为“一带一路”提供了较为专业化、差异化的国际税收合作公共产品。

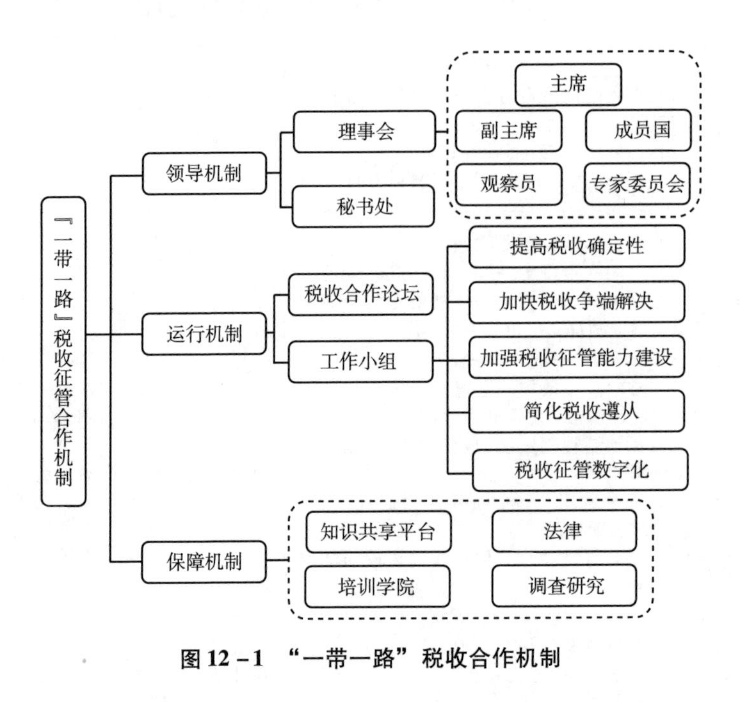

图 12-1 “一带一路”税收合作机制

12.3 中国与海上丝绸之路沿线国家税收征管合作存在的问题

12.3.1 双边税收协定更新缓慢

一般认为双边税收协定对中国对外直接投资具有促进作用，但实证结果表明缺乏双边税收协定并未阻碍中国投资。36 国中税收协定虚拟变量为零的样本主要集中于非洲国家，中国对非投资的快速增长可能造成了这一现象，除此之外双边税收协定更新缓慢可能制约了税收协定作用的发挥。36国中已生效双边税收协定31份，双边税收协定虽覆盖面较广但更新缓慢，如1986年与泰国签订的税收协定适用至今。双边税收协定生效年份[①]如表12－7所示。

表12－7 双边税收协定生效年份

国家	生效年份	国家	生效年份	国家	生效年份
阿联酋	1994	科威特	1990	坦桑尼亚	未签订
新加坡	1986/2007	突尼斯	2003	埃及	1997
葡萄牙	2000	摩洛哥	2006	莫桑比克	未签订
沙特阿拉伯	2006	泰国	1986	马达加斯加	未签订
文莱	2006	印度	1994	肯尼亚	未生效
塞舌尔	1999	斯里兰卡	2005	巴基斯坦	1989
马来西亚	1986	菲律宾	2002	孟加拉国	1997
阿曼	2002	越南	1996	老挝	2000
南非	2001	印度尼西亚	2003	柬埔寨	2018
意大利	1989	阿尔巴尼亚	2005	也门	未签订
克罗地亚	2001	埃塞俄比亚	2012	苏丹	1999
土耳其	1997	阿尔及利亚	2007	津巴布韦	2016

注：2017年与肯尼亚新签订的税收协定以及2019年与意大利重新签订的税收协定并未生效。

根据中国一带一路网和中华人民共和国商务部网站相关资料，进一步为明晰双边税收协定重新谈签的目的，将原协定与新加坡、意大利重新签订的税收协定进行对比分析，如表12－8所示。中国与新加坡2007年重新谈签的税收协定将建筑类常设机构标准延长为12个月，降低了股息在各种情况下的利率。中国与意大利2019年重新谈签的税收协定，将常设机构延长为12个月的同时扩大了海运与空运的免税范围，对向拥有居民公司25%以上股权的受益人支付股息的税率从10%调整为5%，向金融机构支付三年以上用于投资项目的税率由10%调整为8%。不难看出，新协定的签订，往往集中于延长常设机构认定期限、免除海运与空运税收、降低股息与利息税率以鼓励跨国投资与经营的增长。但新加坡与意大利皆为

① 数据根据国家税务总局官方网站整理所得，http：//www. chinatax. gov. cn/chinatax/n810341/n810770/index. html。

发达国家，对沿线国家来说其税收协定的重新谈签是否适用于沿线发展中国家仍然需要考量。

表 12-8　　重新签订双边税收协定前后对比分析

项目	新加坡		意大利	
	原协定（1986）	新协定（2007）	原协定（1989）	新协定（2019）
常设机构	≥6 月或 183 天	≥12 个月（雇员 >6 个月）	≥6 月或 183 天	≥12 个月
海运与空运	免税	免税	实际管理机构或总机构所在地、母港	免税
股息	受益人拥有居民公司 25% 以上股权的：不超过 7%；其他：不超过 12%	受益人拥有居民公司 25% 以上股权的：新加坡不超过 5%；其他：不超过 10%	≤10%	受益人拥有居民公司 25% 以上股权的：不超过 5%，其他：不超过 10%
利息	银行或金融机构：不超过 7%；其他：不超过 10% 协议规定相关机构免税	银行或金融机构：不超过 7%；其他：不超过 10% 协议规定相关机构免税	≤10% 协议规定政府机构免税	向金融机构支付的三年期及以上的用于投资项目的贷款利息，不超过 8%，其他不超过 10%，协议规定政府机构免税

12.3.2　税收合作机制参与不足

传统国际税收合作以避免双重征税、情报交换、税收征管协助为主要内容。一般并不涉及东道国税制、征管能力的建设。“一带一路”税收征管合作机制强调提升税收确定性、提高税收争端解决效率、简化纳税遵从、进行税收征管能力建设与税收征管数字化，实际上已经将传统的税收合作提升到了协同共治的水平。

沿线 36 国中有 22 国签订了《多边税收征管互助公约》，CRS 与 CbC-MCAA 要求在《公约》基础之上进行金融账户涉税信息情报、国别报告交换并需要修改国内相关实体与程序法以实现税收情报的自动交换，对税收合作基础与政府效率的要求较高，22 国中截至 2020 年只有 12 国在 2017～

2020年4年间进行了金融账户税收情报交换，有16国加入了CbC-MCAA协议。沿线36国中仅有9国作为成员国参与了“一带一路”税收征管合作机制（BRICAM），另有4国作为观察员国。海上丝绸之路沿线签订《公约》22国加入CRS、CbC-MCAA、“一带一路”税收合作机制的情况如表12-9所示。

表12-9　加入《公约》22国签订CRS、CbC-MCAA、BRICAM情况一览

国家	CRS	CbC-MCAA	BRICAM	国家	CRS	CbC-MCAA	BRICAM
新加坡	√	√		菲律宾			
马来西亚		√		印度	√	√	
文莱	√			南非	√	√	
巴基斯坦	√	√	√	塞舌尔	√	√	
阿联酋	√	√	√	肯尼亚			
科威特	√		√	摩洛哥		√	√
土耳其	√	√		突尼斯		√	
阿曼		√		阿尔巴尼亚	√		
沙特阿拉伯	√	√		克罗地亚		√	
泰国				葡萄牙		√	
印度尼西亚	√	√	√	意大利		√	

注：海上丝绸之路沿线加入“一带一路”税收征管合作机制的9国中只有5国加入了《多边税收征管互助公约》。

资料来源：笔者根据OECD网站（http://www.oecd.org/tax/automatic-exchange/crs-implementation-and-assistance/crs-by-jurisdiction/，https://www.oecd.org/tax/beps/CbC-MCAA-Signatories.pdf；http://www.oecd.org/tax/exchange-of-tax-information/Status_of_convention.pdf）相关资料整理而来。

海上丝绸之路沿线36国中加入“一带一路”税收征管合作机制的仅有9国，而其中加入经合组织多边税收协定网络的仅有5国。5国中同时加入CRS与CbC的分别是巴基斯坦、阿联酋、印度尼西亚，科威特加入了CRS并未加入CbC，摩洛哥加入了CbC未加入CRS。这一方面显示“一带一路”税收合作机制参与不足，另一方面显示“一带一路”税收征管合作机制合作基础薄弱。

12.4 加强中国与海上丝绸之路沿线国家税收合作的建议

12.4.1 围绕“一带一路”倡议更新完善税收协定

中国早在1985年就与马来西亚签订了税收协定，之后陆续与沿线36国签订已生效的避免双重征税与防止偷漏税协定31份。31份税收协定中，与津巴布韦、柬埔寨的双边协定是2013年“一带一路”倡议实施之后签订的，与意大利的双边税收协定在2019年重新签订。2013～2020年中国只同31国中的新加坡、印度尼西亚、巴基斯坦、葡萄牙、印度签订议定书，内容大多只涉及对免除利息机构的认定及与海运与空运税种、税率的确定，很少触及税收协定的根本内容。“一带一路”本质上是经济一体化并以基础设施互联互通作为突出特点，要求消除生产要素自由流动的阻碍并尤其注重资本的跨国流动，税收协定应根据“一带一路”倡议做出相适应的调整，扩大利息免税范围并适当降低税率、延长常设机构认定期限等，如在2016年与巴基斯坦签订的议定书中将丝绸之路基金纳入利息免税金融机构，再如2015年与津巴布韦签订的税收协定中将建筑工程类常设机构认定标准设定为连续超过12个月。

12.4.2 紧扣税制改革与信息化提升税收征管能力

税收格局的深刻变化与各国保护税源、吸引外资、解决税收争端的现实需要，促使各国构建宽税基、低利率、优税种的现代化税收体系。一方面，美国减税与就业法案（TCJA）的外溢效应加剧了各国对税源的争夺（马一宁和马文秀，2016），属地税制、数字经济正使全球税收格局发生深刻变化；另一方面，税收征管能力能够显著提升东道国对中国投资的吸引力，而简化合理的税制体系能够提高东道国的税收征管效率（张巍和魏仲瑜，2019）。国际税收合作中无论是税收情报交换还是税收争端解决都需要高效的税收征管能力。中国应借助"一带一路"税收征管合作机制中的税收征管合作论坛与税收征管能力促进联盟加强与沿线各国交流，促进各国加强税收法治、简化税种构建符合现代税收发展趋势的税制体系。同时应该注意到信息化水平的重要作用，利用中国在数字经济与5G、区块链等信息技术方面的相对优势，加强我国在沿线国家信息传输、软件和信息技术服务的投资，提升沿线各国信息化水平、简化纳税遵从。

12.4.3　聚焦高税收透明度推动各国参与税收治理

虽然中国对"一带一路"沿线国家投资的资本集聚效应降低了税收竞争的可能性，但一方面，中国在沿线国家的投资存在较强的风险偏好，利润与市场寻求动机较强且偏好腐败控制较低的国家（陈升，2020），ICMC与税率具有显著的替代效应可能促使各国忽视征管能力建设进行税收竞争；另一方面，随着"一带一路"倡议的深入实施，各国之间资本、人员等生产要素的流动将更加自由和频繁，后疫情时代，为走出经济衰退，各国必然加强对资本的争夺。因此，沿线国家存在较大税收竞争的可能性。国际税收治理是全球经济治理的重要组成部分，为避免恶性竞争并为21世纪海上丝绸之路倡议实施提供税收保障，需要构建"共商、共建、共享"的税收治理机制，协调各国税收关系与利益。但沿线国家政府效率与治理指数对中国对外直接投资的影响并不显著，腐败控制得分对中国对外直接投资的影响更是显著为负，这显然不利于提升各国参与税收治理的积极性。动力的缺乏加上较低的治理水平，税收合作与治理面临重重困境，迫切需要提高各国税收透明度，减少寻租空间、提升税收合作水平。作为21世纪海上丝绸之路倡议的首倡方与主要推动方，为增强各国税收透明度，中国需要发挥积极作用：一是积极完善BRICAM，树立沿线国家税收合作标杆，吸引更多沿线国家参与，推动签订符合“一带一路”倡议的多边税收协定，提升税收合作的合规性与确定性；二是严格执行 BEPS、CRS 等多边税收协定，根据需要简化税收情报交换程序、完善争端解决与追索协助机制，并注重经验分享减少税收合作行政成本。

第13章　中国与海上丝绸之路沿线国家海事合作：以东盟为例

海洋是人类社会研究的主要领域，备受世界各国的关注。中国与东盟山水相连，自古以来是重要的外交伙伴。海洋在中国与东盟的交往中扮演着重要角色，海事管理是海洋研究的重要组成部分。近年来，国际上海事管理问题日益突出，海上安全问题、海上偷渡、船舶安全等现象增多。随着21世纪海上丝绸之路倡议的推进，中国与东盟海事管理合作成为热点的研究对象，有利于建立海上安全环境，为双方国际经济发展奠定和谐的环境。

13.1　中国与东盟的海事管理现状与合作必要性

13.1.1　中国海事管理现状

13.1.1.1　中国海事管理体制沿革

中国海事管理主要是进行海上活动的监督管理和海上任务的执行过程，成为中国行政体制的关键部门，海事管理在中国历史悠久。唐朝时候的海事管理还比较简单，当时设有市舶司等部门，掌管着海上事务的监督和管理；宋朝时候开始管理对外的船只和人员的进出；元朝时期对于船只的质量和安全进行严格检测；在民国时期，水上巡逻队伍负责海上巡逻事务和对船只装卸工作的严格把控，民国时期还拥有一定量的船监督海上船舶的航行（蔡明，2010）。

新中国海事管理经历了摸索阶段、发展阶段和完善阶段（郝勇，2007），新中国成立之后，中国监督管理要求严格起来，部分管理部门和机构转变为监督机构。海上安全交通管理机构设置港口监督、海上安全监督、港务领域的监督机构，形成属于中国的监督机构，在政企合一的长江航务管理局内设航行监督局（张伟，2011）。海事管理中政企性质不明确体现了计划经济特征。发展阶段，明确港务监督机构为海上交通安全主管机关，并对船舶检查、登记、救助打捞等作出明确规定，是中国第一部关于交通安全管理的法律（梁方仲，1980）。完善阶段，从上到下设置了海事管理机构，中央海事管理机构是中华人民共和国依据“一水一监、一港一监”规则设立区域和水域直属和地方海事管理机构（卓柏村，2009）。中国主要在关键的海洋领域设立属于这个地区负责管理的海事监督和管理部门，管理体制为从上到下金字塔式样的垂直管理形式，层层对上负责，管理模式以上为主，地方对中央负责，地区对国家负责，在区域重要接管点设置了负责监督管理的地方海事机构，形成了中央和地方都有法可依的情况。海上航行船舶安全性能逐渐加强，各个海事管理部门以不同方式管理水上交通安全和防止船舶受到污染等海上事务，对环境起到保护作用，污染海水要接受监督部门的惩罚，当时的交通部门负责监督海上污染的行为。

国家海事管理机制，一直以来都是政府机构，人员属于事业编制，享受国家体制内部的待遇，需要履行国家体制内部的义务和职责，依法行使权力，严格要求层层对上负责，履行好职责，应对海上污染、船舶被偷袭、国外偷渡等各个方面的事务都是职责范围（蔡垚，2007）。

13.1.1.2　海事管理机构

中国完成了水上安全监督管理体制改革，体制的改革适应中国大环境的发展，顺应国际发展潮流，理顺体制内部的机制，提高海上航行的安全感，在同一个海域范围内只设置一个水上安全监督管理部门，机构简单，部门权责分明，没有政出多门，机构繁杂的乱象（易娟，2009）。在全国沿海地区、主要跨省内河干线和重要港口设置交通运输部直属海事管理机构，管辖某部分沿海地区全部水域、13 个省沿海水域及长江干线水域，设立分支机构在我国 31 个省（自治区、直辖市），除黑龙江省、广东省、广西壮族自治区和海南省只设置直属海事机构外，其余 27 省（自治区、直辖市）均建立了地方海事管理机构，增强地方海上安全的管理[①]。

依据中国法律法规建立中国海事管理法则和管理监督职责，以直属局广东海事局为例，其职责主要表现为：依据《中华人民共和国海上交通安全法》等法律法规赋予的职责职权，负责水上管理辖区安全范围的监督管理工作（广东海事局，2006），地方海事管理机构职责主要表现为地方海事局是交通局主管的水上交通安全管理职能部门，负责船舶和船上安全设施检验，对内河通航水域的交通安全进行监督，防止船舶被污染，维护水上交通秩序和水上交通事故处理（刘亚斌，2008）。

13.1.2　东盟海事管理现状

东盟成员国除了老挝是内陆国外，其余的国家均是沿海国家，其特殊的地理位置对于航运发展具有重要意义。对于频繁出现的海上安全威胁、船舶污染、海上恐怖主义威胁等交错复杂的海事现象，为加强海洋的管理和防御，东盟各国对其海事管理部门和组织建设显得越发重视，不断提高海洋安全的意识。

菲律宾负责海事管理的部门主要是国家安全委员会、海岸警卫队、海监中心、国家警察海事处、海关、海军等部门。国家安全委员会主要负责制定国家安全政策（郑中，2016）；海岸警卫队的职责主要包括海上安全管理、海难搜救、海洋环境保护、海域执法和海上交通管理；国家海监中心主要属于海岸警卫队；国家警察下属部门海事处承担国家水域执法的职责；海军隶属于国防部，为多功能海上武装力量，负责保卫国家海域及其

---

① 资料来源：《中国海洋年鉴》。

海岸安全，协助完成相关机关事宜，如海上搜救、海上救助、海洋污染处理等事件处理（雷小华和黄志勇，2014）。国家最高决策机构是总统、国会、内阁等国家立法和行政机关，指导海洋规划制定和发展。海事管理操作层面，主要是菲律宾海岸警卫队负责海洋执法管理，国家警察海事处负责岸际管理。总体而言，菲律宾海事管理执法主要职责以海岸警卫队为中心，其他部门协助配合海事管理。根据以上情况绘制菲律宾海事管理部门和执法队伍图，如图 13－1 所示。

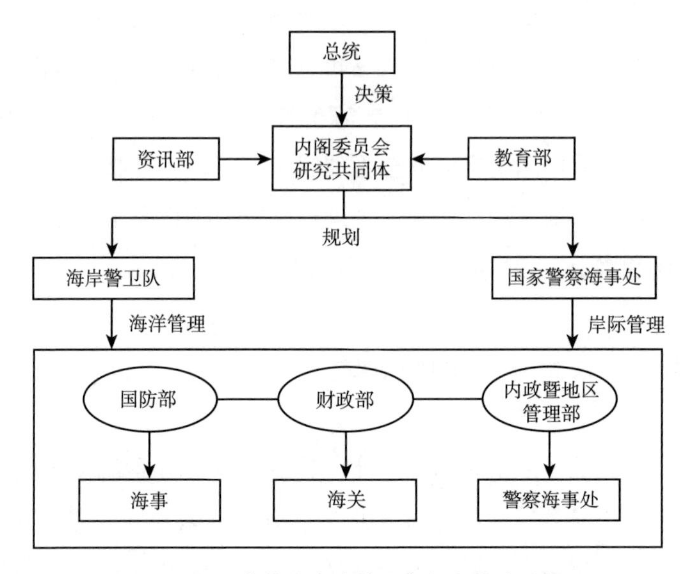

图 13－1　菲律宾海事管理部门和执法队伍

越南的海事管理部门主要是交通部、国防部、公安部、农业和农村发展部、财政部和自然资源与环境部等部门。国防部主要负责打击海上违法行为，自然资源与环境部主要承担海洋资源管理、海洋环境保护和海上油气资源的开发等活动。越南海洋执法队伍主要是海岸警卫队、海事局、交通运输安全局、注册局、出入境管理局、海关、渔业总局等部门。警卫队主要承担国土、交通、治安管理、进行海难救助、防止海洋灾害、保护海洋环境等职能，隶属于国防部；出入境管理局主要是打击非法出入境（阎铁毅，2016）。根据以上情况绘制越南海事管理部门和执法队伍图，如图 13－2 所示。

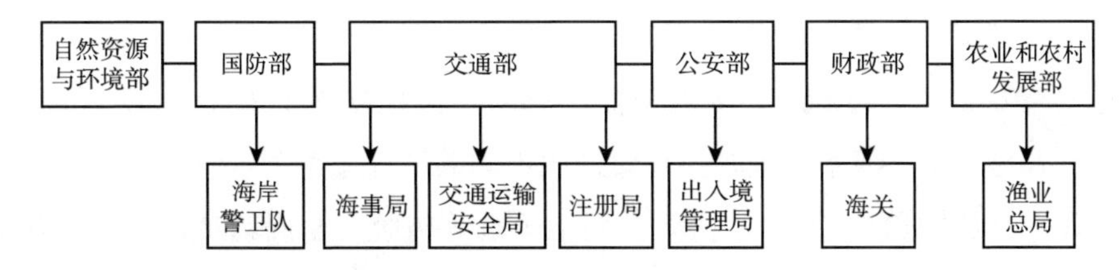

图13-2　越南海事管理部门和执法队伍

马来西亚海事管理主要由交通部、国内事务和内部安全部、自然资源和环境部、财政部、农业部等机构负责，交通部主要负责铁路、公路政策的确定并且管制着各个部门的交通安全；自然资源和环境部主要负责海洋环境的管理；财政部行使打击走私职能；农业部主要管理全国渔业。马来西亚海洋执法主要是海事执法局、海事局、皇家警察水警行动队、移民局、环境局、皇家海关署和渔业局等负责。海事执法局主要负责监视和保护海岸的安全。移民局全面负责马来西亚移民管理、打击海上偷渡，隶属于国内事务和内部安全部（见图13-3）。

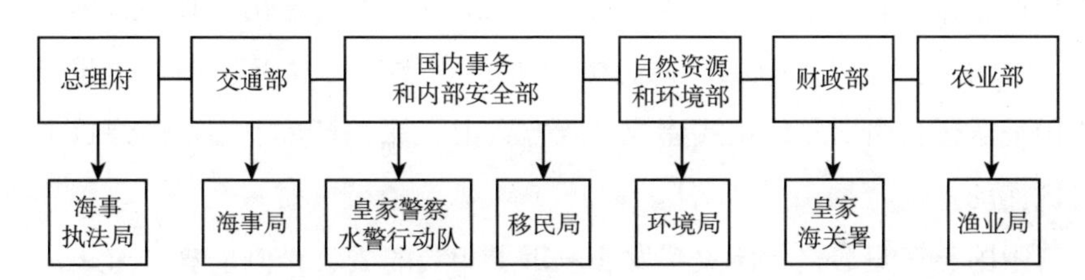

图13-3　马来西亚海事管理部门和执法队伍

新加坡交通部设置若干专业委员会、职能局和专业局，与航运密切相关的有海事局和港务局，负责船舶登记注册、航行安全和防止船舶污染环境，国家海事委员会则管理船员的录用等（陈成，2002）。体制改革后实行政企分开的管理体制，将原港务局执行行政管理的部门、海事局与海事委员会合并，组建新加坡海事港务局，海事港务局是交通部下设置的独立机构，行使海事管理职能（萧筑云，2005）。

13.1.3　中国和东盟海事管理合作必要性分析

中国与东盟在经济、政治与安全关系等方面的发展水平参差不齐，即使中国与东盟经济联系密切，政治关系良好，但是海事管理发展缓慢。海洋权益方面存在的矛盾对少数东盟国家与中国建立海上安全互信产生影响，容易对双方海事管理合作理念产生不同的解读，不利于东南亚海上航行安全（程晓勇，2018）。在海洋领土争端等传统安全问题难以有效解决的环境中，探究中国与东盟海事管理合作必要性，以海事管理合作的次数增加来缓解双方的海事管理合作氛围，增强海事管理合作效应，建立恰当的海洋安全环境创造浓厚气氛。

13.1.3.1 加强伙伴关系，确保战略合作需要

中国与东盟签订和制定海事管理合作的指标，建立了双方海洋伙伴合作关系形式，为双方开展海事管理合作指明了前进方向，促进了双方友好关系的进展，增强水域安全和稳定，提高东南亚的人文和区域安全，中国与东盟在海事管理方面合作良好，建立了领导人在内的一部分高效率的对话合作机制；中国与东盟在安全领域的合作不断深化，海事管理合作的能力增强，在打击海上违法行为方面具有积极的效应（郭箫，2018）。中国—东盟自由贸易区正式建成，双方致力于深入打造中国—东盟自由贸易区活动。

中国与东盟战略伙伴关系发展取得了相当的成就，但是双方未来的发展仍然面临着各方面的严峻挑战和威胁。在政治方面，虽然中国采取积极行动，增强政治互信，积极主动地加入海事管理合作协议，但是由于历史传统以及国际政治等方面因素影响，东盟部分国家对于中国行为采取防御不信任的姿态。能否有效地化解双方的疑惑，增强政治互信，加强中国与东盟战略伙伴关系，影响到未来双方的发展。在中国与东盟海事管理合作的背景下，能够不断增强双方海事管理合作能力，保障海洋领域的安全，不断增强活力，通过海事管理中频繁合作积极沟通，增进双方在经济和政治上的交往，成为东南亚区域合作伙伴的缩影。

13.1.3.2 维护海域的稳定与安全，是保障共同利益的需要

加强中国与东盟海事管理合作，有利于维护海上航行安全，促进海洋

经济的发展。当今海洋经济的发展不仅是利用海洋资源的过程，还是以海洋空间为依托所进行的活动，双方地理位置优越，靠海发展，海洋资源丰富、种类繁多，交通便利，有利于国际商务往来。

南海海岸线繁忙，水上交通便利，渔业资源丰富，海洋经济发展潜力良好，表现出超强的海洋优势。南海周边区域中东盟与中国在海水利用，以及海洋科学技术、海洋生物工程等新兴海洋产业勃然兴起，东盟海洋资源优势是未来海洋经济发展的潜力基础，海洋资源的富足是必不可少的因素，预示未来海洋经济的发展会越来越好，而且以小艇为代表的海洋旅游业是南海富有潜力的海洋经济产业。这些海洋产业的顺利发展，关键是中国与东盟海事管理合作的有效开展，为海洋经济的发展奠定安全稳定的海洋环境。

南海地区海洋资源丰富，为东南亚未来经济的发展提供潜力，为国际发展提供促进因素，增强东南亚区域的合作和交流，海事管理合作发展历程具有多样性，其中风险高，技术性要求高，国际性强，这表明海事管理合作需要依靠临海邻边的国家去共同解决海上安全面临的难题和挑战，而中国与东盟开展双方海事管理合作是必经之路。在海洋经济不断发展的当下，中国与东盟海事管理合作将进一步促进海上互联互通、稳定海洋环境，推动整体经济的发展。

13.1.3.3　维护亚太地区安全，促进共同繁荣

南海问题可能影响到东南亚地区的安全（宁氏辉煌，2006）。中国意识到南海问题的解决是长期的复杂过程，因此采取搁置争议，不让争端扩大化和复杂化的基本立场，而东盟国家也主张以多边方式通过和平方式来解决争端（郭清水，2004）。中国和东盟国家一致认为维护南海和平稳定具有重要意义，呼吁保持克制，加强对话，妥处分歧，维护海上局势稳定。各方同意继续全面有效落实《南海各方行为宣言》，深化海洋环保、科研、搜救、执法等领域合作并举办相关项目。2017 年 1 月 11 日国务院新闻办发布《中国的亚太安全合作政策》白皮书强调，中国愿同地区国家一道，坚持合作共赢，共同完善地区安全架构，扎实推进亚太安全对话合

作，积极应对传统安全和非传统安全挑战，促进新型国际关系建设，共同开创亚太地区更加美好的发展前景。

13.2 中国与东盟的海事合作现状

中国与东盟国家地理位置相邻，国家之间的民族文化相似，生活习俗互通，一直以来都保持着频繁的交往和合作。随着经济全球化的不断推进和政治一体化的飞速发展，中国与东盟地区的合作规模和深度不断扩宽，海事管理方向的互动越来越密切，为中国与东盟区域提供了更加安全的环境，中国与东盟海事管理合作方式多种多样，主要以国家和国家间双边、多边形式为主。中国与东盟海事合作框架主要为：中国与东盟（10+1）领导人会议、东盟外长会议、东盟地区论坛、中国与东盟研讨会、中国与东盟海事磋商机制、东亚峰会、中国与东盟国防部长正式和非正式会晤、打击跨国犯罪部长级会议、东盟与中日韩（10+3）领导人会议等以东盟合作为主导的平台。

13.2.1 海上安全海事管理合作

海上安全面临海盗暴力行为、贩卖毒品、非法移民和非法贩卖妇女儿童、走私武器、洗钱、网络犯罪等活动，防止海洋环境污染、抵制自然灾害等方面的威胁。传统的海上安全主要表现为最初的军事冲突和对抗，政治上威胁和孤立等状态。随着经济全球化和政治一体化的发展，主要体现为海上非传统安全。每个国家都深深体会到，传统海上安全对一个国家和民族的毁灭性是致命的，可能会导致一个国家的灭亡，当今世界在传统安全合作中以军事化形式对抗的现象比较少，而海上非传统安全发生的现象相对较多。一方面，海上非传统安全合作的现象比较常见，发生的时间是不确定的，海上安全合作的形式是多样化的。另一方面，传统海上安全观认为，两个国家是对立的，利益不共存的状态，国家之间的势力是相反的，一方的强势必定会导致另一方的弱势，一个国家的安全会导致另一个国家的危险；双方处于平行线上，很难产生交集，更不可能合作。随着经济全球化和政治一体化发展，以及国际环境的变化，合作成为世界发展的主要方式。中国与东盟海上非传统安全合作主要采取的是双边协调对话、磋商协作、联合或者结盟的非暴力温和方式。为了实现海上利益的扩大化，减少区域之间摩擦，保障区域和谐稳定，加强中国与东盟之间的海上安全和船舶安保领域合作是必要因素。

13.2.1.1　海上反恐和反海盗的海事管理合作

机遇和风险并存，海洋为东南亚地区带来丰富的资源，同时也面临着各种各样的风险。其中恐怖主义袭击和威胁是海上非传统安全的主要体现。中国与东盟国家采取多种跨国合作的方式，海上恐怖主义的力量随之被削弱。

（1）海事管理合作意识增强。

中国与东盟定期召开部长级领导会议、反恐研讨会，反海盗和恐怖主义袭击是海上安全合作的突出问题。中国与东盟在研究如何反海盗国际执法安全合作中，双方明确打击海盗、毒品贩运等重点合作的领域，让反恐合作的具体步骤得到落实。在召开反恐研讨会期间，双方在反恐措施和应急机制等执法合作领域进行沟通和协调。中国和东盟在国防部长非正式会晤中明确指出，对人道主义救援和反恐反海盗等多边防控领域进行深入合作，不断增强中国与东盟海上安全建设。为了增强海事管理合作意识，双方定期召开打击跨国犯罪部长级会议，共同打击反海盗反恐等相关事项。中国与东盟高度重视打击跨国犯罪和反恐的执法安全合作，双方多次参与打击反恐和反海盗安全合作，有效遏制恐怖主义袭击，促进区域的稳定与和谐。中国表示积极参与和东盟多领域、深层次的海事管理合作，积极参与海上安全联演，加强反恐合作，推动与东盟建立海上安全防务热线，共同探讨海事管理合作的事务，共建海上安全的亚洲，打造中国—东盟命运共同体。

（2）中国积极参与东盟海事管理合作。

2021年11月，在中国—东盟建立对话关系30周年大会上，中国正式宣布，中国与东盟建立战略伙伴关系，中国和东盟海上执法安全合作效果强，双方海事管理合作进度快。中国与东盟在反恐反海盗的过程中态度坚定，努力推进双方海上反恐合作，主动参与海上安全维和行动，中国坚持和东盟进行海上安全合作，勇于对抗反恐势力威胁，为双方在海事管理合作上建立密切合作伙伴关系奠定坚实基础。中国—东盟海事磋商机制建立以来，双方海事管理意识随之增强，积极配合海事管理合作顺利进行，双方就反恐反海盗、国际海上安全等双方关注的重点问题，进行相互交流和协调，真诚配合，互帮互助，分享经验，交换信息，成为中国与东盟海事管理合作必要性的平台。中国不断加强双方在海事管理领域的合作，提高海事管理合作的能力，更加关注海上船舶航行的安全合作。中国与东盟不断加强海上恐怖分子和跨国犯罪的合作，双方互相分享信息，积极面对合作的困境，勇于克服困难。对于恐怖分子筹资和洗钱等犯罪活动，中国与东盟采取对应海事管理合作，积极打击海上犯罪措施，尽力消灭小武器和轻型武器走私，把海上犯罪事项列入国际反恐的重要组成部分。中国积极支持东盟的合理反恐公约，主动加入反恐的国际活动中，支持东盟完成各种海上袭击反恐合作的活动，提高海上合作的力量，增强海上合作法治意识，减少恐怖分子的作案动机。国际法规定在保障东盟和中日韩国家主权条件下，不断增强海事管理合作，共同打击海上犯罪，打击海上劫船、抢劫。

（3）海事管理合作范围扩宽。

中国与东盟海上安全合作框架不断充实，在东盟地区的反恐中，双方海事管理合作内容不断扩充，海事管理合作意识不断增强，海事管理合作经验不断提升，表现出中国与东盟海事管理合作伙伴关系的愈发成熟，海事管理合作理念不断融合，双方海事管理合作范围加深，海事管理合作不断细节化、详细化。中国与东盟在联合实兵演习的海事管理合作中，对海事管理步骤逐渐熟悉和深化，双方在海上安全合作中不断改善合作的配合度，在海上反恐合作中取长补短，提高了合作的成功率。随着东盟海事管理水平不断提高，海事管理合作范围随之扩宽。中国与东盟在不断参与反恐、反海盗等海事管理合作的活动过程中，双方合作伙伴关系越来越密切，海事管理合作的互动越来越频繁，海事管理合作信念越来越坚定。中国与东盟海事管理合作范围加宽，双方海事研讨会的召开、海上合作演习等海上安全活动对于双方合作具有不可或缺的意义。

13.2.1.2　海上防灾抗灾海事管理合作

海上防灾减灾安全合作是中国与东盟海事管理合作的重要内容，也是双方海事管理合作亮点，近年来，中国与东盟海事管理合作意愿逐渐增强，合作的积极性愈发提高，在不可抗力的自然灾害面前展开海上安全合作，双方相互支持、互帮互助，为应对不可阻挡的海上自然灾害做出贡献。

中国与东盟加强海上防灾减灾海事管理合作。印度洋海啸发生以来，双方不断增强海事管理合作能力，共同应对海上的自然灾害，降低财产损失和人身安全威胁。这次海啸造成的经济损失惨重，其中泰国、印度尼西亚等东盟国家受到的打击最严重。在灾难面前中国是救援最快的国家之一，和东盟受灾国共同面对灾难。在中国与东盟抗灾的海事管理合作中，中国与东盟积极面对困难，主动向东盟进行经济救助，及时派出救援队进行救助，保障了双方抗灾的顺利进行。表明中国对双方海事管理合作的灵敏度较高，海事合作意愿强烈，海事管理合作潜力较大。在这次救灾过程中，中国向受灾国家提供人道主义紧急救灾，积极配合印度尼西亚、泰国等东盟国家进行救援活动，成为第一个赴印度尼西亚的国际救援队，海事管理合作效率不断提高。中国与东盟积极进行海事管理合作，共同应对海上自然灾害袭击，为双方海事管理合作的积极开展奠定坚实基础。中国与东盟在海上救灾减灾的态度诚恳而坚定，中国在东盟争做“负责任国家”的同时，不断加强对中国与东盟海事管理合作，重视东盟海上防控抗灾的合作，从而创建和谐的海上环境。

在中国与东盟合作交流中，中国政府为响应东盟合作要求，为亚洲地区灾害评估和应急响应提供及时帮助，为东盟提供抗灾培训课程，为双方海事管理合作奠定坚实的理论基础。此次抗灾海事管理合作过程中，中国与东盟海事管理合作意识和能力不断提高，合作效率提升。中国与东盟召开灾后重建家园工作会议，参与自然灾害的演习等活动，为中国与东盟海事管理合作增添力量。中国坚持推进全方位对外开放的合作，强调愿进一步扩大合作，共建人类命运共同体。海上自然灾害频繁，航行安全问题突出，加强中国与东盟海事管理合作增强合作能力，将为减少灾害损失贡献力量。“中国—东盟国家海上联合搜救沙盘推演”协调会议召开，双方认为海上联合搜救演练有利于加强中国—东盟海上搜救合作。

13.2.1.3 打击跨国犯罪海事管理合作

高度重视海上执法安全，坚决打击跨国犯罪。现阶段，中国与东盟国家的安全执法能力不断增强，意识不断提高，在打击跨国犯罪的过程中，效果越来越突出。中国与东盟建立执法合作关系以来，中国成为唯一与东盟建立跨国犯罪会议机制的国家，双方建立良好的合作关系以来，中国与东盟同心协力有力打击海上安全违法行为，积极进行海事管理安全执法活动，有力打击了贩卖毒品和非法移民等国际性犯罪（张品泽，2017）。中国与东盟联手打击非法移民、洗钱和国际经济犯罪等，充实双方海事管理合作领域内容，双方在打击非法移民等重点领域方面密切合作，互相分享情报，开展联合行动，有力镇压了犯罪行为（罗树杰，2017）。中国与东盟已经签署海事管理合作机制相关协定，为打击海上跨国犯罪，提供了良好的人力物力环境条件。中国与东盟加强海事管理合作，关注偷运非法移民等安全问题，这些问题已成为社会安全的重要危害，对和平和稳定造成巨大影响（程晓勇，2018）。跨国犯罪一直以来是受到密切关注的安全问题，由于波及范围广，手段多样，操纵艰难等，需要中国与东盟积极合作，共同努力，同心协力，为打击跨国犯罪营造良好氛围。中国、老挝、缅甸和泰国禁毒合作不断加强，中国与东盟通过双边渠道展开海事管理合作，共同加强海上安全执法合作。

中国—东盟不断召开信息港论坛，双方将继续合力打击跨国犯罪，展开积极沟通与交流，进一步推动跨国犯罪的国际立法，为国际社会加强打击跨国犯罪提供安全信息保障，为中国与东盟海事管理合作提供坚实的和谐环境。中国与泰国建立全面战略合作伙伴关系。“湄公河惨案”是一起典型的国际有组织犯罪，涉及中国、老挝、缅甸、泰国四个国家，是一次成功的国际警务执法合作，更是一次典型的中国与东盟海事管理合作的案件。进一步密切了相互禁毒合作，海事管理合作不断加强。亚洲区域禁毒合作中，柬埔寨、中国、老挝、缅甸和泰国等积极参与禁毒合作，加强海事管理合作，打击毒品滥用，促进双方海上安全合作的顺利进行，增强了彼此的合作默契。

中国与东盟海事管理合作中，非法移民和武器走私也是重要领域之一。在贩毒愈演愈烈的状态下，武器走私和非法移民也随之滋生。在中国与东盟海上执法合作中，双方建立跨国犯罪友好磋商合作机制和信息共享交换平台，保持传递跨国犯罪等违法犯罪的情报信息。泰国警方加强对非法移民的关注，发现了非法移民聚集点。海上非法移民危机中最受关注的是泰国、马来西亚、印度尼西亚、缅甸等东南亚国家，东盟面对难民危机存在不可解决的难处。为应对东南亚海域非法移民问题，联合国建议东南亚国家应加强海上难民搜救行动力度，接受海上非法移民的义务，加强海事管理合作能力。加强应对大批海上移民突发事件的解决问题能力，完善信息收集和共享渠道。加大对偷渡和走私打击力度。中国与东盟建立执法安全合作，双方联合举办禁毒执法、海上执法和出入境管理等多边、双边海事管理合作。中国和东盟执法安全合作机制不断完善。双方联合开展打击网络违法行动，冻结赌资，在“猎狐2015年”行动中，中国和东盟不断扩宽双方海事管理合作领域。

13.2.2　港口国监督海事管理合作

港口成为连接中国与东盟国家的重要载体，作为海上安全和防止海上污染的最后一道防护线，港口国监督是中国与东盟海事管理合作的重要领域。海难事故频繁发生，人为和船舶结构缺陷是重要因素。港口国需要采取积极措施，禁止不符合国际安全标准的船舶航行，减少海难事故的发生，确保人员和船舶的安全，提高双方海事管理能力和水平。中国与东盟的港口国根据国际公约标准，如国际载重线公约等，体现出港口国对于抵达港口的外籍船舶进行监督和检查的力度。港口国监督的主要文件有“船舶控制程序”等。

根据以上海上安全及环境污染的威胁，需要尽可能检测评估船员操作能力是否符合标准。如果确切认为该船员不具备船上操作的技能，则港口国可按照规定检查船上操作情况。“确切证据”主要是船员操作缺点的证据；货物或者其他操作未能按照国际海事组织等相关指导性文件执行，导致船舶事故或者海难事故的发生；缺少最新的应变部署表；船员的通信状况受阻等情况。在进行港口国监督检查（PSC）时，可按规定检查操作程序为：应变部署表，通信状况，防护演习船员安全手册；船油的混合物操作程序等，并不需要一次性检查完毕，除非船舶的状况需要详细检查。港口国监督作为保护海洋环境的最后一道防护线，对促进海域和谐发展具有积极作用，不断促进国际海事管理合作发展。

在中国与东盟海事管理合作中，中国与东盟在港口领域合作不断增强，合作形式多样。在老挝举行的中国—东盟领导人会议，以及中国与东盟高官会议中，双方积极开展港口合作，各国领导人在会上达成合作共识，中国与东盟达成的协议经批准对国际开放，双方通过对港口和船队的有效管理，促进了国际海运服务效率的提高，加强海上安全和海洋环境污染等方面合作，促进了加强海运安保等方面的合作①。在中国与东盟海事管理合作框架中，双方在港口国监督中合作意识不断增强，使海事管理合作内容不断充实。

13.2.3 海事人员交流海事管理合作

中国与东盟海事人员交流是海事管理合作的基础，双方关于海事人员

---

① 中国—东盟港口发展与合作联合声明，http：//www. gov. cn/gzdt/2007 - 10/30/content_789703. htm。

知识教育的培训是合作的重要体现，双方转入海上演练分工合作一起承任演练课任务。中国—东盟海事教育培训基地落户上海，是深化中国与东盟间海事管理交流合作的重要表现，是提升双方海事影响力的举措。中国与东盟参加澜沧江—湄公河海事搜救培训和交流学习，提升了中国与东盟水上搜救实际操作能力和海事安全管理能力①。中国—东盟海事官员培训班成功举办，不断开展国际交流、PSC、船员管理、海事调查、危险品污染等精彩课程。

通过学习，学员对中国海事管理和海上救助有了更加细致的了解，沟通是合作的基础，合作是共赢上策，双方的交流互动，不断增强了合作沟通的能力，促进了合作顺利进行。中国与东盟海事磋商机制作为双方进行海事管理领域的重要组成部分，信息互通、经验交流、增强合作的重要平台，通过不断磋商和交流，达成共识，共同商榷海事领域事务，促进东南亚航运发展。双方海事管理合作交流更进一步，东盟基金资助项目的实行，促进了中国与东盟的交流和学习，建立了与东盟国家有关的业务部门沟通和联络渠道，增强双方的交流学习和合作，充实了中国与东盟海事管理合作框架。

13.3　中国与东盟海事合作存在的问题

海事管理合作取得一定成效，促进双方国际关系的进一步发展，保护了区域内海上人员的生命财产安全，加强了区域内法律的发展，推动了国际经济贸易。然而中国与东盟海事管理合作还存在一些不足。

13.3.1　海事管理合作机制不完善

中国与东盟海事管理合作机制的海事磋商机制主要是以各个国家的领

① 中国—东盟海事教育培训基地落户上海，http：//sisi. shmtu. edu. cn/2019/0508/c8821a90275/page. htm。

导人为主体召开的会议，中国—东盟（10+1）领导人会议，主要是各国领导对合作各个领域进行对话。中国与东盟防长非正式会晤机制，是由中国与东盟各国国防部部长主持召开的会议，对合作领域进行交流和探讨，推动防务安全务实合作，共同维护地区和平稳定和发展繁荣。中国与东盟国家关于海事管理合作机制，主要是国家上级领导人参与的活动，公众等其他群体参与度比较低，合作主体形式单一，缺乏多样化。合作缺乏具体完善的规章制度，讨论阶段较多。

海事管理机制不完善的一个典型现象，是政府之外的社会群体对于海事管理合作的参与力度较低，表现出被动参与的过程。在当前的海事合作过程中，海事磋商、海上安全合作等由政府主要参与，社会组织也有一定的参与，但是远远不够，缺乏主动力。社会组织未能主动有效地参与谈判和协商的过程，可能会导致海事管理合作成为国家之间的行为，缺乏民主意识，成为以政府为导向的合作行为，缺乏磋商空间，相对被动。中国与东盟海事管理合作中需要不断增强海事管理的能力，不断完善海事制度的建立，使海事管理合作的过程更加顺畅，进入更高的层面。

13.3.2 海事管理合作效率较低

中国与东盟海事管理合作对象主要以国家领导层为主，企业和公民等主体参与海事管理合作较少。企业是经济活动的主体，在国际社会发展中起到重要作用。中国与东盟的海事管理合作是国际性的活动，公民、企业和政府都是重要的参与者，缺一不可，共同影响合作的高效率开展。在中国与东盟海事磋商机制中，政府是研讨的主要对象，讨论的话题主要是政府如何进行决策，公众和企业参与的范围较窄。多主体的参与是海事管理合作顺利进行的积极条件，具有重要意义。

海事管理合作是中国与东盟依靠双边和多边机制，借助现有的平台进行合作。积极推进海事管理合作，共同打造利益和责任共同体。但是现有的平台机制不完善，机构不成熟，办事机构复杂，层次繁杂，缺乏效率。新冠疫情全球流行的时期，中国与东盟海事管理合作受到阻碍，世界经济发展的不确定因素增多，使双方合作效率更加低下，对于推进海事管理合作事务的发展带来新的挑战。

13.3.3　海事管理合作存在历史障碍

中国与东盟山水相连，利益和冲突并存，在友好伙伴关系中，存在部分小冲突，间接影响到双方海事管理合作的高效率进行。此外，外部势力的干扰，阻碍中国与东盟海事管理合作的顺利发展。对于大国威胁论的担忧，存在合作观望的状态，成为双方海事管理合作的阻碍因素。

13.4　加强中国—东盟海事管理合作政策与建议

随着中国与东盟互惠互利的关系不断发展，以及“中国—东盟命运共同体”的构建和发展演进，双方在进行海事管理合作的进程中，需要建立和谐稳定的国际安全环境，为“一带一路”建设提供更加温和的国际社会环境。前面已对中国与东盟海事管理合作领域的现状及困境进行了分析，本节对中国与东盟海事管理合作提出合理的政策与建议。具体而言，中国与东盟海事管理合作应加强双方的优势互补、取长补短。在中国与东盟海事安全环境管理治理的合作形式上，应该采取单边和多边相结合的形式。海事管理合作的环节上，中国与东盟海事管理合作应该采取从本区域出发，过渡到国际上的交流合作。中国与东盟国家海事管理合作能力的提升，需要从海洋安全意识、合作协调能力、经济科技发展水平等方面出发。

13.4.1　完善合作机制，加快海事管理发展进程

中国与东盟在海事管理的合作领域框架上和对话机制上，深受经济水平、政治交流和文化孕育的影响，合作表现的水平参差不齐。加强中国与东盟在政治、经济和文化的互动交流，特别是经济水平的提高，对加强双

方的海事管理合作起到一定的效果。加强海上防控治安的管理，严格排查海上经济活动中的人和物，是中国和东盟海事管理合作的关键。犯罪分子通过海上渠道逃窜到境外是一种普遍的犯罪现象，中国与东盟在海上出入境管理上需要严格和谨慎地把关好出入境的每个环节，包括对各种信息真假的辨认和识别，这也是海事管理合作的重要内容之一。

充分利用好“一带一路”的经济合作效应，中国应与沿线国家建立多边经济合作平台，特别是与东盟国家的往来。中国与东盟国家在经济领域的合作更加密切，往来商船不断，借助经济的辐射效应，能够促进中国与东盟国家在海事管理方面的合作更进一步。中国和东盟十国均成为亚洲基础设施投资银行意向创始成员国。这些都表明中国与东盟国家的合作理念之深入，东盟位置突显，是战略合作伙伴的重点。

13.4.2 加强多边合作，权衡国际合作利益问题

中国与东盟海事管理合作的主体多样，参与合作的主体身份复杂。包括两者之间的双向合作，也有多种主体多边方向的合作。不同模式的合作具有不同的合作效果。由于海上环境错综复杂，利益争夺各异，形势异常严峻，各种身份扮演角色各异，政府在参与海事管理合作过程中起到主导作用，政府和非政府组织在海事管理合作中是主体，占据中心地位，社会公众在海事管理合作中是重要的力量。

政府是海事管理合作的主导人（王艺鹏，2018）。在中国与东盟海事管理合作中，不管是当前还是之后相当长的一段时间之内，政府依然是主导人的角色。政府在海事管理合作中主要负起的责任是构建中国与东盟海事管理合作的平台和框架，为中国与东盟海事管理合作提供屏障的作用。并且制定具体的海事规章制度或者各式各样的条约条款，为海事管理合作建立有法律保护的安全环境。引导和支持企业、非政府组织或者社会公众在政府建立的平台上参与海事管理之间的合作。

政府是规章制度的建立者和平台的搭建者、参与的指引者，需要努力制定合法的海事管理合作的制度和行为规范。合作可能伴随着冲突和矛

盾，政府需要在中国与东盟海事管理合作中诚心诚意地解决好各种将要发生或者已经发生的分歧，形成和谐融洽的海事管理合作氛围和严格的合作制度范畴。东盟对海事管理形成了本区域内的共同意识，但是在区域外的分界上，东盟各个国家根据本国的海事的法律法规，从本国的国家利益出发，牵涉到不同国家的不同利益诉求。在海事管理合作的过程中，会出现因利益出发点不同而导致合作中断。怎样协调参与合作国家之间的不同观点，怎样在海事管理合作的掌控权或者资源享有度的国家之间达到平衡，是中国与东盟国家海事管理合作中在政府层次上面临的重要困境之一。需要循序渐进地去解决此问题，为中国与东盟海事管理合作更加通畅顺利奠定基础。

非政府组织是海事管理合作的监督者（谢帆和王积龙，2016），在政府和企业、政府和公民之间存在监督关系，是角色过渡的行为人。1980年，非政府组织的出现，为政府治理和监督工作起到充实和促进作用。即使非政府组织对政府信息的公开和监督力度不是很大，但是其促进中国与东盟海事管理合作的作用不容忽视。非政府组织在海事管理合作中扮演重要的角色，帮助政府解决海事管理合作的问题和困境，监督政府在海事管理合作过程中的行为规范。不断提高中国和东盟国家保护海洋的意识和能力，提高生活质量，积极引导东盟国家提高海事管理合作的参与意识。

非政府组织需要通过基金和项目活动的开展，积极为东盟国家宣传关于海事管理的合作意识，提供有效率的海事管理合作培训，提高当地的受教育水平，降低海上安全威胁的隐患，为中国与东盟顺畅进行海事管理合作提供积极的条件。

更为重要的是监督者的责任，非政府组织应该直接参与中国与东盟国家海事管理合作，行使监督的作用，以便提高政府合作的能力和效率。

13.4.3　解决跨国合作问题，拓宽新海事管理合作领域

中国与东盟成为合作伙伴的时间较长，在海事合作上已经取得显著成果，双方海事安全合作意识不断增强，合作积极性提高，合作效应显著。

然而，双方需要在此基础上不断提高海事管理合作的能力，努力积极地拓展合作领域，不断丰富合作的理念和内容。一是中国需要扛起提供区域性公共产品的大国主要责任意识（全毅和尹竹，2017）。在中国与东盟的海事管理合作中，需要稳定已有的合作机制，增强集体意识，共同完善次区域合作领域。中国作为区域发展中的大国，需要树立起积极主动服务意识，为集体提供更多的公共产品，努力为集体提供便利化程度更高的合作条件。尽可能提供海事公共产品，如包括无线电导航、海上灯塔航标、海上搜救打捞服务等（刘乐，2017），中国越来越主动地参与东盟区域的合作，发挥积极作用。二是摸索中国与东盟海事管理合作的发展模式，实现效率的提高。双方需要在巩固合作成果的基础上发展合作，对现有合作的领域进行学习和回顾，不断探索、熟悉现有合作模式的优点和不足，积极改善，不断革新，这是开展新的合作领域的关键。三是中国与东盟国家的边境政府和科研人员需要充分发挥地方的优势条件，努力寻求新的海事合作的研究课题。充分调动社会资源，调动人力和物力，积极开拓新的视野。完善海事合作的国际立法，为跨国合作提供安全的国际氛围和法律保障。四是促进科技创新人才培养，加快海事信息共享。中国与东盟在海事发展领域的人才稀缺，技术水平有待进一步提升，海上信息吸收面相对狭窄。双方需要大力开发和发展海事的高新技术人才，加快信息安全的互动性，充实海事知识。包括船舶检验技术人才、船舶制造人才、航线路线的研究人才、海上安全侦探人才等人力资源的丰富，促进海事合作的高质量发展。总之，中国与东盟需要努力巩固好当前合作的成就，并且积极进取，开拓新的海事合作平台和建立新的框架，为合作的更深入发展提供借鉴意义。

13.4.4 扩大合作主体，推进合作高效率进行

中国与东盟海事管理合作过程中，企业起到桥梁和纽带的作用。企业在市场经济的发展过程中扮演着主体的角色。在合作治理理论中，治理主体具有平等性，淡化了传统观念中政府的主导作用，和传统的合作治理形

式对比，政府和其他合作的各种社会主体是相互平等的关系，企业和政府之间不是之前的被管理和管理、被控制和控制的关系，而是各种社会治理主体在平等基础上的合作。

企业在经济社会发展过程中，是经济利益的获取者，具有重要作用。企业的经济活动带动巨大的现金流，是国际经济命脉。在中国与东盟海事管理合作的过程中，需要以经济基础作为支撑。企业的流动性，很大可能成为海事管理的重点区域。海上安全、反恐、偷渡等领域的海事管理合作也可能随着经济迹象的转变而转变。例如海上不法分子的势力可能借助企业海上流通的货物进行偷渡出境、入境等行为；恐怖分子借助企业合法经营的外壳，进行毒品贩卖、倒卖石油等非法行为，从而获取大量非法资金。企业应积极配合政府部门的调查工作，杜绝不合法的行为发生。

公民在社会生活中扮演着重要的角色，在中国与东盟海事管理合作中，公众已经成为海事管理合作治理的主要成员之一，而不是仅仅跟随政府指导的社会群体。社会公民在中国与东盟海事管理合作的过程中主要承担的角色为：一方面，自己对自己负责，对自身进行治理，提高自身海事管理合作意识，充实海事内容，增强防范风险的能力。海上不法分子或者恐怖主义者，大多都是在社会公众中激进形成的，是由正常合格的社会公民演化而来的。因此，为了社会整体和谐环境的建设，以及海洋环境治安的治理，作为一名社会公民，应从自身做起，从根源出发。另一方面，政府对于社会公众的认识了解非常不足，时间和精力有限。政府在开展社会工作的时候，社会公众需要主动积极配合，及时提供有效信息，为打击威胁海上安全和船舶行驶的行为贡献一份力量。因此，作为中国与东盟国家的公民，对于国家的海事管理的法律法规，需要加强行为意识和知识储存，避免成为海上不法分子的犯罪目标。

13.4.5　消除合作阻力，增强政治互通性

中国与东盟海事管理合作不断深入发展，合作层次梯度分明，井然有序。双方的合作看似前景光明，合作潜力无限，但是部分东盟国家对于和

中国之间的合作还存在一定的顾虑和担忧。疑虑阻碍双方合作的进度，建立信任是彼此更好合作的基础。各合作国家需要认真考虑各方的基本利益关系，并且严格维护共同利益，这是合作的基础和政治互通的前提。对于本国和其他国家的集体利益需要有个严格的界限和清晰的认识，即达成共同追求的海事管理合作的共同目标，互相理解和互相支持，消除阻碍合作的疑惑，增强合作的信任度。中国作为本区域的大国，具有担当责任意识，本着和平共处的原则与东盟国家进行区域的各项合作。中国与东盟建立合作伙伴关系以来，以友好态度，积极发挥好负责任国家的要求，尊重并且积极维护他国的利益，东盟国家应该消除疑虑，努力和中国合作，共同建立更加安全的海上环境。东盟国家应该保持沉稳的态度和积极冷静的心态，正确看待双方关系。总而言之，中国与东盟国家之间，正确对待客观事物，增强信任度，消除合作的担忧，海事合作的道路才会越走越通，合作的层次才会越来越高。

第 14 章　深化中国与海上丝绸之路沿线国家海洋产业合作的其他保障措施

海上丝绸之路沿线国家地理区位各不相同，经济发展水平参差不齐，又拥有不同的政治体制、法律法规、民族文化、宗教信仰，因此在与沿线国家进行海洋产业合作时，按照地理区位和风土民俗的相似性，把主要沿线国家划分为东南亚、南亚、西亚、非洲等区域，再对每个地区的不同国家的海洋产业发展状况进行细分，按照它们海洋产业发展的实际情况，有所侧重、因地制宜地进行合作。中国与东南亚地区的海洋产业合作领域是最多的，成效也是最好的，但区域内部也有一些国家由于经济欠发达，海洋产业发展较慢，与其合作项目不多，如缅甸、柬埔寨，这就需要加强对这些国家在资金和技术上的扶持，促进其海洋产业的发展。新加坡国土面积小，海洋资源有限，但其经济发达，科技先进，所以两国可以加强在资金和技术方面的交流与合作；南亚地区渔业、油气等海洋资源丰富，但海洋经济整体都不发达，如巴基斯坦、斯里兰卡和孟加拉国，其渔业、油气产量和产值都不高，两地合作的重点是对其资金的投入和技术扶持，加快海洋经济基础设施建设，以便以后更好地合作；西亚地区油气资源丰富，海洋油气产业发达，所以与其合作的重点是海洋油气业，双方应该加强在油气勘探、开采、油品加工等领域的合作；非洲地区经济最不发达，局势动荡，与其合作的着重点仍然是基础设施建设、资金支持和技术培训等，与此同时，加强风险应对和合作机制建设。

14.1 打造与沿线国家的利益共同体

中国在与沿线国家交往过程中，矛盾冲突、利益纠纷总是难免的，在与沿线国家进行海洋产业合作时，每一步都要审慎而行，应该相互尊重，相互包容，关注沿线不同国家的不同需求和不同利益，在不损害自身利益的基础上，遵循搁置争议，寻求利益共同点的原则，增进共识，共同打造与沿线国家的命运共同体与利益共同体。如与东南亚国家在海洋产业的合作上，在保持区域内和平稳定的前提下，协调好各方的利益关系，给出双方都能接受的规则或建议，遵循“搁置争议，共同开发”的准则，正确合理地处理与东南亚国家在海洋渔业、海上交通运输、海洋油气勘探等方面的合作问题；在与南亚国家的海洋产业合作上，特别是与印度的合作，应向对方表明合作诚意，以两国地理上的相邻和友好交往的历史为契机，积极寻求能使双方都获益的合作方式，可以建立一个关于海上丝绸之路的对话机制，双方对遇到的问题及时沟通和协调，提高信息的公开性和获取信息的及时性，使其改变态度，积极寻求与我国的合作；在与西亚和非洲地区进行海洋产业方面的合作时，相关企业和工作人员应严格尊重当地的风俗习惯和宗教信仰，避免冲突的发生，我国政府也应制定相应的措施如派出维和部队、军舰护航等来保障我国企业和人员的安全，以稳定与沿线国家建设海上丝绸之路的大局。

14.2 建立海洋领域的多边合作机制

海上丝绸之路涉及国家众多，合作线路也很长，与不同国家的合作领域、合作方式也是各种各样，它是有史以来前所未有的一个合作倡议。在海洋领域建立一个统一的多边合作机制难度很大，以目前的形式来看，要先以双方已经具有的合作机制为基础，如与东南亚地区的中国—东盟自贸区、与南亚地区的孟中印缅经济走廊和中巴经济走廊、与非洲地区的中非合作论坛等，由双边到多边，逐步地建立起在海洋领域的多边合作机制，不同地区的不同海洋产业建立不同的合作机制，如与东南亚地区的环南海海洋渔业多边合作协定，与西亚地区的波斯湾海洋油气业多边合作协议，等等，多边合作机制的建立要与现有的合作机制互不冲突又相互协调。在沿线国家中选择几个国家作为战略支点国，以战略支点国港口为基础，把整个海上丝绸之路连接起来，形成一个互动高效的多边合作机制，最好还要打通"一路"与"一带"，借助相关国际组织和合作机制使"一带一路"形成一个大型的经贸网络和统一的互动机制，并使机制常态化，一旦双方在合作上遇到问题，及时进行沟通和交流，最终使合作顺利进行下去。由中国发起并举办的"一带一路"国际合作高峰论坛就是在这方面的一个很好的尝试，论坛取得了显著成效，与许多国家达成了多方面的合作协议，往后应该让类似的论坛常态化，只有这样才能更好地促进中国与沿线国家合作的开展。

14.3　建立统一的法律规范和管理体制

中国与沿线国家进行的海洋产业合作包括多个利益主体，由于各国国情的不同，在合作中，需要加强中国与沿线国家在司法和管理上的交流与对话，建立起能维护各方利益的法律规范和管理体制，使海上丝绸之路的建设有法律可以依靠、有制度可以遵循，也是海上丝绸之路可以长久发展的重要保障。法律规范具体可以通过三个方面进行：首先，中国与沿线国家在海上执法上进行协作，完善海上司法与执法的对接机制；其次，与沿线国家进行司法与执法的合作来应对沿线地区的恐怖主义、海盗问题及走私等犯罪活动；最后，在海运的集装箱离港之前就对其运输风险进行评估和监督，以保证海运的风险最小（王杰，2014）。管理体制可以建立海洋产业合作方面的管理机构，机构成员包括沿线国家政府、企业和其他利益相关者，管理机构要设立完善的组织机构，对区域内的机构成员形成统一的协调能力和约束能力，对区域海洋经济的发展起到一定的保障和促进作用。最后由区域政府主导，企业和其他参与者共同参与磋商，制定有利于区域海洋经济发展，符合各国实际的管理体制和规章制度等政策性文件。文件要在主体利益得到满足的前提下，对各成员有较强的约束力，如在海洋交通运输领域就要建立起符合沿线国家综合标准的船只登记、检查、签证制度以及保护船员的制度等一系列制度，只有利用公平有效的管理制度进行约束，才能使双方都感到满意，以达到维护沿线国家利益的目的。

14.4 引导和规范国内涉海企业的发展

由于"一带一路"倡议的提出和我国经济的迅速发展，我国涉海企业在参与海上丝绸之路建设时，对自身认识不足，导致了过度竞争，造成了国家资源的浪费，所以规范国内涉海企业的发展十分必要。首先，应加速调整我国不同地区涉海企业整体的规划和发展方略，各地区企业应根据自身发展的实际情况制定符合本地发展实际的战略规划，明确自身定位以及在海上丝绸之路建设中的地位，避免无序竞争，造成资源浪费；其次，各涉海企业也应明确自身的特点与核心竞争优势，在与沿线国家开展相关海洋产业合作时，对自身的投资和建设项目合理布局，综合分析当地的政治、经济、文化、宗教等因素，对不同海洋产业的合作进行科学的评估和规划，同时应注重合作项目的质量和社会效益，注意风险的防范，使其发展均衡，形成可持续盈利和发展的良好格局；最后，还要详细了解沿线地区不同国家的风俗习惯和宗教信仰，充分尊重当地居民的信仰和习俗，加强人文交流，与当地人搞好关系，获取他们的信任与支持，避免不必要冲突的发生，保证与当地企业合作的顺利进行。

14.5 构建海洋产业信息共享平台

建设现代化的海洋产业必然需要实现相关产业发展信息的智能化，它是海洋经济竞争力的重要特征，中国与沿线国家的海洋产业合作更需要建立一个高效、完善、智能的信息共享平台。要打造中国与沿线国家的海洋产业信息共享平台，首先应该分区域进行，把地理文化相似性高的国家划分成一个地区，如把沿线国家分成东南亚、南亚、西亚、非洲四个地区，以大数据、物联网为基础，先在各区域构建一个信息共享平台，各国根据自身发展的实际情况，完善自身的信息系统；其次，对各区域的信息平台进行统一管理，形成统一的标准和规范，实现各区域间数据的交换和信息的互联互通；最后，根据各区域在实际运用中反馈的信息，建立沿线国家间的信息共享，打造出“海上丝绸之路沿线国家海洋产业信息共享平台”，实现沿线国家在政策文件、信息技术、人员培训、渔业动态、航班航线动态、港口情况、旅游综合信息等方面的互联互通，信息共享平台的构建也可以分产业进行，如建立海洋渔业信息共享平台、港口物流信息共享平台、旅游信息共享平台等。

14.6　建立起有效的海洋金融保险制度

在“一带一路”倡议提出后不久，由中国政府提议，已经成立了亚洲基础设施投资银行（以下简称亚投行）、丝绸之路基金等支持“一带一路”建设的金融机构，但这是远远不够的，而且它们的设立也不是专门针对海洋领域的，所以要保障与沿线国家海洋产业合作的顺利实施，必须建立起有效的海洋金融和保险制度。首先，发挥大型商业银行的带头作用，积极鼓励银行对海洋产业领域的投融资等金融支持，开放信贷服务，加强与丝绸之路基金和亚投行等的合作力度，建立风险评估与防范机制，还要加强与沿线国家的金融机构的合作，努力支持本地和当地涉海企业的发展，发掘出与海洋渔业、海洋油气业、海洋交通运输业、滨海旅游业等产业有关的金融产品与服务，另外还要鼓励保险行业参与到海上丝绸之路建设中来，鼓励它们对海洋产业领域的保险服务，为我国涉海大型企业提供工程、责任等保险服务，解决它们的后顾之忧；其次，沿线国家的中央银行之间应该积极建立起多边的涉海金融合作机制和监管机制，区域内部部门加强沟通，促进沿线区域内海洋金融业的互联互通；最后，还要注意可能发生的金融风险，由于沿线地区有的国家局势动荡，货币通用度低，币值不稳，可能会影响到两国间的货币汇率，还有沿线部分国家面临着主权信用的危机，所以涉海金融机构在开展对外合作时，必须与沿线国家共同建立相应的风险评估和预警机制，保障资金的安全（何帆等，2017）。

第 15 章　结论与展望

党的十九大报告和二十大报告都特别强调要加快建设海洋强国，21世纪海上丝绸之路倡议的实施对于建设海洋强国具有促进作用。因此，加强中国与沿线国家的海洋产业合作，对推动“一带一路”倡议实施，促进我国海洋产业发展，实现我国加快建设海洋强国的目标等具有重要的实践意义。本书在新经济增长、区域经济合作、包容性增长等理论的基础上，对我国与沿线国家的海洋产业合作进行了详细的分析，主要得出以下结论。

（1）“十三五”以来我国海洋经济增速较快，海洋产业结构方面的转型升级也在稳步进行，海洋渔业、海洋油气业、海洋交通运输业、滨海旅游业等主要海洋产业增加值不断提升，发展状况良好，对我国海洋经济发展的贡献也越来越大。

（2）沿线国家海洋产业的发展水平参差不齐，东南亚地区海洋渔业、海洋油气、海岛等资源较为丰富，海洋产业整体发展水平在沿线地区最好；西亚地区由于极为丰富的油气资源，海洋油气业发展水平较高，但其他海洋产业的发展有待提高；南亚和非洲地区虽然拥有较为丰富的海洋资源，但经济欠发达，技术水平较为落后，海洋产业发展水平整体偏弱，有很大的发展与合作空间。

（3）21 世纪海上丝绸之路倡议提出后，中国与沿线国家在海洋产业合作上取得了丰富的成果，其中与东南亚地区的合作项目最多，合作效果最好，合作进展比较顺利，与西亚地区的合作主要集中在海洋油气业，其他产业涉及较少，与南亚、非洲地区在港口投资建设项目上合作较多，但多是以投资、技术支持等形式展开。目前缺乏与沿线国家在海洋领域的多边合作机制，现有的合作主要是在已有的经贸合作机制的基础上进行的。

（4）21 世纪海上丝绸之路倡议的实施对中国与沿线国家的水产品出口贸易有正向拉动作用，即使在添加了国家宏观层面的控制变量后，结果依然稳定。贸易国双方 GDP、外国直接投资净流入、人民币兑美元汇率、21 世纪海上丝绸之路倡议与出口水平显著正相关，距离和贸易国 WTO/TBT-SPS 通报数则具有显著的负向作用。菲律宾、马来西亚、泰国和新加坡对中国有较强的进口意愿。

（5）中泰海洋经济合作作为中国与沿线国家海洋产业合作的典型，主要体现在水产品合作方面。整体来看，滨海旅游业和海洋交通运输业所占海洋产业比重较大，是泰国主要创收海洋产业，产业发展趋势除受金融危机影响产生较大的变动外，发展趋势呈现稳中有升状态，发展潜力较大；海洋渔业受限于渔业资源枯竭和主要出口市场产品安全标准提高等双重困境，发展乏力；海洋油气业发展受限于极为有限的油气资源和勘探开采技术，产业优势不显著，随着工业化建设进程加快，石油能源需求提升与油气资源勘探开发匮乏现状的矛盾日益突出，油气资源进口贸易日益扩大，提升本国勘探开发技术是解决这一问题的关键。中泰水产品贸易互通具有双边贸易互补关系突出，在世界市场竞争关系明显的特征。

（6）实证分析结果证明，我国的滨海旅游业和海洋化工业等强势型产业适用探索发展型合作模式，应与产业优势国结成优势战略联盟，进行产业联动发展。完善型合作模式是海洋渔业和海洋交通运输业等平稳型海洋产业的最优选择，其中海洋渔业可与泰国、印度尼西亚、越南、孟加拉国和斯里兰卡等国通过兴办合资企业和许可协议等方式，使水产品加工业成为其强势产业，海洋交通运输业需通过兴办合资企业和许可协议等方式引进先进技术，优化其产业链分工布局。我国的海洋船舶业、海洋生物医药、海洋电力业等挑战型海洋产业具备利用完善型合作模式的产业条件，应引入优势项目，整合资源，实现联合发展。我国的资源重整型合作模式应被海洋工程建筑业和海洋油气业等弱势型产业取代，具体可与缅甸、印度尼西亚、越南、文莱和埃及等国进行产业顺势转移合作。

（7）中国与东盟海洋渔业合作方面，发展态势虽然良好，但发展趋势减缓，需要通过合作加快双方海洋渔业的转型升级，并且双方国家间关系与公共海域资源养护也需要通过合作进行加强；中国与东盟在海洋渔业机制、捕捞、养殖、加工、资源养护方面都有所合作，也取得了一定的成效，但尚存在南海主权争端、多边机制欠缺、捕捞技术落后、养殖方式传统、加工基础薄弱、资源养护程度偏低的问题，阻碍了双方海洋渔业合作的进程；双方在水产品贸易方面，贸易规模呈上升趋势且互补性较强，但贸易市场相对集中、贸易种类单一，在世界水产品市场上存在一定的竞争关系，且比较优势不强，制约了双方的水产品贸易往来；进一步挖掘双方海洋渔业合作的影响因素得知，距离和班轮运输度指数是阻碍双方水产品贸易的主要因素，不利于双方海洋渔业合作的开展，而国内生产总值、共同语言、共同边界、共同组织、经济自由度对双方水产品贸易有拉动作用，能促进海洋渔业合作，此外，投资环境、技术创新也分别对其起到推动和抑制作用。因此根据中国与东盟海洋渔业合作状况，借鉴南太平洋岛国、俄罗斯和挪威以及地中海沿岸国家的先进经验，通过渔业资源养护、搁置主权争端、加强多边治理、完善合作内容、优化贸易结构、升级基础设施、促进人才交流、扩大投资规模等方式推动中国与东盟海洋渔业合作。

（8）中国涉海企业对沿线国家对外直接投资合作方面，近年来，随着我国对外投资步伐的加快，中国企业会更多地走出国门对外投资。有效的投资时机可以确保对外直接投资规模。21 世纪海上丝绸之路倡议的提出，加速了我国涉海企业走出国门的愿望，合理利用这一国家海洋战略背景，充分发挥我国涉海企业对外投资潜力，继而扩大我国海洋产业对外投资的规模和数量。我国涉海企业对沿线国家进行直接投资选择时，主要考察沿线国家国内政治稳定性、政府宏观调控政策、政府优惠政策等方面的因素来判断其直接投资的特征水平。从一个国家的政治层面来看，国家的政治稳定性越高越有利于投资收益的增加。由于各国政治、经济水平不一，东道国政府的宏观调控政策和优惠政策是我国涉海企业顺利完成直接投资的保障，因此，审慎考虑对外直接投资的国别选择是不容忽视的关键。中国涉海企业在对外直接投资时，需考虑东道国的产业项目发展潜力是否强劲，确保与沿线国家的合作项目能够更好、更快、更顺利地推进，从而降低项目投资风险。中国对沿线国家涉海项目的投资更多的是发展综合型、创新型和科技园区的项目合作，利用高新科技发展信息化产业、技术化运作的港口码头项目。此外，深入探析沿线国家的招商引资条件和政策，通过加强基础设施建设，增加社会资本，吸纳更多海洋型高技术人才等措施，加大对涉海企业的投入将会对我国涉海企业对外直接投资时产生重要的参考和引领作用。

（9）港口合作方面，从海上丝绸之路沿线整体维度上看，各区域沿线国港口综合竞争力 2007 ~ 2017 年处于平稳上升阶段，但是也有伊朗、利比亚、突尼斯、希腊等部分区域国家因常年遭受国际制裁、战乱动荡以及债务危机等因素影响，港口综合竞争力近几年略有下降。从区域角度上看，不同沿线区域国家港口综合竞争力高低差距相对较大。在研究对象中，中国、东盟区域的马来西亚及新加坡，南亚区域的斯里兰卡，中东区域的阿联酋、沙特，北非的埃及、马耳他、摩洛哥，西欧的英国、德国、法国、荷兰、比利时等国家港口综合竞争力处于该区域较高水平。东南亚区域的越南、菲律宾、柬埔寨、泰国，南亚区域的孟加拉国、巴基斯坦，中东欧区域的乌克兰、波兰等国家港口综合竞争力水平较低。无论是混合效应、固定效应还是随机效应，港口综合竞争力对中国与沿线国水产品双边贸易额均具有显著的正向效应，港口综合竞争力的提高将有效带动中国与沿线主要国家双边贸易（水产品）的提升。总的来看，在引力模型回归结果中，港口综合竞争力、国内生产总值、国内人口总数三个变量对中国与沿线国家双边水产品贸易额都显著正相关，这也符合双边经济贸易发展的经济现实。在贸易距离变量的回归效应中，固定效应、随机效应的回归系数为负，这符合传统贸易对距离变量的认知，但在固定效应中，回归系数为正，交通运输网络体系的方便快捷使得距离不再是阻碍双边贸易的影响因素。

（10）税收合作方面，海上丝绸之路沿线各国税收征管能力差异明显，存在“强者愈强、弱者愈弱”的马太效应；GDP 对中国对外直接投资的影响显著为正，税率水平对中国对外直接投资的影响显著为负，中国对沿线国家的投资存在较强的市场与利润需求动机；进口依存度更高的国家更容易吸引中国的投资；缺乏税收协定并未阻碍中国的投资；税收征管能力能够显著促进中国对沿线国家的投资，且与税率水平存在较强的替代效应，税收征管能力越高税率的调整空间就越大；降低纳税时间成本、提高信息化水平、优化基础设施可显著提升中国对沿线国家的投资。通过中国对沿线国家税收合作现状与税收合作对经济效果的实证研究，发现中国与沿线国家税收合作存在双边税收协定更新缓慢、税收征管能力分化明显、税收机制参与不足等问题。为提升税收合作水平、促进生产要素自由流动，提出以下三点政策建议：一是围绕“一带一路”倡议更新完善税收协定；二是紧扣税制改革与信息化提升税收征管能力；三是聚焦高税收透明度推动各国参与税收治理。

（11）中国与东盟海事管理合作方面，双方海事管理合作发展取得一定成就。海上安全威胁趋势减缓，海上贩毒、海上犯罪和海上偷渡等现象减少，中国与东盟海上安全环境更加和谐。双方之间的海事管理合作内容逐渐丰富，合作框架更加充实。海事管理合作机制更加健全，合作领域不断扩大。但是，中国与东盟海事管理合作仍存在一些不足，如海事管理合作框架内容单一，合作领域狭窄，主要体现在中国与东盟海事磋商机制上。双方需要加强海事管理合作，增强合作意识，攻破当前合作阻力，拓展海事管理合作新领域。双方需要积极参与中国与东盟主导的海事管理合作，如反海盗合作、打击海上跨国犯罪、打击海上偷渡、打击海上袭击船舶等海事管理合作事件。

（12）由于与沿线地区和国家在政治体制、经济发展水平、文化宗教等方面的不同，双方在海洋产业合作上可采取打造与沿线国家的利益共同体、建立海洋领域的多边合作机制、建立统一的法律规范和管理体制、引导和规范国内涉海企业的发展、构建海洋产业信息共享平台、建立起有效的海洋金融保险制度等措施保障中国与沿线国家海洋产业合作的顺利开展。

21世纪海上丝绸之路是一个重大倡议，它涉及沿线众多地区和国家，甚至影响了全世界，它的初衷是开放的、包容的、共赢的。由于沿线地区在政治、经济、文化上的多样性，中国与沿线国家在海洋产业领域的合作任重而道远，需要各方彼此尊重，相互了解，在合作时不断进行沟通和交流，一旦遇到问题应及时妥善地解决，未来中国应该不断扩大与沿线国家海洋产业合作的领域，丰富合作方式，甚至不同产业相互结合，以求达到更好的合作效果，积极促进与沿线国家长效化、常态化的多边合作机制的建立，努力构建与沿线国家的命运共同体和利益共同体，实现与沿线国家在海洋产业方面的合作共赢。

附录1　2018年港口综合竞争力评价指标标准化数据

国家	ZX1	ZX2	ZX3	ZX4	ZX5	ZX6
中国	0. 11583	6. 46559	2. 83604	6. 01829	4. 67031	4. 25908
越南	-0. 7254	0. 13186	0. 46490	-0. 31431	-0. 02394	-0. 18013
菲律宾	-1. 3797	-0. 10211	-0. 67202	-0. 27358	-0. 36757	-0. 44864
马来西亚	0. 86361	0. 39135	1. 63608	-0. 26247	-0. 30515	-0. 21446
新加坡	1. 98529	0. 74346	2. 32268	-0. 25782	2. 33741	0. 46634
印度尼西亚	-0. 6319	0. 02536	-0. 13609	0. 06348	0. 22227	-0. 25496
泰国	-0. 1645	-0. 02507	-0. 13067	-0. 19108	-0. 21421	-0. 07402
缅甸	-0. 8189	-0. 32700	-1. 34864	-0. 42396	-0. 59374	2. 75964
柬埔寨	-0. 5384	-0. 32435	-1. 23392	-0. 39664	-0. 47785	-0. 62405
文莱	-0. 0711	-0. 13889	-1. 26503	-0. 41876	-0. 49500	-0. 61872
孟加拉国	-0. 1645	-0. 27781	-1. 15459	-0. 30053	-0. 47559	-0. 55307
巴基斯坦	0. 20930	-0. 26427	-0. 40891	-0. 28131	-0. 52352	-0. 56413
印度	0. 11583	0. 13210	0. 21035	0. 85811	0. 99381	0. 45895
斯里兰卡	0. 30277	-0. 15163	0. 56878	-0. 38826	-0. 55169	-0. 61225
阿联酋	0. 02235	-0. 21536	-0. 35440	-0. 25586	-0. 41022	-0. 44974
南非	0. 20930	-0. 20802	0. 89553	-0. 23412	-0. 21829	-0. 43896
沙特阿拉伯	0. 11583	-0. 10113	0. 40212	-0. 05767	-0. 49096	-0. 16178
阿曼	0. 58319	-0. 23558	0. 29796	-0. 39282	-0. 45366	-0. 57975
巴林	0. 11583	-0. 35023	-0. 41176	-0. 41250	-0. 55532	-0. 60263

续表

国家	ZX1	ZX2	ZX3	ZX4	ZX5	ZX6
卡塔尔	-0.4450	-0.30781	-0.30931	-0.33971	-0.52982	-0.49759
伊朗	0.02235	-0.24866	-0.28705	-0.18681	-0.48065	1.06627
土耳其	0.11583	-0.06263	0.20436	-0.06486	-0.12106	-0.21902
埃及	-4.2774	-0.17727	0.50657	-0.31149	-0.35460	-0.53581
利比亚	-1.0058	-0.36035	-1.16486	-0.40747	-0.52293	-0.37540
阿尔及利亚	-1.0993	-0.31898	-1.20339	-0.34805	-0.55565	0.30010
突尼斯	0.48972	-0.34838	-1.31925	-0.41150	-0.57353	-0.61512
摩洛哥	-1.5666	-0.21926	0.54138	-0.37451	-0.47457	-0.56367
尼日利亚	0.02235	-0.32671	-0.95797	-0.24213	-0.53699	-0.52485
肯尼亚	-0.2580	-0.32399	-0.89433	-0.38873	-0.55112	-0.44461
乌克兰	-0.1645	-0.32765	-0.63863	-0.36839	-0.40133	-0.53422
波兰	-0.9123	-0.27759	0.30167	-0.15280	-0.17683	-0.06048
罗马尼亚	-0.8189	-0.34280	-0.64862	-0.31687	-0.38917	-0.45994
保加利亚	0.30277	-0.35673	-1.30412	-0.39953	-0.53466	-0.57647
立陶宛	-0.1645	-0.34062	-0.89889	-0.40516	-0.57850	-0.57511
斯洛文尼亚	0.02235	-0.33341	-0.37695	-0.40469	-0.55898	-0.57380
马耳他	0.95708	-0.26307	-0.01509	-0.42350	-0.45858	-0.61973
西班牙	0.58319	0.15650	1.07246	0.24546	1.04342	0.24932
法国	0.95708	-0.17070	0.89810	0.88595	0.80413	1.08425
德国	1.05056	0.22932	1.27165	1.46362	0.36386	2.65450
英国	0.20930	-0.00965	1.22828	0.90838	1.83740	1.01092
意大利	0.58319	0.02068	0.41924	0.55241	0.30952	-0.55657
希腊	2.07876	-0.20231	0.19637	-0.32707	-0.45115	-0.49825
荷兰	1.05056	0.08503	1.29762	0.00258	2.03391	0.49699
比利时	0.77014	0.02020	1.10015	-0.17839	-0.42775	0.40408
澳大利亚	0.39625	-0.09879	-0.61409	0.24831	0.27795	-0.05425
新西兰	0.95708	-0.26264	-0.92372	-0.33323	-0.05939	-0.54824

附录2　36国2006~2018年税收征管能力与各分项指标得分

国家	年份	ICMC	TN	TT	TC	TE	TI
新加坡	2006	0.54847	0.08580	0.05034	0.20751	0.20457	0.0002517
新加坡	2007	0.54955	0.08580	0.05034	0.20753	0.20558	0.0003048
新加坡	2008	0.52752	0.08580	0.02828	0.20753	0.20558	0.0003309
新加坡	2009	0.51168	0.07042	0.02774	0.20759	0.20558	0.0003568
新加坡	2010	0.51281	0.07042	0.02774	0.20863	0.20558	0.0004507
新加坡	2011	0.50813	0.07042	0.02774	0.20459	0.20460	0.0007866
新加坡	2012	0.51070	0.07042	0.02847	0.20560	0.20460	0.0016098
新加坡	2013	0.51023	0.07042	0.02847	0.20459	0.20460	0.0021613
新加坡	2014	0.51008	0.07042	0.02847	0.20346	0.20558	0.0021567
新加坡	2015	0.51199	0.07042	0.02847	0.20449	0.20558	0.0030393
新加坡	2016	0.54946	0.08580	0.03641	0.20552	0.20558	0.0161586
新加坡	2017	0.58561	0.08580	0.03793	0.20654	0.20558	0.0497543
新加坡	2018	0.61075	0.08580	0.03793	0.20963	0.20558	0.0718155
马来西亚	2006	0.32552	0.00668	0.01106	0.13141	0.17636	0.0000145
马来西亚	2007	0.32495	0.00668	0.01303	0.12973	0.17549	0.0000187
马来西亚	2008	0.33610	0.03195	0.01529	0.11935	0.16948	0.0000231
马来西亚	2009	0.32902	0.03195	0.01529	0.11965	0.16209	0.0000283
马来西亚	2010	0.34552	0.03195	0.01529	0.12823	0.17000	0.0000381
马来西亚	2011	0.33391	0.02900	0.01691	0.12154	0.16642	0.0000488
马来西亚	2012	0.33830	0.02900	0.01691	0.13471	0.15761	0.0000860
马来西亚	2013	0.35030	0.02900	0.01691	0.14180	0.16250	0.0001037

续表

国家	年份	ICMC	TN	TT	TC	TE	TI
马来西亚	2014	0. 35664	0. 02900	0. 01691	0. 14079	0. 16983	0. 0001281
马来西亚	2015	0. 34008	0. 02900	0. 01939	0. 13360	0. 15791	0. 0001982
马来西亚	2016	0. 34112	0. 04477	0. 01322	0. 12640	0. 15592	0. 0008017
马来西亚	2017	0. 34378	0. 05118	0. 01120	0. 12229	0. 15493	0. 0041690
马来西亚	2018	0. 36870	0. 05118	0. 01120	0. 13462	0. 16685	0. 0048432
柬埔寨	2006	0. 07056	0. 00533	0. 01634	0. 01361	0. 03528	0. 0000001
柬埔寨	2007	0. 07653	0. 00533	0. 01634	0. 01976	0. 03511	0. 0000004
柬埔寨	2008	0. 06500	0. 00533	0. 01815	0. 01042	0. 03110	0. 0000007
柬埔寨	2009	0. 07473	0. 00533	0. 01240	0. 01945	0. 03755	0. 0000013
柬埔寨	2010	0. 06753	0. 00533	0. 01240	0. 01324	0. 03657	0. 0000006
柬埔寨	2011	0. 06899	0. 00533	0. 01240	0. 01114	0. 04013	0. 0000011
柬埔寨	2012	0. 08976	0. 00503	0. 01240	0. 02633	0. 04600	0. 0000025
柬埔寨	2013	0. 08190	0. 00503	0. 01240	0. 02532	0. 03915	0. 0000034
柬埔寨	2014	0. 09072	0. 00503	0. 01240	0. 02263	0. 05065	0. 0000039
柬埔寨	2015	0. 09175	0. 00503	0. 01240	0. 02366	0. 05065	0. 0000086
柬埔寨	2016	0. 08361	0. 00503	0. 01240	0. 01750	0. 04866	0. 0000174
柬埔寨	2017	0. 08559	0. 00503	0. 01240	0. 01647	0. 05164	0. 0000468
柬埔寨	2018	0. 09951	0. 00503	0. 01240	0. 01647	0. 06555	0. 0000688
越南	2006	0. 15777	0. 00792	0. 00012	0. 05323	0. 09675	0. 0000001
越南	2007	0. 16640	0. 00792	0. 00012	0. 06333	0. 09527	0. 0000005
越南	2008	0. 16221	0. 00792	0. 00012	0. 05814	0. 09628	0. 0000009
越南	2009	0. 17429	0. 00398	0. 00012	0. 07160	0. 09883	0. 0000016
越南	2010	0. 16417	0. 00398	0. 00016	0. 06514	0. 09488	0. 0000019
越南	2011	0. 16891	0. 00398	0. 00016	0. 06786	0. 09691	0. 0000031
越南	2012	0. 17329	0. 00398	0. 00038	0. 07495	0. 09397	0. 0000077
越南	2013	0. 18012	0. 00375	0. 00038	0. 08103	0. 09495	0. 0000120
越南	2014	0. 19473	0. 00375	0. 00038	0. 08531	0. 10527	0. 0000172
越南	2015	0. 20561	0. 00423	0. 00077	0. 08736	0. 11322	0. 0000274
越南	2016	0. 19918	0. 00838	0. 00221	0. 07811	0. 11024	0. 0002363
越南	2017	0. 20422	0. 02646	0. 00261	0. 06476	0. 10924	0. 0011434
越南	2018	0. 23215	0. 03965	0. 00261	0. 07914	0. 10924	0. 0015000

续表

国家	年份	ICMC	TN	TT	TC	TE	TI
老挝	2006	0. 05212	0. 00707	0. 00127	0. 01153	0. 03226	0. 0000001
老挝	2007	0. 05798	0. 00707	0. 00127	0. 01354	0. 03611	0. 0000006
老挝	2008	0. 06079	0. 00707	0. 00204	0. 01457	0. 03711	0. 0000001
老挝	2009	0. 05947	0. 00707	0. 00457	0. 01127	0. 03657	0. 0000004
老挝	2010	0. 07043	0. 00707	0. 00457	0. 01629	0. 04250	0. 0000004
老挝	2011	0. 07297	0. 00707	0. 00457	0. 01924	0. 04208	0. 0000008
老挝	2012	0. 08806	0. 00707	0. 00457	0. 03140	0. 04502	0. 0000016
老挝	2013	0. 10001	0. 00707	0. 00457	0. 03747	0. 05089	0. 0000022
老挝	2014	0. 13488	0. 00668	0. 00457	0. 04318	0. 08044	0. 0000028
老挝	2015	0. 11875	0. 00668	0. 00457	0. 03599	0. 07151	0. 0000035
老挝	2016	0. 11950	0. 00668	0. 00457	0. 02880	0. 07945	0. 0000071
老挝	2017	0. 11961	0. 00668	0. 00457	0. 03188	0. 07647	0. 0000139
老挝	2018	0. 09178	0. 00668	0. 00457	0. 03085	0. 04966	0. 0000173
文莱	2006	0. 33030	0. 02426	0. 01542	0. 13037	0. 16023	0. 0000160
文莱	2007	0. 33393	0. 02426	0. 01542	0. 13076	0. 16346	0. 0000249
文莱	2008	0. 35164	0. 02426	0. 01542	0. 15047	0. 16146	0. 0000268
文莱	2009	0. 36758	0. 02426	0. 01542	0. 16874	0. 15912	0. 0000376
文莱	2010	0. 36277	0. 02234	0. 01542	0. 16487	0. 16011	0. 0000349
文莱	2011	0. 35610	0. 00998	0. 02442	0. 16307	0. 15859	0. 0000495
文莱	2012	0. 34204	0. 00998	0. 02442	0. 15091	0. 15663	0. 0001041
文莱	2013	0. 34217	0. 00998	0. 02442	0. 15395	0. 15369	0. 0001279
文莱	2014	0. 35126	0. 00998	0. 02529	0. 14695	0. 16883	0. 0002048
文莱	2015	0. 35958	0. 01778	0. 02655	0. 14593	0. 16883	0. 0004863
文莱	2016	0. 37608	0. 02234	0. 03641	0. 14798	0. 16883	0. 0005190
文莱	2017	0. 39450	0. 02426	0. 03780	0. 15825	0. 17280	0. 0013740
文莱	2018	0. 48159	0. 08580	0. 04681	0. 16853	0. 17876	0. 0016858
巴基斯坦	2006	0. 13389	0. 00331	0. 00204	0. 04489	0. 08365	0. 0000004
巴基斯坦	2007	0. 12415	0. 00331	0. 00204	0. 04258	0. 07622	0. 0000004
巴基斯坦	2008	0. 09794	0. 00331	0. 00204	0. 03843	0. 05416	0. 0000005
巴基斯坦	2009	0. 08246	0. 00331	0. 00204	0. 02967	0. 04744	0. 0000005
巴基斯坦	2010	0. 08423	0. 00331	0. 00204	0. 02749	0. 05139	0. 0000005

续表

国家	年份	ICMC	TN	TT	TC	TE	TI
巴基斯坦	2011	0. 08356	0. 00331	0. 00585	0. 02937	0. 04502	0. 0000007
巴基斯坦	2012	0. 08940	0. 00331	0. 00585	0. 02836	0. 05187	0. 0000011
巴基斯坦	2013	0. 09355	0. 00331	0. 00585	0. 03545	0. 04894	0. 0000014
巴基斯坦	2014	0. 10108	0. 00331	0. 00585	0. 04524	0. 04668	0. 0000021
巴基斯坦	2015	0. 10899	0. 00331	0. 00585	0. 04421	0. 05562	0. 0000029
巴基斯坦	2016	0. 10164	0. 00331	0. 00573	0. 03496	0. 05760	0. 0000268
巴基斯坦	2017	0. 11698	0. 00331	0. 00573	0. 04626	0. 06157	0. 0000975
巴基斯坦	2018	0. 11259	0. 00331	0. 00624	0. 04832	0. 05462	0. 0000925
斯里兰卡	2006	0. 21986	0. 00131	0. 00731	0. 10743	0. 10380	0. 0000017
斯里兰卡	2007	0. 22805	0. 00131	0. 00731	0. 11313	0. 10630	0. 0000022
斯里兰卡	2008	0. 22183	0. 00131	0. 00731	0. 10690	0. 10630	0. 0000027
斯里兰卡	2009	0. 19732	0. 00131	0. 00731	0. 08591	0. 10279	0. 0000030
斯里兰卡	2010	0. 19166	0. 00001	0. 00731	0. 08651	0. 09784	0. 0000030
斯里兰卡	2011	0. 20218	0. 00001	0. 00731	0. 09014	0. 10474	0. 0000044
斯里兰卡	2012	0. 21366	0. 00106	0. 00738	0. 10635	0. 09887	0. 0000078
斯里兰卡	2013	0. 21814	0. 00145	0. 00944	0. 10837	0. 09887	0. 0000098
斯里兰卡	2014	0. 22445	0. 00331	0. 01240	0. 09353	0. 11520	0. 0000135
斯里兰卡	2015	0. 21953	0. 00331	0. 01240	0. 09455	0. 10924	0. 0000177
斯里兰卡	2016	0. 21707	0. 00331	0. 01284	0. 09558	0. 10527	0. 0000602
斯里兰卡	2017	0. 20164	0. 00331	0. 01342	0. 08633	0. 09832	0. 0002587
斯里兰卡	2018	0. 20698	0. 00631	0. 01751	0. 09044	0. 09236	0. 0003496
孟加拉国	2006	0. 07100	0. 01547	0. 00389	0. 00527	0. 04637	0. 0000000
孟加拉国	2007	0. 09456	0. 00748	0. 00389	0. 02702	0. 05616	0. 0000000
孟加拉国	2008	0. 10275	0. 01547	0. 00599	0. 03013	0. 05115	0. 0000001
孟加拉国	2009	0. 09010	0. 00707	0. 00599	0. 02763	0. 04941	0. 0000002
孟加拉国	2010	0. 10336	0. 01447	0. 00599	0. 02952	0. 05337	0. 0000002
孟加拉国	2011	0. 08889	0. 00707	0. 00355	0. 02836	0. 04992	0. 0000004
孟加拉国	2012	0. 10352	0. 00748	0. 00355	0. 04355	0. 04894	0. 0000006
孟加拉国	2013	0. 10153	0. 00748	0. 00355	0. 04254	0. 04796	0. 0000008
孟加拉国	2014	0. 09579	0. 00748	0. 00355	0. 03907	0. 04568	0. 0000011
孟加拉国	2015	0. 10493	0. 00748	0. 00355	0. 04524	0. 04866	0. 0000017

续表

国家	年份	ICMC	TN	TT	TC	TE	TI
孟加拉国	2016	0. 10055	0. 00748	0. 00337	0. 03804	0. 05164	0. 0000200
孟加拉国	2017	0. 09467	0. 00748	0. 00337	0. 03907	0. 04469	0. 0000553
孟加拉国	2018	0. 08858	0. 00748	0. 00337	0. 03393	0. 04370	0. 0000983
阿联酋	2006	0. 57015	0. 02646	0. 21354	0. 16686	0. 16326	0. 0000408
阿联酋	2007	0. 57374	0. 02646	0. 21354	0. 17122	0. 16246	0. 0000585
阿联酋	2008	0. 57589	0. 02646	0. 21354	0. 17537	0. 16045	0. 0000694
阿联酋	2009	0. 56985	0. 02646	0. 21354	0. 16669	0. 16308	0. 0000838
阿联酋	2010	0. 56509	0. 02646	0. 21354	0. 16589	0. 15912	0. 0000778
阿联酋	2011	0. 58167	0. 02646	0. 21354	0. 17319	0. 16838	0. 0001065
阿联酋	2012	0. 67117	0. 10888	0. 21354	0. 17725	0. 17131	0. 0002010
阿联酋	2013	0. 67830	0. 10888	0. 21354	0. 18434	0. 17131	0. 0002335
阿联酋	2014	0. 68218	0. 10888	0. 21354	0. 17572	0. 18373	0. 0003112
阿联酋	2015	0. 68531	0. 10888	0. 21354	0. 17469	0. 18770	0. 0004973
阿联酋	2016	0. 68769	0. 10888	0. 21354	0. 17778	0. 18671	0. 0007958
阿联酋	2017	0. 68491	0. 10888	0. 21354	0. 17469	0. 18671	0. 0010894
阿联酋	2018	0. 68614	0. 10888	0. 21354	0. 17675	0. 18572	0. 0012580
科威特	2006	0. 33291	0. 03195	0. 02387	0. 14705	0. 13000	0. 0000325
科威特	2007	0. 31752	0. 03195	0. 02387	0. 14632	0. 11533	0. 0000457
科威特	2008	0. 31549	0. 03195	0. 02387	0. 14529	0. 11433	0. 0000566
科威特	2009	0. 32258	0. 03195	0. 02387	0. 14215	0. 12453	0. 0000716
科威特	2010	0. 31782	0. 03195	0. 02387	0. 13739	0. 12453	0. 0000669
科威特	2011	0. 29605	0. 03195	0. 02387	0. 12559	0. 11453	0. 0000990
科威特	2012	0. 27109	0. 03195	0. 02387	0. 10939	0. 10572	0. 0001592
科威特	2013	0. 27409	0. 03195	0. 02387	0. 11040	0. 10768	0. 0001899
科威特	2014	0. 25926	0. 03195	0. 02387	0. 10688	0. 09633	0. 0002196
科威特	2015	0. 27227	0. 03195	0. 02387	0. 10791	0. 10825	0. 0002820
科威特	2016	0. 25619	0. 03195	0. 02387	0. 10072	0. 09931	0. 0003374
科威特	2017	0. 24411	0. 03195	0. 02387	0. 09353	0. 09435	0. 0004105
科威特	2018	0. 25203	0. 03195	0. 02387	0. 09455	0. 10130	0. 0003494
土耳其	2006	0. 29025	0. 03965	0. 00762	0. 12203	0. 12093	0. 0000221
土耳其	2007	0. 30567	0. 03965	0. 00904	0. 12558	0. 13137	0. 0000343

续表

国家	年份	ICMC	TN	TT	TC	TE	TI
土耳其	2008	0. 30675	0. 03965	0. 00904	0. 12765	0. 13037	0. 0000509
土耳其	2009	0. 30503	0. 03965	0. 00904	0. 12681	0. 12947	0. 0000588
土耳其	2010	0. 30320	0. 03965	0. 00888	0. 12315	0. 13145	0. 0000732
土耳其	2011	0. 30529	0. 03965	0. 00888	0. 12255	0. 13411	0. 0001003
土耳其	2012	0. 31450	0. 03965	0. 00888	0. 13167	0. 13411	0. 0001900
土耳其	2013	0. 30953	0. 03965	0. 00888	0. 12863	0. 13215	0. 0002238
土耳其	2014	0. 29881	0. 03965	0. 00888	0. 11099	0. 13904	0. 0002532
土耳其	2015	0. 28798	0. 03965	0. 00888	0. 11202	0. 12712	0. 0003082
土耳其	2016	0. 26821	0. 03965	0. 00939	0. 10586	0. 11222	0. 0011030
土耳其	2017	0. 26895	0. 03965	0. 00944	0. 10380	0. 11322	0. 0028415
土耳其	2018	0. 25769	0. 03965	0. 01266	0. 09147	0. 11024	0. 0036751
阿曼	2006	0. 34540	0. 02426	0. 04728	0. 14184	0. 13202	0. 0000030
阿曼	2007	0. 34013	0. 02426	0. 03924	0. 14425	0. 13238	0. 0000048
阿曼	2008	0. 35345	0. 02426	0. 03924	0. 15255	0. 13739	0. 0000098
阿曼	2009	0. 34208	0. 02426	0. 03924	0. 14317	0. 13540	0. 0000000
阿曼	2010	0. 33835	0. 02426	0. 03924	0. 13943	0. 13540	0. 0000173
阿曼	2011	0. 32241	0. 02426	0. 03924	0. 13066	0. 12824	0. 0000211
阿曼	2012	0. 32251	0. 02426	0. 03924	0. 13268	0. 12628	0. 0000514
阿曼	2013	0. 31785	0. 02426	0. 03555	0. 13268	0. 12530	0. 0000633
阿曼	2014	0. 32869	0. 02426	0. 03555	0. 13771	0. 13109	0. 0000844
阿曼	2015	0. 31080	0. 02426	0. 03555	0. 13668	0. 11421	0. 0000987
阿曼	2016	0. 32581	0. 02426	0. 03555	0. 13976	0. 12613	0. 0001084
阿曼	2017	0. 31767	0. 02426	0. 03555	0. 13360	0. 12414	0. 0001203
阿曼	2018	0. 31463	0. 02426	0. 03555	0. 13154	0. 12315	0. 0001329
沙特阿拉伯	2006	0. 26696	0. 02646	0. 03024	0. 10848	0. 10179	0. 0000038
沙特阿拉伯	2007	0. 27409	0. 02646	0. 03024	0. 11209	0. 10530	0. 0000054
沙特阿拉伯	2008	0. 28851	0. 02646	0. 03024	0. 12350	0. 10831	0. 0000067
沙特阿拉伯	2009	0. 28521	0. 02646	0. 03024	0. 12374	0. 10476	0. 0000089
沙特阿拉伯	2010	0. 29453	0. 02646	0. 03024	0. 12416	0. 11366	0. 0000111
沙特阿拉伯	2011	0. 25200	0. 02646	0. 03024	0. 10229	0. 09299	0. 0000173
沙特阿拉伯	2012	0. 42177	0. 14734	0. 03343	0. 12154	0. 11943	0. 0000342

续表

国家	年份	ICMC	TN	TT	TC	TE	TI
沙特阿拉伯	2013	0. 41242	0. 14734	0. 03343	0. 12458	0. 10703	0. 0000439
沙特阿拉伯	2014	0. 43680	0. 14734	0. 03793	0. 12435	0. 12712	0. 0000600
沙特阿拉伯	2015	0. 43281	0. 14734	0. 03793	0. 12332	0. 12414	0. 0000758
沙特阿拉伯	2016	0. 44827	0. 14734	0. 03612	0. 13462	0. 13010	0. 0000899
沙特阿拉伯	2017	0. 46692	0. 14734	0. 05259	0. 13873	0. 12811	0. 0001414
沙特阿拉伯	2018	0. 49774	0. 14734	0. 07846	0. 13873	0. 13308	0. 0001370
泰国	2006	0. 24030	0. 00748	0. 00723	0. 08450	0. 14109	0. 0000049
泰国	2007	0. 23733	0. 00748	0. 00723	0. 08823	0. 13438	0. 0000061
泰国	2008	0. 23315	0. 01547	0. 00723	0. 08408	0. 12636	0. 0000078
泰国	2009	0. 24835	0. 01547	0. 00723	0. 09716	0. 12848	0. 0000084
泰国	2010	0. 24591	0. 01547	0. 00723	0. 09669	0. 12651	0. 0000104
泰国	2011	0. 24727	0. 01547	0. 00723	0. 09926	0. 12530	0. 0000128
泰国	2012	0. 24019	0. 01547	0. 00723	0. 09217	0. 12530	0. 0000262
泰国	2013	0. 24621	0. 01547	0. 00723	0. 09622	0. 12726	0. 0000330
泰国	2014	0. 23801	0. 01547	0. 00723	0. 08120	0. 13407	0. 0000440
泰国	2015	0. 23491	0. 01547	0. 00723	0. 07709	0. 13507	0. 0000588
泰国	2016	0. 24735	0. 01547	0. 00731	0. 08839	0. 13606	0. 0001242
泰国	2017	0. 24973	0. 01547	0. 00731	0. 08942	0. 13705	0. 0004902
泰国	2018	0. 24737	0. 01547	0. 00873	0. 08531	0. 13705	0. 0008086
印度尼西亚	2006	0. 13288	0. 00254	0. 00191	0. 04176	0. 08667	0. 0000005
印度尼西亚	2007	0. 16837	0. 00254	0. 00716	0. 06541	0. 09327	0. 0000006
印度尼西亚	2008	0. 17456	0. 00254	0. 00716	0. 07059	0. 09427	0. 0000008
印度尼西亚	2009	0. 14754	0. 00254	0. 00716	0. 04297	0. 09488	0. 0000011
印度尼西亚	2010	0. 15629	0. 00237	0. 00716	0. 05089	0. 09587	0. 0000014
印度尼西亚	2011	0. 15596	0. 00220	0. 00716	0. 05165	0. 09495	0. 0000021
印度尼西亚	2012	0. 16583	0. 00059	0. 00742	0. 06482	0. 09299	0. 0000045
印度尼西亚	2013	0. 17279	0. 00059	0. 00742	0. 06786	0. 09691	0. 0000066
印度尼西亚	2014	0. 18837	0. 00059	0. 00764	0. 06990	0. 11024	0. 0000100
印度尼西亚	2015	0. 18513	0. 00204	0. 00849	0. 08222	0. 09236	0. 0000150
印度尼西亚	2016	0. 20825	0. 00423	0. 00914	0. 08736	0. 10726	0. 0002596
印度尼西亚	2017	0. 22816	0. 00423	0. 00991	0. 10072	0. 11222	0. 0010857

续表

国家	年份	ICMC	TN	TT	TC	TE	TI
印度尼西亚	2018	0. 23324	0. 00448	0. 00991	0. 09661	0. 12116	0. 0010877
菲律宾	2006	0. 16449	0. 00311	0. 01071	0. 04384	0. 10683	0. 0000027
菲律宾	2007	0. 18245	0. 00331	0. 01071	0. 05711	0. 11132	0. 0000033
菲律宾	2008	0. 18127	0. 00331	0. 01071	0. 05192	0. 11533	0. 0000039
菲律宾	2009	0. 17682	0. 00331	0. 01071	0. 05012	0. 11267	0. 0000045
菲律宾	2010	0. 17651	0. 00331	0. 01071	0. 04784	0. 11465	0. 0000043
菲律宾	2011	0. 19314	0. 00331	0. 01071	0. 05773	0. 12138	0. 0000060
菲律宾	2012	0. 20749	0. 00331	0. 01084	0. 07292	0. 12040	0. 0000100
菲律宾	2013	0. 22972	0. 00631	0. 01084	0. 09115	0. 12139	0. 0000106
菲律宾	2014	0. 22658	0. 00631	0. 01084	0. 08428	0. 12513	0. 0000137
菲律宾	2015	0. 21776	0. 00631	0. 01099	0. 08325	0. 11719	0. 0000178
菲律宾	2016	0. 20269	0. 00998	0. 01138	0. 07503	0. 10626	0. 0000344
菲律宾	2017	0. 21679	0. 01657	0. 01166	0. 08222	0. 10626	0. 0000745
菲律宾	2018	0. 22495	0. 02900	0. 01174	0. 07092	0. 11322	0. 0000787
印度	2006	0. 21658	0. 00145	0. 00723	0. 09805	0. 10985	0. 0000006
印度	2007	0. 20971	0. 00131	0. 00698	0. 08408	0. 11733	0. 0000008
印度	2008	0. 21299	0. 00131	0. 00698	0. 09238	0. 11232	0. 0000010
印度	2009	0. 20473	0. 00131	0. 00698	0. 08080	0. 11564	0. 0000013
印度	2010	0. 20622	0. 00173	0. 00746	0. 08040	0. 11662	0. 0000014
印度	2011	0. 20161	0. 00748	0. 00762	0. 07394	0. 11257	0. 0000019
印度	2012	0. 19238	0. 00748	0. 00808	0. 07698	0. 09984	0. 0000038
印度	2013	0. 18725	0. 00472	0. 00766	0. 07698	0. 09789	0. 0000052
印度	2014	0. 19211	0. 00472	0. 00766	0. 08736	0. 09236	0. 0000072
印度	2015	0. 22112	0. 00472	0. 00766	0. 09353	0. 11520	0. 0000099
印度	2016	0. 22917	0. 00744	0. 00774	0. 09969	0. 11427	0. 0000325
印度	2017	0. 25416	0. 02670	0. 00942	0. 10175	0. 11620	0. 0001044
印度	2018	0. 27402	0. 03215	0. 00682	0. 10380	0. 13109	0. 0001592
也门	2006	0. 10018	0. 00398	0. 00786	0. 04801	0. 04032	0. 0000000
也门	2007	0. 09362	0. 00398	0. 00786	0. 04466	0. 03711	0. 0000001
也门	2008	0. 09365	0. 00398	0. 00786	0. 04570	0. 03611	0. 0000002
也门	2009	0. 06619	0. 00398	0. 00786	0. 02865	0. 02569	0. 0000002

续表

国家	年份	ICMC	TN	TT	TC	TE	TI
也门	2010	0.05781	0.00398	0.00786	0.01731	0.02866	0.0000002
也门	2011	0.04748	0.00398	0.00786	0.01215	0.02348	0.0000002
也门	2012	0.04468	0.00398	0.00786	0.01621	0.01663	0.0000004
也门	2013	0.05157	0.00398	0.00786	0.01722	0.02250	0.0000008
也门	2014	0.02684	0.00398	0.00786	0.00208	0.01291	0.0000012
也门	2015	0.02195	0.00398	0.00786	0.00414	0.00596	0.0000012
也门	2016	0.01588	0.00398	0.00786	0.00106	0.00298	0.0000012
也门	2017	0.01489	0.00398	0.00786	0.00106	0.00199	0.0000029
也门	2018	0.01188	0.00398	0.00786	0.00003	0.00000	0.0000032
苏丹	2006	0.05626	0.00448	0.01182	0.01778	0.02218	0.0000000
苏丹	2007	0.05273	0.00448	0.01182	0.00835	0.02809	0.0000000
苏丹	2008	0.03762	0.00448	0.01182	0.00627	0.01505	0.0000000
苏丹	2009	0.05060	0.00448	0.01182	0.02047	0.01383	0.0000000
苏丹	2010	0.04747	0.00448	0.01182	0.01833	0.01284	0.0000001
苏丹	2011	0.04427	0.00448	0.01182	0.01722	0.01075	0.0000002
苏丹	2012	0.02803	0.00448	0.01182	0.00000	0.01173	0.0000003
苏丹	2013	0.02611	0.00448	0.01182	0.00101	0.00880	0.0000002
苏丹	2014	0.03139	0.00448	0.01182	0.00517	0.00993	0.0000005
苏丹	2015	0.03338	0.00448	0.01182	0.00517	0.01192	0.0000006
苏丹	2016	0.03342	0.00448	0.01182	0.00619	0.01092	0.0000011
苏丹	2017	0.03537	0.00448	0.01182	0.00517	0.01390	0.0000016
苏丹	2018	0.03455	0.00448	0.01182	0.01030	0.00795	0.0000038
南非	2006	0.32508	0.03195	0.00490	0.14913	0.13907	0.0000190
南非	2007	0.32039	0.03545	0.01064	0.13388	0.14040	0.0000251
南非	2008	0.33068	0.04477	0.01064	0.13284	0.14240	0.0000301
南非	2009	0.32676	0.04477	0.01064	0.13295	0.13837	0.0000332
南非	2010	0.32307	0.04477	0.01057	0.13129	0.13639	0.0000441
南非	2011	0.32139	0.05118	0.01051	0.12357	0.13607	0.0000698
南非	2012	0.30946	0.05118	0.01051	0.11648	0.13117	0.0001210
南非	2013	0.32465	0.05943	0.01051	0.11850	0.13607	0.0001468
南非	2014	0.32029	0.05943	0.01051	0.11510	0.13507	0.0001881

续表

国家	年份	ICMC	TN	TT	TC	TE	TI
南非	2015	0. 32521	0. 05943	0. 01018	0. 12229	0. 13308	0. 0002312
南非	2016	0. 33249	0. 05943	0. 00976	0. 12846	0. 13407	0. 0007779
南非	2017	0. 33146	0. 05943	0. 00976	0. 11921	0. 13507	0. 0079948
南非	2018	0. 33568	0. 05943	0. 00976	0. 12024	0. 13606	0. 0102020
塞舌尔	2006	0. 282639	0. 01059	0. 03153	0. 12620	0. 11388	0. 0004409
塞舌尔	2007	0. 284589	0. 01059	0. 03153	0. 12869	0. 11332	0. 0004586
塞舌尔	2008	0. 304282	0. 01059	0. 03153	0. 14321	0. 11834	0. 0006142
塞舌尔	2009	0. 310018	0. 00998	0. 03153	0. 14726	0. 12058	0. 0006701
塞舌尔	2010	0. 317648	0. 00998	0. 03153	0. 14859	0. 12750	0. 0000567
塞舌尔	2011	0. 321303	0. 01356	0. 03153	0. 14686	0. 12922	0. 0001357
塞舌尔	2012	0. 320144	0. 00941	0. 03153	0. 14686	0. 13215	0. 0001920
塞舌尔	2013	0. 315566	0. 00941	0. 02688	0. 14585	0. 13313	0. 0003016
塞舌尔	2014	0. 318583	0. 00941	0. 02792	0. 14387	0. 13705	0. 0003341
塞舌尔	2015	0. 343623	0. 00941	0. 02792	0. 16442	0. 14102	0. 0008530
塞舌尔	2016	0. 364965	0. 00941	0. 02792	0. 16236	0. 13904	0. 0262354
塞舌尔	2017	0. 464161	0. 00941	0. 02792	0. 15723	0. 13805	0. 1315623
塞舌尔	2018	0. 567648	0. 00941	0. 02792	0. 16031	0. 14599	0. 2240216
莫桑比克	2006	0. 14492	0. 00597	0. 00868	0. 06678	0. 06350	0. 0000002
莫桑比克	2007	0. 16260	0. 00597	0. 00868	0. 07474	0. 07321	0. 0000002
莫桑比克	2008	0. 16976	0. 00597	0. 00868	0. 07889	0. 07622	0. 0000002
莫桑比克	2009	0. 17462	0. 00597	0. 00868	0. 08387	0. 07610	0. 0000003
莫桑比克	2010	0. 16831	0. 00597	0. 00868	0. 08447	0. 06918	0. 0000006
莫桑比克	2011	0. 15636	0. 00597	0. 00868	0. 08103	0. 06068	0. 0000011
莫桑比克	2012	0. 15018	0. 00597	0. 00868	0. 07191	0. 06362	0. 0000015
莫桑比克	2013	0. 15015	0. 00597	0. 00868	0. 07090	0. 06460	0. 0000020
莫桑比克	2014	0. 12464	0. 00597	0. 00936	0. 06065	0. 04866	0. 0000029
莫桑比克	2015	0. 11338	0. 00597	0. 01037	0. 05036	0. 04668	0. 0000041
莫桑比克	2016	0. 09007	0. 00597	0. 01037	0. 03599	0. 03774	0. 0000048
莫桑比克	2017	0. 09114	0. 00597	0. 01037	0. 03804	0. 03675	0. 0000066
莫桑比克	2018	0. 10145	0. 00597	0. 01037	0. 04935	0. 03575	0. 0000100
埃塞俄比亚	2006	0. 14216	0. 00941	0. 00964	0. 06365	0. 05947	0. 0000000

续表

国家	年份	ICMC	TN	TT	TC	TE	TI
埃塞俄比亚	2007	0. 16552	0. 00941	0. 01051	0. 06437	0. 08123	0. 0000000
埃塞俄比亚	2008	0. 16638	0. 00941	0. 01051	0. 06022	0. 08625	0. 0000000
埃塞俄比亚	2009	0. 15319	0. 00941	0. 01051	0. 05421	0. 07907	0. 0000001
埃塞俄比亚	2010	0. 16095	0. 00941	0. 01051	0. 05802	0. 08302	0. 0000000
埃塞俄比亚	2011	0. 15892	0. 00941	0. 01051	0. 05874	0. 08026	0. 0000000
埃塞俄比亚	2012	0. 16534	0. 00941	0. 00588	0. 06685	0. 08320	0. 0000002
埃塞俄比亚	2013	0. 15987	0. 00941	0. 00588	0. 07900	0. 06558	0. 0000002
埃塞俄比亚	2014	0. 17597	0. 00941	0. 00588	0. 08222	0. 07846	0. 0000003
埃塞俄比亚	2015	0. 16118	0. 00941	0. 00588	0. 08531	0. 06058	0. 0000003
埃塞俄比亚	2016	0. 15714	0. 00941	0. 00588	0. 08325	0. 05859	0. 0000003
埃塞俄比亚	2017	0. 13282	0. 00941	0. 00588	0. 06887	0. 04866	0. 0000006
埃塞俄比亚	2018	0. 15316	0. 00941	0. 00605	0. 07811	0. 05959	0. 0000012
肯尼亚	2006	0. 11087	0. 00448	0. 00325	0. 03863	0. 06450	0. 0000004
肯尼亚	2007	0. 11961	0. 00475	0. 00325	0. 03740	0. 07421	0. 0000007
肯尼亚	2008	0. 10650	0. 00475	0. 00345	0. 02910	0. 06920	0. 0000009
肯尼亚	2009	0. 10314	0. 00475	0. 00345	0. 03070	0. 06424	0. 0000011
肯尼亚	2010	0. 12136	0. 00475	0. 00381	0. 03868	0. 07412	0. 0000013
肯尼亚	2011	0. 11746	0. 00475	0. 00381	0. 03646	0. 07243	0. 0000019
肯尼亚	2012	0. 10725	0. 00475	0. 00477	0. 02431	0. 07341	0. 0000044
肯尼亚	2013	0. 11894	0. 00475	0. 00552	0. 02937	0. 07929	0. 0000059
肯尼亚	2014	0. 13874	0. 00888	0. 00955	0. 03291	0. 08740	0. 0000083
肯尼亚	2015	0. 13460	0. 00888	0. 00955	0. 02777	0. 08839	0. 0000110
肯尼亚	2016	0. 13643	0. 00838	0. 01067	0. 03393	0. 08342	0. 0000163
肯尼亚	2017	0. 13594	0. 01124	0. 01139	0. 03085	0. 08243	0. 0000310
肯尼亚	2018	0. 13724	0. 00668	0. 01186	0. 03907	0. 07945	0. 0001842
津巴布韦	2006	0. 03596	0. 00204	0. 00941	0. 00736	0. 01715	0. 0000002
津巴布韦	2007	0. 03103	0. 00220	0. 00754	0. 00524	0. 01605	0. 0000003
津巴布韦	2008	0. 02308	0. 00220	0. 00754	0. 00731	0. 00603	0. 0000004
津巴布韦	2009	0. 02030	0. 00220	0. 00701	0. 00615	0. 00494	0. 0000005
津巴布韦	2010	0. 02268	0. 00254	0. 00812	0. 00510	0. 00691	0. 0000004
津巴布韦	2011	0. 02645	0. 00254	0. 00812	0. 00405	0. 01173	0. 0000008

续表

国家	年份	ICMC	TN	TT	TC	TE	TI
津巴布韦	2012	0.02841	0.00254	0.00812	0.00405	0.01369	0.0000030
津巴布韦	2013	0.03432	0.00254	0.00812	0.00506	0.01859	0.0000041
津巴布韦	2014	0.04176	0.00254	0.00812	0.00825	0.02284	0.0000067
津巴布韦	2015	0.04687	0.00254	0.00812	0.01236	0.02384	0.0000099
津巴布韦	2016	0.05105	0.00254	0.00812	0.01852	0.02185	0.0000117
津巴布韦	2017	0.05106	0.00254	0.00812	0.01852	0.02185	0.0000259
津巴布韦	2018	0.05111	0.00254	0.00812	0.01955	0.02086	0.0000395
阿尔及利亚	2006	0.16225	0.00533	0.00316	0.07616	0.07760	0.0000002
阿尔及利亚	2007	0.15157	0.01059	0.00316	0.07163	0.06619	0.0000002
阿尔及利亚	2008	0.14545	0.01059	0.00316	0.06852	0.06318	0.0000004
阿尔及利亚	2009	0.15544	0.01059	0.00316	0.06955	0.07215	0.0000005
阿尔及利亚	2010	0.16914	0.01059	0.00316	0.07633	0.07907	0.0000003
阿尔及利亚	2011	0.16008	0.01059	0.00316	0.07292	0.07341	0.0000004
阿尔及利亚	2012	0.16319	0.01059	0.00316	0.07799	0.07145	0.0000010
阿尔及利亚	2013	0.16724	0.01059	0.00316	0.08204	0.07145	0.0000015
阿尔及利亚	2014	0.15305	0.01059	0.00414	0.06681	0.07151	0.0000020
阿尔及利亚	2015	0.14891	0.01059	0.00414	0.06168	0.07250	0.0000032
阿尔及利亚	2016	0.14785	0.01059	0.00719	0.05757	0.07250	0.0000065
阿尔及利亚	2017	0.14310	0.01059	0.00719	0.06270	0.06257	0.0000537
阿尔及利亚	2018	0.15191	0.01059	0.00719	0.05859	0.07548	0.0000573
坦桑尼亚	2006	0.20066	0.00331	0.01249	0.10222	0.08264	0.0000000
坦桑尼亚	2007	0.19937	0.00311	0.01249	0.09653	0.08725	0.0000001
坦桑尼亚	2008	0.17586	0.00311	0.01249	0.08304	0.07722	0.0000002
坦桑尼亚	2009	0.16660	0.00311	0.01249	0.08182	0.06918	0.0000002
坦桑尼亚	2010	0.15509	0.00311	0.01249	0.07328	0.06622	0.0000004
坦桑尼亚	2011	0.14518	0.00311	0.01249	0.06989	0.05971	0.0000005
坦桑尼亚	2012	0.12601	0.00311	0.01249	0.05267	0.05775	0.0000008
坦桑尼亚	2013	0.11691	0.00311	0.01143	0.04659	0.05579	0.0000014
坦桑尼亚	2014	0.12071	0.00291	0.01174	0.05243	0.05363	0.0000020
坦桑尼亚	2015	0.13559	0.00291	0.01158	0.05654	0.06455	0.0000028
坦桑尼亚	2016	0.15640	0.00220	0.01071	0.07298	0.07051	0.0000048

续表

国家	年份	ICMC	TN	TT	TC	TE	TI
坦桑尼亚	2017	0. 15305	0. 00118	0. 00994	0. 08531	0. 05661	0. 0000192
坦桑尼亚	2018	0. 13607	0. 00118	0. 00994	0. 08222	0. 04270	0. 0000231
摩洛哥	2006	0. 20185	0. 00998	0. 00465	0. 08241	0. 10481	0. 0000007
摩洛哥	2007	0. 21234	0. 00998	0. 00465	0. 09342	0. 10430	0. 0000009
摩洛哥	2008	0. 20110	0. 00998	0. 00465	0. 08719	0. 09928	0. 0000012
摩洛哥	2009	0. 21352	0. 00998	0. 00465	0. 09511	0. 10377	0. 0000016
摩洛哥	2010	0. 22835	0. 00998	0. 00465	0. 11093	0. 10279	0. 0000013
摩洛哥	2011	0. 21691	0. 02064	0. 00830	0. 08812	0. 09984	0. 0000020
摩洛哥	2012	0. 21968	0. 02064	0. 00830	0. 08305	0. 10768	0. 0000029
摩洛哥	2013	0. 28179	0. 07042	0. 00859	0. 09217	0. 11061	0. 0000046
摩洛哥	2014	0. 28712	0. 07042	0. 00859	0. 10483	0. 10329	0. 0000061
摩洛哥	2015	0. 29437	0. 07042	0. 00970	0. 10997	0. 10428	0. 0000080
摩洛哥	2016	0. 29448	0. 07042	0. 00970	0. 11305	0. 10130	0. 0000207
摩洛哥	2017	0. 28712	0. 07042	0. 01414	0. 10997	0. 09236	0. 0002410
摩洛哥	2018	0. 27984	0. 07042	0. 01414	0. 09969	0. 09534	0. 0002507
马达加斯加	2006	0. 19628	0. 01124	0. 00594	0. 11056	0. 06854	0. 0000001
马达加斯加	2007	0. 20675	0. 01124	0. 00830	0. 10898	0. 07823	0. 0000002
马达加斯加	2008	0. 18419	0. 01195	0. 00830	0. 10275	0. 06118	0. 0000002
马达加斯加	2009	0. 16240	0. 01356	0. 01031	0. 09307	0. 04546	0. 0000003
马达加斯加	2010	0. 14395	0. 01356	0. 01031	0. 08549	0. 03459	0. 0000002
马达加斯加	2011	0. 13526	0. 01356	0. 01031	0. 08204	0. 02936	0. 0000003
马达加斯加	2012	0. 11200	0. 01356	0. 01031	0. 05976	0. 02838	0. 0000006
马达加斯加	2013	0. 10017	0. 01356	0. 01158	0. 04862	0. 02642	0. 0000006
马达加斯加	2014	0. 08623	0. 01356	0. 01158	0. 04421	0. 01688	0. 0000010
马达加斯加	2015	0. 08315	0. 01356	0. 01158	0. 04113	0. 01688	0. 0000014
马达加斯加	2016	0. 07890	0. 01356	0. 01158	0. 03291	0. 02086	0. 0000026
马达加斯加	2017	0. 07572	0. 01356	0. 01158	0. 02674	0. 02384	0. 0000042
马达加斯加	2018	0. 07682	0. 01356	0. 01158	0. 02983	0. 02185	0. 0000049
突尼斯	2006	0. 27908	0. 01447	0. 00694	0. 10952	0. 14814	0. 0000050
突尼斯	2007	0. 26475	0. 01447	0. 00708	0. 10379	0. 13940	0. 0000075
突尼斯	2008	0. 25847	0. 01447	0. 00878	0. 09964	0. 13557	0. 0000090

续表

国家	年份	ICMC	TN	TT	TC	TE	TI
突尼斯	2009	0. 26608	0. 01447	0. 00878	0. 10841	0. 13441	0. 0000105
突尼斯	2010	0. 29785	0. 05118	0. 01542	0. 10177	0. 12947	0. 0000053
突尼斯	2011	0. 29866	0. 05118	0. 01542	0. 11850	0. 11355	0. 0000065
突尼斯	2012	0. 29870	0. 05118	0. 01542	0. 11951	0. 11257	0. 0000091
突尼斯	2013	0. 29283	0. 05118	0. 01542	0. 11951	0. 10670	0. 0000132
突尼斯	2014	0. 28210	0. 05118	0. 01542	0. 11716	0. 09832	0. 0000172
突尼斯	2015	0. 28408	0. 05118	0. 01542	0. 11716	0. 10031	0. 0000162
突尼斯	2016	0. 26908	0. 05118	0. 01542	0. 11202	0. 09037	0. 0000784
突尼斯	2017	0. 27658	0. 04477	0. 01529	0. 11305	0. 10329	0. 0001817
突尼斯	2018	0. 28437	0. 05118	0. 01542	0. 11818	0. 09931	0. 0002681
埃及	2006	0. 13227	0. 00475	0. 00177	0. 05218	0. 07357	0. 0000006
埃及	2007	0. 14547	0. 00631	0. 00105	0. 04984	0. 08825	0. 0000007
埃及	2008	0. 14752	0. 00941	0. 00105	0. 04881	0. 08825	0. 0000008
埃及	2009	0. 18476	0. 00941	0. 00281	0. 07569	0. 09686	0. 0000012
埃及	2010	0. 16291	0. 00941	0. 00340	0. 06412	0. 08598	0. 0000021
埃及	2011	0. 13693	0. 00941	0. 00340	0. 05267	0. 07145	0. 0000025
埃及	2012	0. 12929	0. 00941	0. 00402	0. 06887	0. 04698	0. 0000043
埃及	2013	0. 12135	0. 00941	0. 00402	0. 06583	0. 04208	0. 0000054
埃及	2014	0. 11789	0. 00941	0. 00402	0. 06373	0. 04072	0. 0000068
埃及	2015	0. 12186	0. 00941	0. 00402	0. 06373	0. 04469	0. 0000089
埃及	2016	0. 13481	0. 00941	0. 00402	0. 06476	0. 05661	0. 0000125
埃及	2017	0. 14397	0. 00941	0. 00402	0. 07092	0. 05959	0. 0000307
埃及	2018	0. 13976	0. 00941	0. 00402	0. 06373	0. 06257	0. 0000298
阿尔巴尼亚	2006	0. 12805	0. 00398	0. 00453	0. 04697	0. 07257	0. 0000014
阿尔巴尼亚	2007	0. 15394	0. 00398	0. 00453	0. 05918	0. 08625	0. 0000023
阿尔巴尼亚	2008	0. 16826	0. 00398	0. 00445	0. 06956	0. 09026	0. 0000043
阿尔巴尼亚	2009	0. 17993	0. 00398	0. 00445	0. 07364	0. 09784	0. 0000064
阿尔巴尼亚	2010	0. 17484	0. 00398	0. 00461	0. 07532	0. 09093	0. 0000035
阿尔巴尼亚	2011	0. 16097	0. 00398	0. 00440	0. 05469	0. 09789	0. 0000070
阿尔巴尼亚	2012	0. 16034	0. 00398	0. 00467	0. 05672	0. 09495	0. 0000216
阿尔巴尼亚	2013	0. 15788	0. 00448	0. 00467	0. 05571	0. 09299	0. 0000302

续表

国家	年份	ICMC	TN	TT	TC	TE	TI
阿尔巴尼亚	2014	0. 18602	0. 00707	0. 00467	0. 07195	0. 10229	0. 0000443
阿尔巴尼亚	2015	0. 20220	0. 00707	0. 00467	0. 08017	0. 11024	0. 0000580
阿尔巴尼亚	2016	0. 20832	0. 00707	0. 00758	0. 08531	0. 10825	0. 0001226
阿尔巴尼亚	2017	0. 21723	0. 00668	0. 00758	0. 08839	0. 11421	0. 0003756
阿尔巴尼亚	2018	0. 20598	0. 00668	0. 00770	0. 07298	0. 11818	0. 0004460
克罗地亚	2006	0. 28397	0. 00503	0. 01064	0. 12516	0. 14310	0. 0000410
克罗地亚	2007	0. 28064	0. 00503	0. 01064	0. 12350	0. 14140	0. 0000638
克罗地亚	2008	0. 28707	0. 00748	0. 01064	0. 12246	0. 14641	0. 0000780
克罗地亚	2009	0. 28520	0. 00748	0. 01064	0. 12170	0. 14529	0. 0000990
克罗地亚	2010	0. 28932	0. 00707	0. 01064	0. 12722	0. 14430	0. 0000999
克罗地亚	2011	0. 28633	0. 00707	0. 01064	0. 12458	0. 14390	0. 0001464
克罗地亚	2012	0. 29236	0. 00707	0. 01064	0. 12559	0. 14880	0. 0002654
克罗地亚	2013	0. 30105	0. 01356	0. 01064	0. 13066	0. 14586	0. 0003365
克罗地亚	2014	0. 30434	0. 01356	0. 00988	0. 13051	0. 14996	0. 0004244
克罗地亚	2015	0. 30669	0. 01356	0. 01000	0. 13462	0. 14798	0. 0005389
克罗地亚	2016	0. 29269	0. 00668	0. 01000	0. 13154	0. 14301	0. 0014620
克罗地亚	2017	0. 30549	0. 00668	0. 01000	0. 12846	0. 14798	0. 0123838
克罗地亚	2018	0. 32695	0. 03195	0. 01000	0. 12640	0. 14202	0. 0165774
葡萄牙	2006	0. 39810	0. 05943	0. 00531	0. 17207	0. 16124	0. 0000557
葡萄牙	2007	0. 39957	0. 05943	0. 00531	0. 17330	0. 16146	0. 0000738
葡萄牙	2008	0. 40765	0. 05943	0. 00531	0. 17433	0. 16848	0. 0000983
葡萄牙	2009	0. 41071	0. 05943	0. 00531	0. 17487	0. 17098	0. 0001162
葡萄牙	2010	0. 39753	0. 05118	0. 00611	0. 17505	0. 16505	0. 0001377
葡萄牙	2011	0. 39599	0. 05118	0. 00684	0. 17725	0. 16054	0. 0001812
葡萄牙	2012	0. 39588	0. 05118	0. 00684	0. 17016	0. 16740	0. 0003037
葡萄牙	2013	0. 40376	0. 05118	0. 00684	0. 17016	0. 17523	0. 0003583
葡萄牙	2014	0. 38988	0. 05118	0. 00684	0. 16853	0. 16287	0. 0004540
葡萄牙	2015	0. 40512	0. 05118	0. 00684	0. 16956	0. 17678	0. 0007641
葡萄牙	2016	0. 40730	0. 05118	0. 00808	0. 16956	0. 17578	0. 0026961
葡萄牙	2017	0. 42017	0. 05118	0. 00808	0. 17058	0. 17976	0. 0105669
葡萄牙	2018	0. 42014	0. 05118	0. 00808	0. 16956	0. 17777	0. 0135447

续表

国家	年份	ICMC	TN	TT	TC	TE	TI
意大利	2006	0. 31575	0. 02646	0. 00503	0. 15018	0. 13403	0. 0000455
意大利	2007	0. 29708	0. 02646	0. 00503	0. 14217	0. 12335	0. 0000628
意大利	2008	0. 29949	0. 02646	0. 00567	0. 13491	0. 13238	0. 0000800
意大利	2009	0. 30360	0. 02646	0. 00567	0. 13499	0. 13639	0. 0000944
意大利	2010	0. 30072	0. 02646	0. 00651	0. 13027	0. 13738	0. 0001077
意大利	2011	0. 30191	0. 02646	0. 00651	0. 13369	0. 13509	0. 0001614
意大利	2012	0. 29897	0. 02900	0. 00705	0. 12660	0. 13607	0. 0002571
意大利	2013	0. 29998	0. 02900	0. 00705	0. 12559	0. 13803	0. 0003179
意大利	2014	0. 29468	0. 02900	0. 00705	0. 11818	0. 14003	0. 0004180
意大利	2015	0. 29732	0. 02646	0. 00705	0. 12127	0. 14202	0. 0005324
意大利	2016	0. 30913	0. 02646	0. 00821	0. 12538	0. 14798	0. 0011064
意大利	2017	0. 31383	0. 02646	0. 00830	0. 12949	0. 14301	0. 0065650
意大利	2018	0. 31570	0. 02646	0. 00830	0. 13051	0. 14003	0. 0103916

参考文献

[1] [美] 阿姆斯特朗，赖纳著，林宝法译．美国海洋管理 [M]．北京：海洋出版社，1986.

[2] 蔡明．中国海事行政管理体制创新研究 [D]．上海：华东政法大学，2010.

[3] 蔡宁，王节祥，杨大鹏．产业融合背景下平台包络战略选择与竞争优势构建——基于浙报传媒的案例研究 [J]．中国工业经济，2015 (5)：96－109.

[4] 蔡婷，侯方淼．中国对“海上丝绸之路”沿线国家出口贸易实证分析——以林产品为例 [J]．北京林业大学学报（社会科学版），2017，3 (16)：50－55.

[5] 蔡垚．中英两国海事调查的比较与建议 [J]．航海技术，2007 (6)：65－67.

[6] 常翔，王维，冯志伟．泰国国家发展规划的发展历程与解读 [J]．东南亚纵横，2017 (5)：24－31.

[7] 陈成．纵观国外港口管理体制 [N]．中国水运报，2002－11－08.

[8] 陈峰，蒋日进，朱文斌．巴基斯坦海洋渔业现状与合作开发对策分析 [J]．海洋开发与管理，2016，33 (12)：13－18.

[9] 陈高，胡迎东．“一带一路”倡议下中国与沿线国家经济融合研究 [J]．统计与决策，2019，35 (21)：135－138.

[10] 陈华，张梅玲．包容性增长：理论、演进及中国的路径选择 [J]．管理现代化，2011 (1)：44－46.

[11] 陈继勇，卢世杰．“21 世纪海上丝绸之路”沿线国家贸易竞争

性测度及影响因素 [J]. 经济与管理研究, 2017, 11 (38): 3 - 14.

[12] 陈健生, 李文宇, 刘洪铎. 区域竞争、本地市场效应与产业集聚——一个包含政府部门的新经济地理分析 [J]. 产业经济研究, 2015 (1): 83 - 92.

[13] 陈升. 东道国清廉水平对中国对外直接投资的影响——基于"一带一路"沿线 54 个国家的实证研究 [J]. 经济问题探索, 2020 (10): 146 - 157.

[14] 陈万灵. 海上丝绸之路的各方博弈及其经贸定位 [J]. 改革, 2014 (3): 74 - 83.

[15] 陈伟. 中国农业对外直接投资影响因素研究 [J]. 华东经济管理, 2014, 28 (3): 45 - 50.

[16] 陈伟光. 论 21 世纪海上丝绸之路合作机制的联动 [J]. 国际经贸探索, 2015 (3): 72 - 82.

[17] 陈钊, 熊瑞祥. 比较优势与产业政策效果——来自出口加工区准实验的证据 [J]. 管理世界, 2015 (8): 67 - 80.

[18] 陈志国, 宋鹏飞. 中国对外直接投资经济效应的研究综述及展望 [J]. 河北大学学报 (哲学社会科学版), 2015, 40 (1): 81 - 85.

[19] 程晓勇. "一带一路"背景下中国与东南亚国家海洋非传统安全合作 [J]. 东南亚研究, 2018 (1): 99 - 114.

[20] 程晓勇. 东亚海洋非传统安全问题及其治理 [J]. 当代世界与社会主义, 2018 (2): 147 - 155.

[21] 程允杰. 粤港澳大湾区背景下广州港港口竞争力研究 [D]. 广州: 华南理工大学, 2019.

[22] 崔晓静, 熊昕. 中国与"一带一路"国家税收征管合作的完善与创新 [J]. 学术论坛, 2019, 42 (4): 61 - 71.

[23] 代谦, 李唐. 比较优势与落后国家的二元技术进步: 以近代中国产业发展为例 [J]. 经济研究, 2009 (3): 125 - 137.

[24] 邓向荣, 曹红. 产业升级路径选择: 遵循抑或偏离比较优势——基于产品空间结构的实证分析 [J]. 中国工业经济, 2016 (2): 52 - 67.

[25] 丁莉. 以港口为战略支点，书写21世纪海上丝绸之路建设新篇章 [J]. 中国港口，2018 (7)：1-4.

[26] 杜军，鄢波. 港口基础设施建设对中国—东盟贸易的影响路径与作用机理——来自水产品贸易的经验证据 [J]. 中国流通经济，2016，30 (6)：26-33.

[27] 杜志雄，肖卫东，詹琳. 包容性增长理论的脉络、要义与政策内涵 [J]. 中国农村经济，2010 (11)：4-14.

[28] 费春蕾. 不同投资模式下的中国企业投资海外港口运营效率评价研究 [D]. 大连：大连海事大学，2017.

[29] 刚晓丹，韩增林，彭飞，李杨. 陆海统筹背景下的沿海地区经济系统脆弱性空间分异研究 [J]. 海洋开发与管理，2016，33 (4)：19-26.

[30] 公丕萍，宋周莺，刘卫东. 中国与“一带一路”沿线国家贸易的商品格局 [J]. 地理科学进展，2015 (5)：571-580.

[31] 广东海事局. 为建设和谐广东提供卓越的海事服务 [N]. 南方日报，2006-05-01.

[32] 广东海洋大学东盟研究院. 2015 中国—东盟研究蓝皮书：21世纪海上丝绸之路上的中国与东盟 [M]. 北京：中国经济出版社，2016.

[33] 郭敏. 中国与21世纪海上丝绸之路沿线国家的贸易与海运能力研究 [D]. 广州：暨南大学，2017.

[34] 郭琦. 长江三角洲港口竞争力研究 [D]. 曲阜：曲阜师范大学，2019.

[35] 郭清水. 中国参与东盟主导的地区机制的利益分析 [J]. 世界经济与政治，2004 (9)：53-59.

[36] 郭庆海. 中国海洋渔业资源可持续机制研究 [D]. 青岛：中国海洋大学，2013.

[37] 郭箫. 中国—东盟海洋合作研究 [D]. 长春：东北师范大学，2018.

[38] 国家发改委，外交部，商务部. 推动共建丝绸之路经济带和21

世纪海上丝绸之路的愿景与行动 [N]. 人民日报, 2015-03-29.

[39] 韩永红, 石佑启. 论21世纪海上丝绸之路法律保障机制的构建 [J]. 国际经贸探索, 2015 (10): 62-69.

[40] 郝勇. 海事管理学 [M]. 武汉: 武汉理工大学出版社, 2007: 9-10.

[41] 何帆, 朱鹤, 张骞. 21世纪海上丝绸之路建设: 现状、机遇、问题与应对 [J]. 国际经济评论, 2017 (5): 116-133.

[42] 胡高福, 曾繁强. 基于博弈论视角的中国与周边国家渔业纠纷解决路径 [J]. 浙江海洋学院学报, 2015, 32 (2): 6-11.

[43] 胡求光, 霍学喜. 基于比较优势的水产品贸易结构分析 [J]. 农业经济问题, 2007 (12): 20-26.

[44] 黄琳娜. "一带一路" 倡议下我国贸易结构优化问题研究 [J]. 商业经济研究, 2019 (21): 138-140.

[45] 黄耀东, 唐卉. 中国—东盟自由贸易区建设瓶颈及升级版建设路径研究 [J]. 学术论坛, 2016 (10): 82-86.

[46] 霍宏伟, 王艳. 中美科技人才交流形势分析与对策 [J]. 科技进步与对策, 2014, 31 (10): 143-148.

[47] 韩杨. 推进 "一带一路" 海洋与渔业国际合作共赢 [J]. 农产品市场周刊, 2018 (31): 60-61.

[48] 纪炜炜, 阮雯, 方海. 印度尼西亚渔业发展概况 [J]. 渔业信息与战略, 2013 (4): 317-323.

[49] 纪玉俊, 李振洋. 地区区位优势、海洋产业集聚与区域海洋经济分异——基于新经济地理学中心—外围模型的研究 [J]. 中国海洋大学学报 (社会科学版), 2016 (2): 33-40.

[50] 贾益民, 许培源. 海上丝绸之路蓝皮书: 21世纪海上丝绸之路研究报告 (2017) [M]. 北京: 中国社会科学出版社, 2018.

[51] 姜宝, 李剑. "海上丝绸之路" 上的航运与贸易关联度研究 [J]. 世界经济研究, 2015 (7): 81-88.

[52] 蒋丽芳. 中国对东盟直接投资的研究——基于现状、问题及建

议措施的角度［D］. 昆明：云南财经大学，2014.

［53］蒋智华. 云南产业结构调整的绩效分析［J］. 学术探索，2013（3）：55－60.

［54］居占杰，秦琳翔. 中国水产品加工业现状及发展趋势研究［J］. 世界农业，2013（5）：138－141.

［55］鞠华莹. 建设21世纪海上丝绸之路的思考［J］. 国际经济合作，2014（9）：55－58.

［56］匡增军. 2010年俄挪北极海洋划界条约评析［J］. 东北亚论坛，2011，20（5）：45－53.

［57］雷小华，黄志勇. 菲律宾海洋管理制度研究及评析［J］. 东南亚研究，2014（1）：64－72.

［58］李晨阳. 对冷战后中国与东盟关系的反思［J］. 外交评论（外交学院学报），2012，29（4）：10－20.

［59］李锋，徐兆梨. 环南海五国三省区海洋经济竞争力评价与合作策略［J］. 湖南科技大学学报（社会科学版），2015（9）：66－72.

［60］李华，高强，吴梵. 环渤海地区海洋经济发展进程中的生态环境响应及其影响因素［J］. 中国人口·资源与环境，2017，27（8）：36－43.

［61］李惠茹，蒋俊. "一带一路"对我国沿线地区的出口贸易效应研究［J］. 河北经贸大学学报，2019，40（6）：67－74.

［62］李佳其. "中巴经济走廊"给中国企业带来的机遇和挑战［D］. 长春：吉林大学，2016.

［63］李莉，周广颖，司徒毕然. 美国、日本金融支持循环海洋经济发展的成功经验和借鉴［J］. 生态经济，2009（2）：88－91.

［64］李聆群. 南海渔业合作：来自地中海渔业合作治理的启示［J］. 东南亚研究，2017（4）：114－156.

［65］李强，田晓宇. 东盟"10＋3"出口与进口效应：基于三维引力模型的研究［J］. 国际贸易问题，2010（6）：47－53.

［66］李秋梅，林灵，曾海舰. "一带一路"倡议是否有利于促进企

业创新能力提升 [J]. 科技进步与对策, 2019, 36 (17): 47-56.

[67] 李婷婷, 郑文堂, 陈建成. 中国人造板出口贸易影响因素及发展潜力: 基于贸易引力模型的分析 [J]. 经济问题探索, 2014 (8): 92-101.

[68] 李湘纯. "东盟" 吸引外国直接投资的决定因素研究 [D]. 北京: 对外经济贸易大学, 2015.

[69] 李向阳. 论海上丝绸之路的多元化合作机制 [J]. 世界经济与政治, 2014 (11): 4-7.

[70] 李欣芷. 我国主要港口综合竞争力研究 [D]. 广州: 广东外语外贸大学, 2017.

[71] 李雪. 宁波舟山港一体化资源整合研究 [D]. 舟山: 浙江海洋学院, 2015.

[72] 李振福, 陈雪, 邓昭, 史晓梅. 经济贸易互联互通实践: "一带一路" 的实施效果评价 [J]. 国际贸易, 2019 (7): 68-78.

[73] 梁方仲. 中国历代户口、田地、田赋统计 [M]. 上海: 上海人民出版社, 1980.

[74] 梁明, 田伊霖. 非洲对外贸易以及中非贸易的新特点和新趋势 [J]. 国际贸易, 2014 (9): 16-24.

[75] 梁雪娇. 海上丝绸之路背景下欧洲集装箱港口网络构建研究 [D]. 大连: 大连海事大学, 2018.

[76] 廖海燕, 毛蒋兴, 林妍. 中国与东盟国家海岸带开发与综合管理比较研究 [J]. 广西师范学院学报, 2017, 34 (3): 41-48.

[77] 林莉. 我国与东盟水产品贸易波动性增长的影响因素分析 [D]. 无锡: 江南大学, 2016.

[78] 刘赐贵. 发展海洋合作伙伴关系——推进21世纪海上丝绸之路建设的若干思考 [J]. 国际问题研究, 2014 (7): 18-131.

[79] 刘洪建, 满庆利. 中国水产品质量安全现状及其改善措施 [J]. 河北渔业, 2015 (11): 53-56.

[80] 刘乐. 中国海事外交: 现状与未来 [J]. 教学与研究, 2017

(3): 60-65.

[81] 刘明. 中国沿海地区海洋经济综合竞争力的评价 [J]. 统计与决策, 2017 (15): 120-124.

[82] 刘乾. 上合组织框架下多边能源合作机制与中国参与 [J]. 中国石油大学学报, 2013, 29 (11): 1-7.

[83] 刘威, 丁一兵. "一带一路" 背景下进口复杂度对中国产业结构升级的影响 [J]. 亚太经济, 2019 (5): 120-130.

[84] 刘亚斌. 宿迁市水路交通行政综合执法的实践与启示 [J]. 徐州教育学院学报, 2008, 23 (4): 166-167.

[85] 刘彦军. 海洋资源禀赋优势能促进海洋产业集聚吗? [J]. 产经评论, 2016, 7 (6): 67-75.

[86] 龙志和, 蔡杰. 中国工业产业发展中知识溢出效应的实证研究 [J]. 经济评论, 2008 (2): 45-52.

[87] 卢虎. 21 世纪海上丝绸之路集装箱枢纽港发展潜力评价 [D]. 大连: 大连海事大学, 2017.

[88] 罗传钰. 21 世纪海上丝绸之路建设下中国—东盟金融合作法律机制的完善 [J]. 太平洋学报, 2016 (4): 1-11.

[89] 罗树杰. "一带一路" 背景下广西开放合作探析 [J]. 广西社会科学, 2017 (7): 30-33.

[90] 吕余生. 21 世纪海上丝绸之路建设的产业合作探索 [J]. 东南亚纵横, 2014 (11): 11-13.

[91] 马驰. 中国与东盟水产品贸易的现状及发展对策研究 [D]. 南宁: 广西大学, 2016.

[92] 马荣伟. 泰国—广西水果海运物流路径选择研究 [D]. 南宁: 广西大学, 2017.

[93] 马一宁, 马文秀. 中国对 "一带一路" 沿线国家直接投资的实证研究 [J]. 经济问题探索, 2020 (8): 114-122.

[94] 毛艳华, 杨思维. 21 世纪海上丝绸之路贸易便利化合作与能力建设 [J]. 国际经贸探索, 2015 (4): 101-112.

[95] 孟舒. 俄罗斯与挪威巴伦支海划界争端研究 [D]. 上海: 华东师范大学, 2015.

[96] 宁家骏. “互联网+”行动计划的实施背景、内涵及主要内容 [J]. 电子政务, 2016 (3): 32-38.

[97] 宁凌, 张玲玲, 杜军. 海洋战略性新兴产业选择基本准则体系研究 [J]. 经济问题探索, 2012 (9): 107-111.

[98] 宁凌. 中国海洋战略性新兴产业选择、培育的理论与实证研究 [M]. 北京: 中国经济出版社, 2015.

[99] 宁氏辉煌. 冷战后中国与东盟的安全合作 [D]. 北京: 北京语言大学, 2006.

[100] 钱坤, 郭炳坚. 我国水产品加工行业发展现状和发展趋势 [J]. 中国水产, 2016 (6): 48-50.

[101] 清光照夫. 水产经济学 [M]. 北京: 海洋出版社, 1987.

[102] 曲升. 南太平洋区域海洋机制的缘起、发展及意义 [J]. 太平洋学报, 2017, 25 (2): 1-19.

[103] 全毅, 尹竹. 中国—东盟区域、次区域合作机制与合作模式创新 [J]. 东南亚研究, 2017 (6): 15-36, 152-153.

[104] 容光亮, 施宝龙. 国际税收争端之解决: 后 BEPS 时代的挑战与“一带一路”倡议的重要性 [J]. 国际税收, 2019 (5): 17-21.

[105] 阮建青, 石琦, 张晓波. 产业集群动态演化规律与地方政府政策 [J]. 管理世界, 2014 (12): 79-91.

[106] 宿鑫, 蔡晓丹, 马卓君, 等. 泰国渔业发展状况及中泰渔业合作潜力探讨 [J]. 淡水渔业, 2019, 49 (1): 107-112.

[107] 邵桂兰, 胡新. 基于引力模型的中国—东盟水产品贸易流量与潜力分析 [J]. 中国海洋大学学报, 2013 (5): 34-39.

[108] 沈晨. 基础设施建设对中国东盟贸易影响分析 [D]. 昆明: 云南财经大学, 2016.

[109] 世界主要国家和地区渔业概况编写组. 世界主要国家和地区渔业概况 [M]. 北京: 海洋出版社, 2012: 29-51.

[110] 司聃.21世纪海上丝绸之路战略构架下深化中国—斯里兰卡经济合作研究 [J]. 兰州财经大学学报, 2016, 32 (2): 9-14.

[111] 宋周莺, 韩梦瑶."一带一路"背景下的中印贸易关系分析 [J]. 世界地理研究, 2019, 28 (5): 24-34.

[112] 孙琛. 加入自由贸易区后中国与东盟水产品贸易关系的变化趋势 [J]. 农业经济问题, 2008 (2): 60-64.

[113] 孙楚仁, 张楠, 刘雅莹."一带一路"倡议与中国对沿线国家的贸易增长 [J]. 国际贸易问题, 2017 (2): 83-96.

[114] 孙世达, 姜巍, 高卫东. 中国港口时空格局演变及影响因素分析 [J]. 世界地理研究, 2016, 25 (2): 62-71.

[115] 孙玉琴, 姜慧, 孙倩. 中国与中东地区油气合作的现状及前景 [J]. 国际经济合作, 2015 (9): 64-69.

[116] 谭秀杰, 周茂荣.21世纪"海上丝绸之路"贸易潜力及其影响因素——基于随机前沿引力模型的实证研究 [J]. 国际贸易问题, 2015 (2): 3-12.

[117] 童友俊. 东部沿海外商投资现状调研: 中国与"一带一路"沿线国家贸易合作情况 [J]. 中国对外贸易, 2015 (7): 18-25.

[118] 屠年松, 李彦. 中国与东盟国家双边贸易效率及潜力分析——基于随机前沿引力模型 [J]. 云南社会科学, 2016 (5): 84-89.

[119] 王艾敏. 海洋科技与海洋经济协调互动机制研究 [J]. 中国软科学, 2016 (8): 40-49.

[120] 王成, 王茂军, 杨勃. 港口航运关联与港城职能的耦合关系研判——以"21世纪海上丝绸之路"沿线主要港口城市为例 [J]. 经济地理, 2018, 38 (11): 158-165.

[121] 王聪. 中印在斯里兰卡的战略竞争 [D]. 武汉: 华中师范大学, 2015.

[122] 王丹, 张耀光, 陈爽. 辽宁省海洋经济产业结构及空间模式演变 [J]. 经济地理, 2010, 30 (3): 443-448.

[123] 王凤婷, 田园, 程宝栋. 中国与"21世纪海上丝绸之路"沿

线国家农产品出口贸易研究［J］. 国际经济合作，2019（2）：80－90.

［124］王杰. 当代海上丝绸之路建设的两个思考［N］. 光明日报，2014－12－27.

［125］王列辉，朱艳. 基于“21世纪海上丝绸之路”的中国国际航运网络演化［J］. 地理学报，2017，12（72）：2265－2280.

［126］王林. 从越南的海洋经济发展分析其南海主权争议战略［J］. 亚太经济与海洋研究，2016（5）：48－124.

［127］王勤. 东盟区域海洋经济发展与合作的新格局［J］. 亚太经济，2016（2）：18－21.

［128］王瑞，温怀德. 中国对丝绸之路经济带沿线国家农产品出口潜力研究［J］. 农业技术经济，2016（10）：116－126.

［129］王腾飞. 斯里兰卡国内关于汉班托塔港运营协议的争议及启示［J］. 印度洋经济体研究，2018（4）：104－119，140.

［130］王晓伟. 海上丝绸之路战略背景下的港口合作网络稳定性研究［D］. 大连：大连海事大学，2017.

［131］王艺鹏. 中国与东盟反恐合作现状、困境及对策研究［D］. 武汉：华中科技大学，2018.

［132］王永中，李曦晨. 中国对“一带一路”沿线国家直接投资的特征分析［J］. 国际税收，2017（5）：10－18.

［133］韦红，尹楠楠. “21世纪海上丝绸之路”东南亚战略支点国家的选择［J］. 社会主义研究，2017（6）：124－132.

［134］韦有周，赵锐，林香红. 建设“海上丝绸之路”背景下我国远洋渔业发展路径研究［J］. 经济全球化，2014，11（7）：55－59.

［135］韦余芬. 水产品加工行业发展现状分析［J］. 水产渔业，2017（10）：146－147.

［136］魏升民，韩永辉，向景. “一带一路”国际税收合作的现状、问题与对策［J］. 南方金融，2019（8）：61－67.

［137］吴星，张银山，秦放鸣. 丝绸之路经济带背景下中国与中亚五国金融合作［J］. 中国货币市场，2019（6）：26－30.

［138］吴春朗．越南在中国—东盟区域合作中的交通枢纽建设研究［D］．桂林：广西师范大学，2014.

［139］吴迎新．海上丝绸之路沿线国家和地区合作研究——以海洋产业竞争优势及合作为中心［J］．中山大学学报（社会科学版），2016（10）：188－197.

［140］吴祖军．基于因子分析法的宁波舟山港竞争力研究［D］．舟山：浙江海洋大学，2019.

［141］伍业锋．中国海洋经济区域竞争力测度指标体系研究［J］．统计研究，2014，31（11）：29－34.

［142］向晓梅．区域产业合作的机理和模式研究——以粤台产业合作为例［J］．广东社会科学，2010（5）：31－36.

［143］萧筑云．两岸自由贸易区法制之比较研究［D］．北京：清华大学，2005.

［144］［日］小川雄平．东北亚地区和平与发展研究——城市间经济交流与合作研究［M］．吉林：吉林大学出版社，1998.

［145］肖乐，李明爽，李振龙．我国“互联网＋水产养殖”发展现状与路径研究［J］．渔业现代化，2016，43（3），7－11.

［146］谢帆，王积龙．我国环保非政府组织监督企业环境信息公开的困境——对IPE的个案研究［J］．新闻界，2016（14）：2－7，20.

［147］谢来辉．“一带一路”的理论本质是经济一体化［J］．辽宁大学学报（哲学社会版），2019，47（1）：153－162.

［148］熊昕．中国与“一带一路”沿线国家税收情报交换制度的完善［J］．法学，2018（9）：122－134.

［149］徐奔．中国对“21世纪海上丝绸之路”沿线国家直接投资的贸易效应研究［D］．广州：广东外语外贸大学，2018.

［150］徐明姣，韦钰，林融．中国—东盟海岸资源的可持续利用与管理［J］．广西师范学院学报，2017，34（3）：49－54.

［151］徐质斌．海洋经济学［M］．青岛：青岛出版社，2000.

［152］薛伟贤，顾菁．西部高新区产业选择研究——基于“一带一

路”建设背景［J］．中国软科学，2016（9）：73 –87.

［153］阎铁毅，付梦华．海洋执法协调机制研究［J］．中国软科学，2016（7）：1 –8.

［154］杨程玲．东盟海上互联互通及其与中国的合作——以 21 世纪海上丝绸之路为背景［J］．太平洋学报，2016（4）：73 –80.

［155］杨金森．中国海洋开发战略［M］．武汉：华中理工大学出版社，1990.

［156］杨莲．基于因子分析的四川省工业主导产业选择及发展研究［J］．软科学，2014（12）：140 –144.

［157］杨青．中国与“海上丝绸之路”沿线国家双边贸易：三重距离视野的分析与实证［D］．杭州：浙江大学，2016.

［158］杨忍．“21 世纪海上丝绸之路”沿线重要港口竞争力评价与分析［D］．青岛：山东科技大学，2018.

［159］杨英，刘彩霞．“一带一路”背景下对外直接投资与中国产业升级的关系［J］．华南师范大学学报（社会科学版），2015（5）：93 –101，191.

［160］姚芳芳，周昌仕，翁春叶．中国与海上丝绸之路沿线国家海洋产业合作模式研究——基于 BCG Matrix-AHP 的实证分析［J］．资源开发与市场，2018，34（4）：471 –478.

［161］姚芳芳．泰国主要海洋产业发展及其与中国的对比与合作——基于海上丝绸之路建设视角［J］．中国渔业经济，2018，36（5）：46 –53，11.

［162］叶超．南海渔业合作机制研究［D］．上海：上海海洋大学，2016.

［163］叶潇潇．港口可持续发展评价定量化指标体系的研究［D］．上海：上海交通大学，2016.

［164］易娟．我国海事管理体制现状分析与对策研究［D］．上海：复旦大学，2009.

［165］尹继武．南亚的能源开发与中国—南亚能源合作［J］．国际问

题研究，2010 (4)：52－56.

［166］于鑫洋．“一带一路”建设中斯里兰卡投资风险问题及对策研究［D］．沈阳：辽宁大学，2019.

［167］张广威，刘曙光．21世纪海上丝绸之路：战略内涵、共建机制与推进路径［J］．太平洋学报，2017 (8)：73－80.

［168］张河清，王蕾蕾，田晓辉．区域旅游产业集聚绩效及竞争态势比较研究——基于广东省21个城市的实证分析［J］．经济地理，2010 (12)：2116－2121.

［169］张丽丽，吕靖，艾云飞．基于ISM和AHP的建设海上丝绸之路影响因素分析［J］．工业技术经济，2014 (11)：38－43.

［170］张鹏举．“一带一路”基础设施建设领域的国际金融合作研究［D］．北京：对外经济贸易大学，2018.

［171］张品泽．规范与模式：中国与东盟的反恐警务合作［J］．中国人民公安大学学报（社会科学版），2017，33 (5)：101－110.

［172］张诗雨．21世纪海上丝绸之路的蓝图构建——《海上丝绸之路叙事》系列之十四［J］．中国发展观察，2016 (14)：45－49.

［173］张巍，魏仲瑜．新时期国际税收征管竞合关系研究［J］．国际税收，2019 (12)：24－27.

［174］张伟．服务型政府视角下海事职能的转变［D］．合肥：安徽大学，2011.

［175］张文春．属地税制、数字化税收与国际税收新秩序——当前国际税收发展的三大问题［J］．国际税收，2019 (6)：34－39.

［176］张文木．从整体上把握中国海洋安全——“海上丝绸之路”西太平洋航线的安全保障、关键环节与力量配置［J］．当代亚太，2015 (10)：88－106.

［177］张晓钦，韩传峰．中国—东盟自由贸易区基础设施、经济制度与贸易流量的实证分析［J］．系统工程，2016，34 (1)：48－53.

［178］张艳茹，张瑾．海上丝绸之路背景下的中非渔业合作发展研究——以印度洋沿岸非洲国家为例［J］．非洲研究，2015，7 (2)：226－

239.

[179] 张耀光，刘锴，刘桂春，等．基于海洋经济地理视角的中国与加拿大海洋经济对比［J］．经济地理，2012，32（12）：1－7.

[180] 张耀光，刘锴，王圣云，等．中国和美国海洋经济与海洋产业结构特征对比——基于海洋 GDP 中国超过美国的实证分析［J/OL］．地理科学，2016，36（11）：1614－1621.

[181] 张耀光，彭飞，江海旭．中国海洋产业的就业结构特征与主要海洋国家对比分析［J］．海洋经济，2014，4（1）：50－57，64.

[182] 张瑛，赵露，陈雨生．“一带一路”战略下我国水产品出口贸易研究——以山东省为例［J］．厦门大学学报（哲学社会科学版），2018（4）：135－144.

[183] 张友棠，杨柳．“一带一路”国家税收竞争力与中国对外直接投资［J］．国际贸易问题，2018（3）：85－99.

[184] 张洁．菲律宾海洋产业的现状、发展举措及对中菲合作的思考［J］．东南亚研究，2021（2）：57－75，155.

[185] 赵飞飞，周昌仕．中国与海上丝绸之路沿线国家港口合作探析［J］．四川职业技术学院学报，2018，28（2）：66－71，117.

[186] 赵会芳．中国海洋渔业演化机制研究［D］．青岛：中国海洋大学，2013.

[187] 赵江林．21 世纪海上丝绸之路：目标构想、实施基础与对策研究［M］．北京：社会科学文献出版社，2014.

[188] 赵军．中国参与埃及港口建设：机遇、风险及政策建议［J］．当代世界，2018（7）：63－66.

[189] 赵林，张宇硕，焦新颖，等．基于 SBM 和 Malmquist 生产率指数的中国海洋经济效率评价研究［J］．资源科学，2016，38（3）：461－475.

[190] 赵付文，徐甲坤，刘志鸿，等．中国—马来西亚渔业合作前景分析［J］．中国水产，2021（12）：52－56.

[191] 赵青松．“一带一路”建设下中国与沿线国家的国际金融合作

研究［J］. 苏州市职业大学学报，2016（1）：8－12.

［192］赵旭，高苏红，王晓伟.“21 世纪海上丝绸之路”倡议下的港口合作问题及对策［J］. 西安交通大学学报（社会科学版），2017，37（6）：66－74.

［193］赵亚芬.“一带一路”倡议下中国对巴基斯坦的公共外交研究［D］. 贵阳：贵州师范大学，2019.

［194］赵雨霖，林光华. 中国与东盟10国双边农产品贸易流量与贸易潜力分析——基于贸易引力模型研究［J］. 国际贸易问题，2008（12）：69－77.

［195］郑思宇. 闽台水产品贸易竞争与互补关系研究［J］. 国际经贸探索，2013，29（1）：103－112.

［196］郑中. 美日等七国海警人才培养战略分析及启示［J］. 公安海警学院学报，2016，15（3）：42－48.

［197］周方冶.21 世纪海上丝绸之路战略支点建设的几点看法［J］. 新视野，2015（2）：105－110.

［198］周巧琳. 海上丝绸之路沿线港口体系演化研究［D］. 大连：大连海事大学，2017.

［199］周雅琨. 基于“一带一路”战略的环渤海区域港口竞争力分析［D］. 大连：大连海事大学，2017.

［200］邹磊磊，密晨曦. 北极渔业及渔业管理之现状及展望［J］. 太平洋学报，2016，24（3）：85－93.

［201］朱红涛. 国际贸易新动态及对策探讨——基于“一带一路”背景［J］. 商业经济研究，2019（21）：141－143.

［202］朱坚真，吴壮. 海洋产业经济学导论［M］. 北京：经济科学出版社，2009.

［203］朱坚真. 海洋经济学［M］. 北京：高等教育出版社，2016.

［204］朱锦程.21 世纪东南亚海上丝绸之路文化传播与海外华人文化认同研究［J］. 福建论坛（人文社会科学版），2017（8）：179－185.

［205］朱晶，陈晓艳. 中印农产品贸易互补性及贸易潜力分析［J］.

国际贸易问题，2006（1）：40－46.

［206］朱俊敏．基于熵权和 TOPSIS 法的宁波舟山港竞争力研究［D］．舟山：浙江海洋大学，2019.

［207］朱为群，刘鹏．“一带一路”国家税制结构特征分析［J］．税务研究，2016（7）：24－30.

［208］朱雄关．“一带一路”背景下中国与沿线国家能源合作问题研究［D］．昆明：云南大学，2016.

［209］卓柏村．分支海事局危防工作指标体系构建和考核机制探讨［D］．厦门：厦门大学，2009.

［210］左世超．“21 世纪海上丝绸之路”战略支点港口选取研究［D］．大连：大连海事大学，2018.

［211］孙斌，徐质斌．海洋经济学［M］．济南：山东教育出版社，2004.

［212］匡增军．2010 年俄挪北极海洋划界条约评析［J］．东北亚论坛，2011（5）：45－53.

［213］Airfield G. Ocean and Coastal Issues and Policy Responses in the Caribbean［J］. Ocean & Coastal Managment，2001，45（6）：905－924.

［214］Akira Kohsaka. A Fundamental Scope for Regional Financial Cooperation in East Asia［J］. Journal of Asian Economics，2004，15（5）：911－937.

［215］Andy C. C. Kwan，John A. Cotsomitis. Economic Growth and the Expanding Export Sector：China 1952－1985［J］. International Economic Journal，1991，5（1）：105－116.

［216］Angus Maddison. Do Official Statistics Exaggerate China's GDP Growth? A Reply to Carsten Holz［J］. Review of Income and Wealth，2006，52（1）：121－126.

［217］Ansell Chris，Alison Gash. Collaborative Governance in Theory and Practice［J］. Journal of Public Administration Research and Theory，2007（18）：543－571.

[218] Asad Ali. Pakistan's New Silk Road of Opportunity [J]. IHS Maritime Fairplay, 2015 (10): 58-68.

[219] Bliss C. Comparative Advantage in International Trade: A Historical Perspective (Review) [J]. History of Political Economy, 2000, 32 (3): 801.

[220] Chyau Tuan. FDI Facilitated by Agglomeration Economies: Evidence from Manufacturin and Services Joint in China [J]. Journal of Asian Economics, 2003, 13 (6): 749-765.

[221] De Long, J, Summers, L. Equipment Investment and Economic Growth [J]. Quarterly Journal of Economics, 1990, 106 (2): 445-502.

[222] Douglas L. Tookey. The Environment, Security and Regional Cooperation in Central Asia [J]. Communist and Post-Communist Studies, 2007, 40 (2): 191-208.

[223] Egger P. A. Note on the Proper Econometric Specification of the Gravity Equation [J]. Economics Letters, 2000, 66 (1): 25-31.

[224] Giovanni Capannelli, Masahiro Kawai. The Political Economy of Asian Regionalism: Issues and Challenges [M]. Springer Japan, 2014.

[225] Gurpreet S. Khurana. China, India and "Maritime Silk Road": Seeking a Confluence [J]. Maritime Affairs: Journal of the National Maritime Foundation of India, 2015 (1): 68-95.

[226] Hans-Dieter Evers, Azhari Karim. The Maritime Potential of ASEAN Economics [J]. Current Southeast Asian Affairs, 2011 (1): 117-124.

[227] Helen A. Thanopoulou. The Growth of Fleets Registered in the Newly-Emerging Maritime Countries and Maritime Crises [J]. Maritime Policy & Management, 1995, 22 (1): 51-62.

[228] Hidetaka Yoshimatsu. Preferences, Interests, and Regional Integration: The Development of the ASEAN Industrial Cooperation Arrangement [J]. Review of International Political Economy, 2002, 9 (1): 123-149.

[229] Jai S. Mah. Export Expansion and Economic Growth in Tanzania [J]. Global Economy Journal, 2015, 15 (1): 173 - 185.

[230] Jerry Patchell. Kaleidoscope Economies: The Processes of Cooperation, Competition, and Control in Regional Economic Development [J]. Annals of the Association of American Geographers, 1996, 86 (3): 481 - 506.

[231] John Child, Terence Tsai. The Dynamic Between Firms' Environmental Strategies and Institutional Constraints in Emerging Economies: Evidence from China and Taiwan [J]. Journal of Management Studies, 2005, 42 (1): 95 - 125.

[232] Karyn Morrissey, Cathal O'Donoghue. The Irish Marine Economy and Regional Development [J]. Marine Policy, 2011, 36 (2): 358 - 364.

[233] Kildow J. T., McIlgorm A.. The Importance of Estimating the Contribution of the Oceans to National Economies [J]. Marine Policy, 2009, 34 (3): 367 - 374.

[234] Leamer E. The Leontief Paradox, Reconsidered [J]. Journal of Political Economy, 1980, 88 (3): 495 - 503.

[235] Mohd Aminul Karim. China's Proposed Maritime Silk Road: Challenges and Opportunities with Special Reference to the Bay of Bengal Region [J]. Pacific Focus, 2015, 30 (3): 297 - 319.

[236] Marianna Cavallo, Michael Elliott, Julia Touza-Montero. The Ability of Regional Coordination and Policy Integration to Produce Coherent Marine Management: Implementing the Marine Strategy Framework Directive in the North-East Atlantic [J]. Marine Policy, 2016 (5): 120 - 133.

[237] Maskus K. A Test of the Heckscher-Ohlin-Vanek Theorem: The Leontief Commonplace [J]. Journal of International Economics, 1985, 19 (3): 201 - 212.

[238] Mátyás L. Proper Econometric Specification of the Gravity Model [J]. The World Economy, 1997, 20 (3): 363 - 368.

[239] Maurice Schiff. Chile's Trade and Regional Integration Policy: An

Assessment [J]. World Economy, 2002, 25 (7): 973 - 990.

[240] Meeusen W, Broeck J. Efficiency Estimation from Cobb-Douglas Production Functions with Composed Error [J]. International Economic Review, 1977 (18): 435 - 444.

[241] Milica Uvalic. Trade in Southeast Europe: Recent Trends and Some Policy Implications [J]. The European Journal of Comparative Economics, 2006, 3 (2): 171 - 172.

[242] Niels Ketelhöhn, Roberto Artavia. The Central American Competitiveness Initiative [J]. Competitiveness Review, 2015, 25 (5): 555 - 570.

[243] Olsen R, Ellram M. A Portfolio Approach to Supplier Relationships [J]. Industrial Marketing Management, 1997, 26 (2): 101 - 113.

[244] Paul Krugman, Masahisa Fujita. The New Economic Geography: Past, Present and the Future [J]. Papers in Regional Science, 2003, 83 (1): 139 - 164.

[245] Pontecorvo G, Wilkinson M, Anderson R, et al. Contribution of the Ocean Sector to the United States Economy [J]. Science, 1980, 208 (4447): 1000 - 1006.

[246] Raphael Bar-El, Dafna Schwartz. The Potential Effect of Peace on Regional Economic Cooperation in the Middle East [J]. Peace Economics, Peace Science and Public Policy, 2011, 9 (1): 1554 - 1597.

[247] Rorholm N. Economic Impact of Narragansett Bay [R]. 1963.

[248] Roman Tandlich. Bioremediation Challenges Originating from Mining and Related Activities in South Africa [J]. Journal of Bioremediation & Biodegradation, 2012, 3 (3): 9 - 12.

[249] Sanjaya Lall. Indicators of the Relative Importance of IPRs in Developing Countries [J]. Research Policy, 2003, 32 (9): 1657 - 1680.

[250] Side J, Jowitt P. Fred Canada's Ocean and Maritime Security [J]. Strategic Forecast, 2002, 34 (1): 67 - 89.

[251] Srisuda Jarayabhand. Contribution of the Marine Sector to Thailand's

National Economy [J]. Tropical Coast, 2009, 16 (1): 22 - 36.

[252] Tinbergen J. Shaping the World Economy: Suggestion for an International Economic Policy [M]. New York: The Twentieth Century Fund, 1962.

[253] Tsz Leung Yip, Kelly Yujie Wang. Sri Lankan Involvement in Developing the Maritime Silk Road [J]. Port Technology International, 2014, (5): 37 - 39.

[254] Viotolovsky G. The Ocean: Economic Problems of Development [M]. Current Digest of the Post-Soviet Press, 1977, 29 (10): 17.

[255] Wugler, Jeffiey. Financial Markets and the Allocation of Capital [J]. Journal of Financial Economics, 2000, 58 (1): 187 - 214.

[256] Xiangming Chen. The Evolution of Free Economic Zones and the Recent Development of Cross-National Growth Zones [J]. International Journal of Urban and Regional Research, 1995, 19 (4): 593 - 621.

[257] Xiaoxi Zhang, Kevin Daly. The Determinants of China's Outward Foreign Direct Investment [J]. Emerging Markets Review, 2011, 12 (4).

[258] Yi-Ru Regina Chen. Effective Public Affairs in China: MNC-Government Bargaining Power and Corporate Strategies for Influencing Foreign Business Policy Formulation [J]. Journal of Communication Management, 2004, 8 (4): 395 - 413.

[259] Youqi Shi. On Rule of Law in Governmental Cooperation for Regional Economic Integration [J]. Frontiers of Legal Research, 2014, 2 (1): 16 - 37.

后　　记

在广东省哲学社会科学规划项目“中国与海上丝绸之路沿线国家的海洋产业合作研究”（GD17XYJ34）和广东海洋大学2018年“创新强校工程”省财政资金支持重点项目“中国与海上丝绸之路沿线国家海洋产业合作共赢的实证研究”（Q18308）阶段性成果基础上，经过编撰、补充和修改，形成书稿，得以付梓出版。

本书由周昌仕提出整体构思和写作框架，由周昌仕和侯晓梅共同审阅定稿。参与研究的教师和研究生们始终兴趣高涨，完成调查任务，发表论文，研究生们还完成了学位论文。他们乐于接受任务分配，完成了各部分的文字或数据处理工作，赵飞飞负责第4章、孟芳负责第5章和第6章、姚芳芳负责第7章和第8章、李文姣负责第9章、翁春叶负责第10章、钟浩负责第11章、李超龙负责第12章、彭蓝婷负责第13章，李超龙、曾楚协助统稿和文字处理工作。“学而不思则罔，思而不学则殆”，通过本课题的研究，有助于他们学思结合，感受到知识创作的洗礼，开启人生新的征程。感谢他们在调查研究和本书完成过程中付出的大量辛勤劳动。此书的出版是对他们成绩的肯定。

广东省哲学社会科学“十三五”规划项目以及广东海洋大学“创新强校工程”省财政资金支持重点项目、研究生示范课程建设项目、工商管理重点学科项目经费资助课题研究和本书出版，在此表示衷心的感谢。感谢上海海洋大学廖泽芳教授，广东海洋大学宁凌教授、简纪常教授、颜云榕教授、杜军教授、张玉强教授、白福臣教授、陈涛副教授等给予的指导和对本书出版的支持。感谢经济科学出版社的编辑老师，他们进行了大量细致、卓有成效的工作。

“犯其至难，图其至远”。检视过去，“青山缭绕疑无路，忽见千帆隐映来”，立足于促进海洋产业国际合作，深耕海洋经济，分析海洋产业，推动海洋产业国际合作是我们海洋大学经济管理领域学者的使命担当，我们做了些尝试。展望未来，虽然当前部分国家“逆全球化”的思潮甚嚣尘上，但纵观历史，经济全球化如大浪淘沙，滚滚东流，势不可挡，基于互联互通和合作共赢基础上的沿线国家海洋产业国际合作存在广阔空间。“路虽远，行则将至；事虽难，做则必成”，期望我们的研究能够抛砖引玉，希望今后对于这一问题的研究能在以下三点深入：一是海洋产业合作机制的系统研究，包括组织架构、政策规范、交流机制和保障体系等；二是俄乌战争等重大事件对中国与沿线国家海洋产业合作的影响研究；三是更加及时、充足、详细的有应用价值的有关数据库和案例库的建设，为今后的研究和政策制订提供坚实基础。

由于作者水平有限，加之海洋产业国际合作问题复杂，疏漏和错误之处在所难免，有待后续研究不断加以改进，恳请广大专家、同人与读者给予批评斧正。